Verhaltensbiologie Hund

Praxisbuch

Verhaltens — biologie Hund

Praxisbuch

Wie Rasse, Geschlecht, Aussehen und Alter das Verhalten beeinflussen

MIT KOSMOS MEHR ENTDECKEN
40 FÄLLE
aus der Praxis
SEIT 1822

Udo Gansloßer
Petra Krivy

KOSMOS

Inhalt

KAPITEL 6

Soziales Lebewesen Hund

KAPITEL 7

Kind und Hund

KAPITEL 8

Zum guten Schluss

Den Unverstandenen

Stumm ist der Fisch, doch nicht nur er:
auch einen Wurm verstehst Du schwer.
Selbst deines treuen Hunds Gebell
entzifferst Du nicht immer schnell.
Auch bei den Rindern, Hühnern, Schweinen
kannst du nur raten, was sie meinen.
Drum spreche ich als Anwalt hier
für jedes unverstandne Tier.
(Für'n Papagei brauch ich das nicht,
weil er ja für sich selber spricht!)

Heinz Erhardt

Zu diesem Buch

Häufig stellen bestimmte Verhaltensweisen oder Reaktionen des Hundes den Hundehalter vor Rätsel. Warum tut mein Hund das? Und warum tut er es jetzt, obwohl er es früher nicht getan hat? Warum verhält sich mein Hund phasenweise merkwürdig, dann wieder völlig normal? Habe ich Fehler in der Erziehung gemacht, oder ist mein Hund krank? Viele Fragen stellen sich dem Hundehalter, und nicht selten ist er mit dem Suchen nach Antworten überfordert. Heutzutage ist das Angebot an Hundeschulen groß, jedoch bedeutet hier Quantität nicht unbedingt Qualität – ein weiteres Dilemma für den ratsuchenden, womöglich bereits verzweifelten Tierfreund. Und man weiß es aus allerlei anderen Zusammenhängen: Ist die Not und die eigene Hilflosigkeit groß, so wird gern und dankend alles angenommen und geglaubt, was nur halbwegs plausibel klingt und Erfolg in Aussicht stellt. Logisches Denken und gesundes Bauchgefühl werden in dieser Situation vergessen. Das dicke Ende kommt dann (meistens) später! Doch sind bestimmte Verhaltensweisen, auch wenn sie als problematisch empfunden werden, nicht grundsätzlich durch einfache Trainingsmaßnahmen und/oder veränderten Umgang mit dem Hund abzustellen und zu »korrigieren«!

Manchmal »tickt« der Hund gerade so, wie er »tickt«, weil seine biologische Uhr ihm dies so vorgibt. Manchmal verhält ein Hund sich so, wie er sich gerade verhält, weil ihm biologische Grundbedürfnisse nicht oder nicht ausreichend erfüllt werden. Und manchmal reagiert ein Hund eben so, wie er gerade reagiert, weil biologische Steuerungen im Körper ihm keine anderen Reaktionen zulassen, weil irgendetwas im System nicht so »funktioniert«, wie es eigentlich funktionieren sollte.

Und hier könnte man sich »den Wolf trainieren«, befriedigende Ergebnisse würde man nur bedingt bis gar nicht erzielen (können). Doch der Mensch wird ja bescheiden und begnügt sich im Zweifelsfall auch mit kleinen Erfolgen. Für den Rest finden sich passende Ausreden. Doch werden wir unseren Hunden damit gerecht? Sicher nicht! Unseren Wünschen und Vorstellungen auch nicht! Lediglich der Hundetrainer wird reich – und der kann sich dann viele biologische und gesellschaftliche Bedürfnisse befriedigen!

Deshalb sollten wir unseren Hund lieben, schätzen und respektieren. Und ihn nehmen als das, was er ist: Ein soziales Lebewesen mit Bedürfnissen, Fähigkeiten und Fertigkeiten, aber auch mit Ansprüchen und Anforderungen, die er an uns und das Zusammenleben mit uns stellt. Der Hund ist ein Lebewesen, welches einen Körper und eine Psyche hat, die wiederum den biologischen Gesetzmäßigkeiten unterworfen sind und biologischen Abläufen unterliegen. Damit ist der Hund doch eigentlich sehr menschlich, oder? Doch halten wir uns ein Zitat von Erik Zimen stets vor Augen, lassen wir den Hund »Hund« sein und bemühen uns, ihn auch als Hund zu erkennen.

»Wenn wir dem Hund gerecht werden wollen, dürfen wir ihn keinesfalls mit menschlichen Maßstäben messen. Nichts verfälscht seine Wirklichkeit mehr als die Vermenschlichung.«
Erik Zimen, 1988

Dennoch sei an dieser Stelle ein »Ausflug in die menschliche Gesellschaft« aus dem Grund erlaubt, um auf die enorme Bedeutung hinzuweisen, hier und da das eigene Gehirn sinnvoll zum Denken zu benutzen, aber manche Dinge eben auch intuitiv aus dem Bauch heraus zu entscheiden.

Eckart von Hirschhausen sagt zutreffend: »Das menschliche Gehirn ist die komplizierteste Sache der Welt. Dummerweise kommt es ohne Gebrauchsanweisung. Automatisch gehen die meisten Leute intuitiv falsch damit um. Sie sagen sich: ›Ich möchte mir mein Gehirn möglichst lange frisch erhalten, indem ich es möglichst selten benutze!‹« Dieses Zitat stammt aus dem durchaus empfehlenswerten Buch: »Irre – wir behandeln die Falschen, unser Problem sind die Normalen« von Manfred Lütz, in welchem sich eine weitere provokative, wie wunderbare Passage befindet:

»Die Leber wächst mit ihren Aufgaben, behauptet Eckart von Hirschhausen. Gilt das nicht auch für das Gehirn? Der Kabarettist Jürgen Becker ist da anderer Auffassung. Er hält Bandwürmer evolutionär für fortgeschrittener, weil sie das Gehirn wieder abgeschafft hätten. Sie lebten als Schmarotzer im Darm, seien bestens ernährt und fühlten sich auch sonst sauwohl. Ein Gehirn sei da völlig überflüssig. Wir Menschen dagegen steckten voller Probleme. Wir hätten größte Schwierigkeiten, uns reibungslos zu ernähren, effektiv fortzupflanzen und auch sonst Spaß am Leben zu haben. Daher müssten wir ein Gehirn mit uns rumschleppen, das Probleme löst, die wir ohne dieses überflüssige Luxusorgan gar nicht hätten.«

Auf den folgenden Seiten möchten wir dem Hundehalter verschiedene »Fä(e)lle« aus dem Alltag schildern, von denen eigentlich jeder Besitzer eines bellenden Vierbeiners das eine oder andere Erlebnis so oder so ähnlich selbst schon erlebt hat. Es geht dabei nicht um das detaillierte Aufzeigen von Trainingsschritten; wer diese sucht, der wird unser Werk vergeblich in die Hände nehmen und vermutlich enttäuscht auch wieder zur Seite legen. Schade …! – Vielmehr wollen wir versuchen, Hintergründe von Verhaltensweisen aufzuzeigen, die biologisch begründet sind und/oder aufgrund falschen bzw. unangemessenen Umgangs entstanden sind und sich im Hund unter Mitwirkung von biochemischen Prozessen gefestigt haben. Nicht alles im Zusammenleben von Mensch und Hund lässt sich über Erziehung regeln, und verliefe sie auch noch so optimal. Manchmal müssen Rahmenbedingungen verändert werden, manchmal gilt es, bestimmte Phasen einfach zu überbrücken, manchmal sind Reaktionen für den Hund völlig »normal«, auch wenn sie den Menschen befremden. Und manchmal sind Dinge nicht zu ändern und sollten dann auch als Gegebenheit hingenommen werden (können) – vorausgesetzt, es kommt dabei niemand zu Schaden! Nicht jedes Verhalten unseres Fellkumpans, das der Mensch als »auffällig« und womöglich »gestört« empfindet, ist letztlich wirklich ein auffälliges Verhalten im eigentlichen Sinn. Lassen Sie uns doch einfach frei nach Karl Valentin festhalten: »Gar nicht auffällig ist auch nicht unauffällig!«

KAPITEL 1

Biologische Begriffe und ihre Bedeutung

Wollen wir uns mit verhaltensbiologischen Aspekten näher befassen, so ist es unerlässlich, einige Begriffe und ihre Bedeutung etwas genauer zu betrachten. In den Fällen kommen wir darauf immer wieder zu sprechen, am konkreten Beispiel lässt sich manches besser erklären und verdeutlichen. Überlegen wir zu Beginn, was eigentlich biologische Grundbedürfnisse für den Hund sind und ob sich diese von denen des Menschen unterscheiden. Letztlich sind beide Arten soziale Lebewesen, was das Zusammenleben erst ermöglicht.

Biologische Grundbedürfnisse und Bedarfslagen

In der modernen tierschutzbiologischen Forschung wird, ebenso wie im allgemeinen Sprachgebrauch, zwischen Bedürfnis und Bedarf unterschieden. Am besten verdeutlichen wir das in unseren Veranstaltungen immer am Beispiel eines Rauchers: Dieser verspürt öfter ein Bedürfnis nach einer Zigarette, obwohl sein Körper keinen Bedarf für Nikotin oder die anderen darin enthaltenen Stoffe hat. Ein Bedarf wird also durch physiologische, physische oder andere körperliche Anforderungen begründet, ein Bedürfnis ist eine lediglich *gefühlte* Mangelsituation.

Im Bereich der Tierschutzforschung wird dementsprechend meistens auf eines von zwei wichtigen Konzepten zurückgegriffen:

1. Das *Bedarfsdeckungs-* und *Schadenvermeidungskonzept*, das aus der schweizerischen Tierschutzforschung kommt. Hier wird angenommen, dass ein Tier sich eben immer so verhält, wie es zur Vermeidung von körperlichen oder auch psychischen Schäden, Schmerzen und Leiden und zur Deckung aller wichtigen Bedarfslagen notwendig ist. Das Bedarfsdeckungs- und Schadenvermeidungskonzept beruht also im Wesentlichen auf einem Regelkreismodell, wo jede gefühlte und festgestellte Abweichung von einer gewünschten »Normalsituation« dazu dient, sein eigenes Verhalten zu verändern. Häufig ist dann das daraufhin gezeigte Verhalten als Appetenz, als Suchverhalten zu erkennen, mit dem eine Veränderung, beispielsweise Schatten bei Hitze, Nahrung bei Hunger o. Ä., aktiv aufgezeigt werden kann.
2. Das aus der britischen Tierschutzforschung kommende *Konzept der fünf Freiheiten*, das etwas komplexer ist. Hier wird gefordert, dass ein von uns gehaltenes oder anderweitig beeinflusstes Tier fünf wichtige Zustände erreichen können muss:

› Freiheit von Schmerz und Krankheit
› Freiheit von Hunger und Durst
› Freiheit von Angst und Leiden
› Freiheit von haltungsbedingten Defiziten (Beispiel: Der Hund braucht eine Hundehütte, wenn er draußen leben soll.)

› Freiheit zum Ausleben seines naturgemäßen Verhaltensrepertoires: Gerade diese Forderung, die Freiheit zum Ausleben des Verhaltensrepertoires, wird allerdings von neuen tierschutzethologischen Arbeiten bereits wieder relativiert: Es geht nicht um die Abspulung eines möglichst großen Teils des arttypischen Verhaltensrepertoires, sondern es geht darum, dass das Tier mit dem Verhalten auch ein Erfolgserlebnis erzielen kann. Diese Diskussion ist beispielsweise im Zusammenhang mit der Substitution des Jagdverhaltens, also mit Beschäftigungsmöglichkeiten, die das Jagdverhalten des Hundes simulieren (Nasenarbeit, Dummyarbeit, Apportieren o. Ä.) häufig von Bedeutung.

Aus den Grundbedürfnissen (siehe Tabelle) heraus entstehen und resultieren bei Mensch wie anderem Tier Verhaltensweisen, die durchaus dann als problematisch empfunden werden können, wenn sie übersteigert bzw. unangemessen gezeigt werden.

Mensch	Hund
Nahrung	Nahrung
Wärme	angepasste Temperatur
Ruhe/Schlaf	Ruhe/Schlaf
körperliche Unversehrtheit/ Überleben	körperliche Unversehrtheit/ Überleben
Sicherheit > Verlässlichkeit	Sicherheit > Verlässlichkeit
Sozialkontakt/Kommunikation	Sozialkontakt/Kommunikation
Heim	Heim
Reproduktion	Reproduktion
Aktivität > Lernen	Aktivität > Lernen

Daraus entstehen:

- › diverse Motivationen und aus diesen
- › diverse Verhaltensweisen zur Statussicherung und -wahrung.

Beispiele dafür:

- › Wettbewerbsaggressionen
- › Jagdverhalten/Beutefangverhalten
- › Kommunikation (im weitesten Sinne) dient in der Regel dazu, den Sozialpartner zu beeinflussen, oft auch zu manipulieren.

»Motivation«

Die zentrale Frage, die hinter einer Motivation steht, ist: WARUM. Wer selbst kleine Kinder in seiner Umgebung hat, weiß aber, wie nervig die Frage „Warum" immer wieder sein kann. Einer der Gründe dafür liegt eben in der Unbestimmtheit dieses Begriffs. Die Frage, warum die Störche im Herbst in den Süden fliegen, kann man auf sehr unterschiedliche Weise beantworten: Weil sie es von ihren Eltern so gesehen haben, weil die Tage kürzer werden, weil die Nahrung knapper wird, weil sie sich an Sternen, Himmelskörpern oder auch Landmarken oder dem Magnetfeld orientieren. Daher hat der britische Verhaltensbiologe Nikolaas Tinbergen bereits 1963 ein sehr viel besseres System von Fragen für die Erklärung biologischer Phänomene aufgestellt. Er fragt mit weitaus konkreteren Fragewörtern:

- › WOHER kommt ein Verhalten, also wie sieht es mit der stammesgeschichtlichen Verteilung bei den Vorfahren aus?
- › WOZU dient es, also welche evolutionären Vorteile hat(te) es?
- › WIE funktioniert es, also welche Hormone, Sinnesorgane, Nervenaktivitäten etc., aber auch Lernprozesse usw. sind hierfür notwendig?

- › WODURCH, also durch welche individualgeschichtlichen Vorgänge, Prägungen, Sozialisationsschritte usw., wurde es im individuellen Tier ermöglicht?

Diese, oft als Tinbergen-Fragen bezeichneten Aspekte müssen, um ein Verhalten vollständig zu verstehen, alle gleichmäßig und gleich wichtig beantwortet werden. In unserer hier verkürzten Darstellung werden wir manchmal die eine, manchmal die andere Frage zur Erklärung eines merkwürdigen Verhaltens eines Hundes heranziehen. Wir müssen uns jedoch dabei immer im Klaren sein, dass wir damit *nur einen Aspekt*, und *nicht die vollständige Erklärung* gefunden haben.

Warum wird das getan, was getan wird? Welche Aktivitäten müssen geleistet werden, um die angestrebte Bedarfsdeckung zu erreichen bzw. Schäden zu vermeiden? Die erfahrenen Konsequenzen aus bestimmten Verhaltensweisen stärken oder schwächen die Motivation. Durch solche Lernerfahrungen verändert sich das Verhalten in der Zukunft und dies kann auch die Motivation verändern.

Lernprozesse, die mit Hilfe des Selbstbelohnungsbotenstoffes Dopamin stattfinden, steigern z. B. die Bereitschaft, Gleiches in Zukunft öfter zu tun. Lernvorgänge, die mit vielen Stresshormonen gekoppelt waren, nehmen (den meisten Lebewesen jedenfalls) die Lust auf Wiederholung.

Denken wir uns ein alltagstaugliches Szenario: Wir wollen eine Tafel Schokolade und gehen in den Supermarkt. Mit der ausgewählten Leckerei gehen wir zur Kasse. Dort erhalten wir nach dem Bezahlen als besonderen Bonus einen kostenlosen Keksriegel. Am nächsten Tag wollen wir wieder Schokolade, versuchen aber eine Alternative. Statt zu bezahlen, laufen wir aus dem Supermarkt als Ladendieb heraus. Wir wurden aber beobachtet und nach einer wilden Verfolgungsjagd werden wir gestellt. Viel Ärger steht an …! Am 3. Tag verspüren wir wieder Lust auf Süßigkeiten, ziehen aber beschämt einen anderen Supermarkt vor. In Erinnerung an die nervenaufreibenden Geschehnisse nach dem Ladendiebstahl zieht es uns zielgerichtet an die Kasse. Und unterschwellig erwacht die Hoffnung, vielleicht auch hier wieder einen Bonus-Keksriegel zu erhalten. Wird diese Hoffnung erfüllt, wird der künftige Gang zur Kasse zusätzlich motiviert eingeschlagen.

Grundsätze der Lernforschung

Das Verhalten von Tieren wird sehr stark durch Erfahrungen beeinflusst. Erfährt ein Tier zum ersten Mal eine Kombination aus äußeren Umständen, wird es sich in einer bestimmten Art und Weise dabei verhalten. Werden dieselben Umstände jedoch immer wieder präsentiert, ändert sich das Verhalten mit der Zeit. Durch die Erfahrung der Wechselwirkung mit der Umwelt hat auch das Tier sich verändert und dadurch die Fähigkeit erlangt, sich in Zukunft wiederum anders zu verhalten.

Der Prozess der Wechselwirkung zwischen Tier und Umwelt mit der danach folgenden Verhaltensänderung wird als Lernen bezeichnet und bildet die Basis aller Trainings- und Ausbildungs- sowie vieler Erziehungsvorgänge. Konkret nimmt man immer dann einen Lernprozess an, wenn ein Tier sein Verhalten in einer vergleichbaren Situation vorhersagbar aufgrund von vorangegangenen Erfahrungen verändert hat.

Hier sind also zwei wichtige Begriffe enthalten, nämlich:

› die vergleichbare Situation und
› die vorhersagbare Veränderung.

Kann ein Hund also etwas, was wir ihm mühsam beigebracht zu haben glauben, noch nicht zeigen, dann müssen wir bei der Fehleranalyse genau nach diesen beiden Punkten suchen. Ist die Situation für ihn überhaupt vergleichbar? Und ist seine Verhaltensänderung bereits so stabil, dass wir sie als vorhersagbar bezeichnen können?

Das erstgenannte Problem besteht eben oftmals dann, wenn der Hund auf dem Gelände der Hundeschule bestimmte Übungen perfekt ausüben kann, im Alltag jedoch nicht. Es fehlt die sogenannte Generalisierung (was hier gilt, gilt auch woanders). Das zweite Problem besteht dann, wenn wir eine Übung ab und zu, beispielsweise ohne starke Ablenkung, bereits abrufen können, sobald die Ablenkung dazukommt, aber eben nicht mehr. Dann befindet sich dieser Hund eben lernbiologisch gesagt noch nicht in der Kann-Phase, sondern immer noch in einem Teil seiner Lernphase.

Pawlow'sches Lernen

Eine Vielzahl von Untersuchungen zur Lernfähigkeit und Gedächtnisbildung wurden bei Labortieren durchgeführt und haben durchaus Bedeutung für das Verhalten in der realen Umwelt. Jedoch haben neuere Untersuchungen gerade auch an Hunden gezeigt, dass es Prozesse gibt, die mit den einfachen Reiz- und Reaktionsschemata der Laborlernpsychologie nicht erklärbar sind. Im Labor wurden Lernvorgänge vorwiegend auf Basis der sogenannten Konditionierung durchgeführt. In der *klassischen Konditionierung*, auch als *Pawlow'sches Lernen* bezeichnet, wird ein vorher neutraler Reiz durch die nachfolgende Darbietung eines bisher unkonditionierten Reizes zu einer Verknüpfung geführt. Bestes Beispiel dafür ist der Namen gebende »Pawlow'sche Hund«, der nach einiger Zeit gelernt hat, dass ein Klingelton mit Futtergabe verknüpft ist und schon beim Hören des Klingeltons anfängt zu speicheln. Häufig sind solche klassischen

Konditionierungsvorgänge die Basis von Reaktionen etwa bei Stress, Angst oder ähnlichem Lernen in unangenehmen Situationen.

Bei der instrumentellen oder operanten Konditionierung wird ein bestimmtes Verhalten, dass das Tier zufällig zeigt, etwa das Drücken eines Hebels, durch einen positiv oder negativ verstärkenden Reiz an- oder abtrainiert. Hier wird also durch eine Handlung des Tieres selbst eine für das Tier angenehme Konsequenz ausgelöst bzw. eine unangenehme Konsequenz vermieden.

Gewöhnung, Sensibilisierung, Auslöschung

Die einfachsten Formen des Lernens sind *Gewöhnung (= Habituation)* und *Sensibilisierung*. Beim Prozess der Gewöhnung lernt das Tier, dass eine Situation keine Bedeutung hat, die Reaktion schwächt sich ab. Im Fall der Sensibilisierung lernt das Tier, eine Situation vorausschauend als bedeutungsvoll zu erkennen und die Reaktion verstärkt sich. Nochmals ein anderer Vorgang ist die sogenannte *Auslöschung (Extinktion)*. Dabei wird eine einmal gelernte und als bedeutungsvoll erfahrene Reizkombination plötzlich ihres Vorhersagewertes beraubt, weil die erwartete Konsequenz nicht mehr eintritt. Extinktionslernen setzt je nach Persönlichkeit und je nach Optimismus bzw. Pessimismus des betreffenden Tieres früher oder später ein.

Generalisierung

Ebenfalls von der Lernfähigkeit getrennt betrachtet werden muss der Begriff des Gedächtnisses. Eine der bereits genannten höheren Lernformen, die mit den einfachen Regeln des Reizreaktionslernens nicht mehr erklärbar ist (selbige Regeln beherrschen leider immer noch die Hundeausbildung und Hundetrainerausbildung), ist die Form von *Generalisierung* und *Abstraktion*, die auch als »Lernen des

Lernens« bezeichnet wird. Wenn einem Tier eine Reihe von ähnlichen Situationen präsentiert wird, z. B., wenn es nacheinander lernt, verschiedene Musterpaare jeweils als ein positiv und ein negativ belegtes Muster zu lernen, wird mit der Zeit der Lernerfolg mit jedem neuen Musterpaar verbessert, und schließlich setzt eine Verallgemeinerung ein, die z. B. dem Tier sagt: Alle eckigen Strukturen werden mit Futter belohnt, alle runden dagegen nicht. Je nach Tierart und Situation dauert es unterschiedlich lange, bis solche Generalisierungen einsetzen.

Situationsabhängiges Lernen

Lernprozesse funktionieren offenbar schon durch bestimmte innere Beschränkungen im Gehirn und im Verhaltensrepertoire des Tieres situationsgebunden unterschiedlich. Es kann nicht ohne weiteres aus einer Lernsituation auf eine andere geschlossen werden. Ein Affe kann z. B. lernen, seine ihm bekannten Artgenossen nach deren jeweiliger Rangposition einzuschätzen und weiß, dass wenn A beispielsweise dominant über B und B dominant über C ist, dann A auch über C dominieren müsste. Der gleiche Affe ist jedoch nicht in der Lage, drei unterschiedlich große Behälter nach Größe von links nach rechts zu sortieren. Andere Affenarten haben sogar einen eigenen Warnruf für „Schlange“, doch sind sie nicht in der Lage, eine unterm Busch verschwindende Schlangenspur mit Gefahr in Verbindung zu bringen. Ratten oder Hamstern kann man zwar beibringen, sich durch Aufrichten auf die Hinterbeine einem Strafreiz zu entziehen, jedoch nicht, sich dafür das Gesicht zu waschen oder andere Körperpflegehandlungen. Mehrere Stunden nach der Einnahme von Futter mit Brechmittel kann ein Brechreiz erstmals auftreten und wird ziemlich sicher dem Tier dieses Futter auf lange Zeit verleiden. Versucht man aber, durch Lichtreize oder Töne anzukündigen, dass ein bestimmtes Futter ungenießbar ist, funktioniert diese Abdressur selbst in kurzen Zeiträumen nicht.

Lernen im Schlaf?

Untersuchungen an Labortieren und Menschen haben bereits eindeutig gezeigt, dass Gedächtnisfixierung im Schlaf durchaus stattfindet. Bemerkenswerterweise wurden in diesem Zusammenhang auch Untersuchungen an Hunden durchgeführt, die etwas widersprüchliche Ergebnisse liefern: Hunde, die nach einer Übungseinheit, beispielsweise in der Hundeschule, zunächst noch einige Minuten temperamentvoll spielen konnten, hatten nach einem Tag, noch deutlicher aber nach mehreren Tagen bzw. ein bis zwei Wochen, einen besseren Gedächtniszugriff, also bessere Lernerfolge, als Hunde, die nach dieser Lerneinheit spazieren geführt wurden, sofort geschlafen haben oder andere, weniger emotional positiv belegte Tätigkeiten erfuhren.

Die Lösung dieses scheinbaren Widerspruchs könnte aus den Ergebnissen von Labortier- und Menschenstudien kommen: Gedächtnisfixierung und Lernen im Schlaf funktionieren nämlich nur dann, wenn die vorangegangene Lerneinheit durch eigene Kombinationsgabe, selbstständiges Erschließen von Zusammenhängen oder eigene, selbst gefundene Lösungswege entstand (wenn man z. B. ein Textstück nur deshalb versteht, weil man sich einige unbekannte Vokabeln selbst zusammengereimt hat oder wenn man eine schwierige mathematische Aufgabe oder Beweisführung erfolgreich durchdacht hat). Routinemäßiges Auswendiglernen dagegen erbringt diese zusätzliche Fähigkeit zur Gedächtnisfixierung im Schlaf nicht.

Daher spielen also auch für Hunde die Bedingungen des Lernens, des Übungsaufbaus und des Lerninhalts eine Rolle. Um ein „Lernen im Schlaf“ zu ermöglichen, müssten sie vorausgehend selbstständig eine schwierige Aufgabe lösen (z. B. Rettungshundearbeit, Mantrailing oder auch komplizierte Übungen beim Trickdogging), statt sich mit einer eher langweiligen „Sitz – Platz – Fuß“-Gruppenübung mit Routineabläufen zu beschäftigten.

Eine andere Untersuchung aus der Budapester Arbeitsgruppe zeigt übrigens auch, dass Hunde besser schlafen, wenn sie vor dem Einschlafen mit positiven Sozialkontakten seitens des Menschen bedacht wurden, als wenn sie beispielsweise negative Erfahrungen, durch Zurechtweisungen, Aggressionsausbrüche oder andere unerfreuliche Erlebnisse hatten. Auch das ist für den Hundehalter eine durchaus wichtige Erkenntnis: Selbst wenn es zu »Diskussionen« mit dem Hund gekommen ist, so sollte es unbedingt vor dem Einschlafen zur Aussöhnung kommen. Eine positive Kontaktaufnahme repariert die Beziehung und ermöglicht dem Hund einen ruhigen Tiefschlaf. Tiefschlaf ist bekanntermaßen gesund, nicht nur für die Regeneration einer ganzen Reihe von Organen und Geweben im Körper, sondern eben auch für die Gedächtnisfixierung.

Optimale Gedächtnisfixierung

Gedächtsnisfixierung durch SCHLAF nach anspruchsvollen Arbeiten/ Aufgaben, nicht aber nach Routineabläufen.
Gedächtsnisfixierung durch SPIEL nach eintönigen, langweiligen Arbeiten/Aufgaben, nicht aber nach anspruchsvollen Aufgaben mit eigener Kreativität.

Nachahmung und Beobachtung

Von besonderer Bedeutung sind die bereits angesprochenen höheren Lernleistungen, z. B. soziales Lernen durch Nachahmung, Beobachtung oder auch die Fähigkeit, sich in den Standpunkt eines Artgenossen hineinzuversetzen. Einsichtiges Verhalten, Werkzeuggebrauch, Einschätzung sozialer Beziehung zu anderen Artgenossen oder auch Einschätzung der Erfahrungsmöglichkeiten eines anderen Artgenossen lassen sich hier ebenso einordnen. Von besonderer Bedeutung ist, dass sozial lebende Hundeartige in besonderer Weise zu höheren Lern- und Gehirnleistungen fähig sind, bei denen sie im Zusammenhang mit Beobachtung sich auch in die Position eines gerade beobachteten Artgenossen hineinversetzen können. Diese kognitive Fähigkeit, die Perspektiven Außenstehender und deren derzeitige und zukünftige Sinneserfahrung einschätzen zu können, ist wiederum stark von frühkindlichen und jugendlichen Erfahrungen und Trainingsvorgängen abhängig. In den letzten Jahren wurden beispielsweise durch die von der italienischen Biologin und Hundetrainerin Claudia Fugazza eingeführte Methode des Nachahmungs- und Beobachtungslernens (»Do as I do«, man kann dazu viele Filmchen im Internet finden!) ganz neue Perspektiven der Hundeausbildung geschaffen. Menschen, die ihrem Hund einmal dieses Kommando „Mach es nach" beigebracht haben, können nahezu jede beliebige Bewegung vorturnen und dem Hund das Nachmachkommando geben. Bereits nach wenigen (meist unter fünf) Wiederholungen hat der Hund die Bewegung übernommen. Im nächsten Schritt wird dann das zugehörige Kommando für diese Handlung etabliert. Der Hund zeigt das Verhalten zukünftig, sobald das zugehörige Kommando geäußert wird. In den Untersuchungen von Claudia Fugazza hat sich diese Vorgehensweise regelmäßig als schneller und effektiver gegenüber den anderen, eher traditionelleren Methoden, wie beispielsweise des freien Formens mithilfe von Clickertraining, erwiesen.

Bedeutung von Stress

Nicht zuletzt muss die Bedeutung von Stress und stressartigen Vorgängen für das Lernen hervorgehoben werden. Die Wechselwirkungen zwischen Stresshormonen und Lernprozessen sind sehr vielfältig, so können je nach Situation und Lernaufgabe leichte Erhöhungen sowohl des »Kampfhormons« Noradrenalin wie auch des passiven Stresshormons Cortisol zu einer verstärkten Gedächtnisbildung führen, eine übermäßige Produktion der gleichen Hormone dagegen zu einer Lernblockade, in jedem Fall aber zu Gedächtnisstörungen. Es ist daher unumgänglich, die individuelle Belastbarkeit und die momentanen Stress- und Belastungsanzeichen jedes Tieres in einer Lern-, Trainings- und Abrufsituation zu beachten, um auf individuelle Eigenschaften und Fähigkeiten optimal eingehen und diese gegebenenfalls trainingsmäßig beeinflussen zu können.

Neugierde und Erkundungsverhalten

Triebfeder des Lernverhaltens ist unter anderem die Neugierde. Erkundungs- gleich Explorationsverhalten ist eine Eigenschaft, die bei jugendlichen Tieren besonders häufig auftritt. Da der Hund eine sogenannte *Neotenie* (Phänomen der Verjugendlichung unter Beibehaltung jugendlicher Merkmale) in seiner Domestikationsgeschichte durchgemacht hat, ist er auch im Verhalten auf einem jugendlichen Stadium stehengeblieben und bleibt auf diesem Stadium sein Leben lang. Diese Verjugendlichung wiederum führt unter anderem dazu, dass das Erkundungs- und Neugierverhalten, auch das Spielverhalten, bei Haushunden noch viel häufiger im Erwachsenenalter auftritt als etwa bei ihren Vorfahren, den Wölfen. Jedoch sind Hundeartige, auch die nicht domestizierten Wildcaniden, ohnehin schon eine der wenigen Gruppen von Säugetieren, bei denen auch in freier Natur bei erwachsenen Tieren regelmäßig Spiel- und Erkundungsverhalten zu sehen sind.

Zur Zweisprachigkeit des Haushundes

Während der Haustierwerdung des Hundes war der Erwerb einer gewissen Art von zweisprachiger Begabung bei ihm eine besondere Chance für unsere Vorfahren. Wie und wann genau diese Veränderungen im Erbgut und in den Hirnstrukturen des Haushundes entstanden sind, kann noch nicht genau festgelegt werden. Tatsache ist jedenfalls, dass insgesamt knapp 30 Änderungen an Gen-Orten zwischen Wolf und Haushund festgestellt wurden. Und ca. 2/3 davon betreffen die mit der sozialen Kompetenz und den sozialen Fähigkeiten verknüpften Gehirnregionen!

Einige dieser Fähigkeiten sind wahrhaftig bewundernswert: Haushunde können, vorausgesetzt sie werden in einer familiennahen Art und Weise, wie es bei uns in Westeuropa üblich sein sollte, von Anfang an mit Menschen zusammengebracht, auch eine echte Zweisprachigkeit aufweisen. Sie sind dann nicht nur in der Lage, menschliche Kommunikationsgesten, sondern sogar auch Worte des Menschen zu verstehen und zu lernen.

Die Fähigkeit zum Erlernen von Worten wird genau wie bei unseren kleinen Kindern durch Beobachtung unserer Handlungen und Beobachten und Belauschen unserer Sprache im Umgang mit Gegenständen erzielt. Ein Beispiel dafür ist die Fähigkeit, neue Namen für unbekannte Spielzeuge durch eine Ausschlussentscheidung zu erkennen, wie sie am bekanntesten der ehemalige Fernsehhund Rico gezeigt hat. Rico besaß eine große Zahl von Spielsachen und kannte diese alle mit Namen. Wurde ihm nun unter eine Reihe bekannter Spielsachen ein neues Objekt hingelegt und er dann (im Nachbarraum!) z. B. mit der Gegenstandsbezeichnung »Hol das Nashorn« aufgefordert, so lief er zielsicher zu seinem Stapel und holte das einzige ihm unbekannte Objekt heraus. Er hatte verknüpft, dass der unbekannte Begriff im Befehl wohl mit dem unbekannten Objekt zu tun hatte. Zukünftig kannte er dann auch den Namen Nashorn für dieses Plüschtier. Diese und ähnliche Fähigkeiten zu unserer Belauschung sind, wie mittlerweile auch die neuesten Untersuchungen im Hirnscanapparat zeigen, wohl in ähnlichen Regionen des Großhirns verankert wie auch unser Wortverständniszentrum.

Im Alltag ist diese Zweisprachigkeit des Haushundes Segen und Fluch zugleich. Wir können uns darauf verlassen, dass Hunde durch Beobachten und Belauschen des Menschen auch unbekannte Worte erkennen. Wir können uns auch darauf verlassen, dass Hunde mit unseren Gesten, sogar mit unserer Blickrichtung oder auch mit der Richtung, in die wir sprechen, intuitiv und ohne vorangehendes Training einen Hinweis auf z. B. versteckte Gegenstände ableiten können. Wir müssen aber auch damit rechnen, dass sie das eben auch dort tun, wo es uns nicht so gut gefällt.

Eine häufig ablaufende kleine Szene mag aber noch verdeutlichen, dass die Kommunikation zwischen Hund und Mensch zweiseitig und nicht als Einbahnstraße, sondern sozusagen zweisprachig funktionieren kann: Stellen Sie sich vor, Sie sind gerade mit Ihrem Hund in ein aufregendes Spiel vertieft. Sie werden, beispielsweise durch einen Telefonanruf, unterbrochen. Danach möchte Ihr Hund Sie zum Weiterspielen auffordern. Er tut dies mit der typischen Spielverbeugung, einem hundlichen Signal der Spielaufforderung. Damit hat er Sie automatisch verhundlicht, denn er geht selbstverständlich davon aus, dass Sie dieses Signal verstehen. Anschließend gehen Sie tatsächlich auf sein Spiel ein, und der Hund strahlt übers ganze Gesicht. In diesem Moment hat er sich selbst vermenschlicht, denn das strahlende Lächeln eines Hundes ist eine aus dem Kommunikationsrepertoire des Menschen übernommene Verhaltensweise.

Diese Zweisprachigkeit zu nutzen, ohne den Hund mit unsinnigen, komplizierten Formulierungen zuzutexten, ist eine Kunst, die aber auch gleichzeitig dem besseren Verständnis und der besseren Teampassung zwischen Hund und Mensch dienen kann.

Regulation innerer und äußerer Zustände

Neben dem Begriff des Lernens ist ein anderes, mindestens ebenso bedeutsames, aber in der Öffentlichkeit viel weniger bekanntes Prinzip ausschlaggebend, nämlich das der »Regulation innerer und äußerer Zustände« eines Tieres. Wie ein Pendel, das bei jedem Ausschlag versucht, wieder in den Ruhezustand zurückzukehren, versuchen Tiere, aber auch andere Lebewesen, ständig, mit ihren inneren und äußeren Reizen und Anforderungen im Gleichgewicht zu bleiben. Der für diesen Vorgang normalerweise verwendete Begriff ist der der *Homöostase*.

Ein einfaches Beispiel: Wenn uns in der Sonne zu heiß wird, suchen wir Schatten auf, wenn wir durch das Schwitzen sehr viel Flüssigkeit verloren haben, versuchen wir zu trinken. Stehen wir dann mit einem kühlen Drink im Schatten, reguliert sich unsere Körpertemperatur wieder auf den Sollwert. Und auch unser Wasserhaushalt wird durch das Getränk wieder ausgeglichen. Auch komplexere Formen des Sozialverhaltens sind oftmals als Regelvorgänge im Sinne der Erhaltung der Homöostase vorstellbar. Wenn uns jemand zu nahe kommt, setzen wir ein drohendes Gesicht auf, versuchen eventuell auch, durch bedrohliche Körperhaltung den Betreffenden auf Distanz zu halten. Weicht er dann zurück, ist unser äußeres Gleichgewicht wiederhergestellt, und wir sollten aufhören zu drohen und auch wieder ein nettes oder zumindest neutrales Gesicht aufsetzen. Die Gleichgewichtszustände, die unser Körper anstrebt, sind jedoch nicht immer gleich hoch. Wer abends in einem Tanzlokal oder in einer Kneipe sitzt, beansprucht unter Umständen eine geringere Individualdistanz, als wenn er tagsüber gerade dabei ist, sich auf eine schwierige Prüfung vorzubereiten. Und wer im Hochsommer ein kaltes Getränk sieht, hat unter Umständen ein anderes Bedürfnis danach, als wenn der gleiche kalte Drink ihm im Winter serviert wird. Wegen dieser sich ändernden Sollwerte des Gleichgewichtszustandes hat sich neuerdings eingebürgert, statt von Homöostase von *Allostase* zu sprechen und damit der Erfahrung Rechnung zu tragen, dass wir, und auch andere Tiere, zu unterschiedlichen Zeiten auf unterschiedliche Sollwerte zustreben.

Von sogenannten Trieben und Instinkten

Zwei Begriffe, die in früheren Jahrzehnten in der Verhaltensbiologie weit verbreitet waren, jedoch heute kaum noch eine Rolle spielen, sind unter Hundehaltern populär: Dies sind die Begriffe *Trieb* und *Instinkt*.

Trieb im Zusammenhang mit Jagd, Aggression & Spiel

Der Triebbegriff muss beim Hund für alles Mögliche herhalten, man spricht vom Spieltrieb, Jagdtrieb, Schutztrieb, Wehrtrieb und noch vielem anderen. Unangenehm bei der Sache ist nur, dass dieser Begriff einen schlechten Ruf hat, wer denkt da nicht sofort an Triebtäter? Zudem lässt der Triebbegriff vermuten, und ein früher von Konrad Lorenz entwickeltes Modell zur Steuerung des Verhaltens scheint dies vordergründig auch zu bestätigen, dass der Antrieb zu einem bestimmten Verhalten eben aus dem Tier selbst heraus entstünde und sich dann gewissermaßen einen Ausgang sucht. So wie ein Dampfdruckkessel, der unter zu viel Spannung steht, dann plötzlich platzt oder das Sicherheitsventil herausschleudert.

Verhaltensweisen, die durch einen immer stärker werdenden inneren Antrieb mit immer höherer Wahrscheinlichkeit ablaufen, ohne dass äußere Anlässe dafür gegeben sind, gibt es aber nur wenige. Die meisten davon sind unmittelbar lebensnotwendige Bereiche, wie etwa Schlafen, Nahrungs- oder Wasseraufnahme.

Weder im Bereich Aggression noch im Bereich Sexualverhalten, Jagdverhalten oder Spiel, kommt es zu Triebstauereignissen. Stattdessen werden die meisten Verhaltensweisen primär durch äußere Anlässe ausgelöst. Kommt dann eine innere Handlungsbereitschaft hinzu, wird das betreffende Verhalten auch gezeigt.

Je stärker der äußere Anlass bzw. äußere Reiz, mit umso größerer Wahrscheinlichkeit wird das Verhalten ausgelöst. Je stärker die innere Handlungsbereitschaft, desto kleiner kann der äußere Reiz sein. So gibt es nachweislich kastrierte Rüden, die noch Jahre nach der Kastration in Anwesenheit einer läufigen Hündin das gesamte Sexualverhalten einschließlich Paarung, Hängen und allem, was dazu gehört, zeigen. Hier ist der äußere Reiz durch die Hündin in der sogenannten Standhitze so stark, dass selbst ein nach Kastration nur ganz minimal noch vorhandener innerer Antrieb ausreicht.

Das zweite Problem mit dem Triebbegriff ist, dass es so aussieht, als würde das gesamte darunter zusammengefasste Verhalten von einer gemeinsamen inneren Steuerungsinstanz ausgelöst und bedingt werden. Auch hier sind die Verhältnisse komplizierter: Nehmen wir als Beispiel das Beutefangverhalten. Die Verhaltenskette des Beutefangverhaltens bei Wölfen und damit auch bei Haushunden besteht aus mindestens sieben Elementen. Jedes ist mit einer eigenen Handlungsbereitschaft ausgestattet, und jedes wird von anderen auslösenden Reizen, zum Teil auch von anderen Sinnesorganen, bewirkt. Was wäre denn nun der sogenannte Beutetrieb? Die Suche nach der Beute? Oder das Verfolgen? Oder doch das Zupacken oder gar das Töten? Jedes dieser Verhaltenselemente wird, je nach Rasse und je nach individuellem Hund, unterschiedlich oft und mit unterschiedlicher Begeisterung gezeigt. Ähnliches gilt für den sogenannten Aggressionstrieb. Aggression ist ein Werkzeug und Multifunktionsverhalten, das von mindestens drei oder vier verschiedenen Steuerungssystemen im Gehirn und im Hormonhaushalt bewirkt werden kann. Auch hier sind keine gemeinsame Motivation und kein gemeinsamer Trieb zu erkennen. Ein drittes Beispiel betrifft den sogenannten Spieltrieb. Wieder handelt es sich um mindestens drei verschiedene Verhaltenssysteme. Objektspiel, Beutefang und Sozialspiel haben miteinander genauso wenig zu tun wie Beutefang mit Aggression oder mit dem Sexualverhalten. Auch wenn das Wort Jagdtrieb einfacher und scheinbar leichter zu verwenden ist als »Handlungsbereitschaft zum Verfolgen bewegter Beute«, so wird der Begriff dadurch doch nicht richtiger.

Angeboren oder erlernt – die Sache mit dem Instinkt

Mit am weitesten verbreitet in der Anwendung verhaltensbiologischer Begriffe ist sicher der Begriff *Instinkt*. Obwohl dieser bereits vor Konrad Lorenz üblich war, hat Lorenz viel dazu beigetragen, ihn populär zu machen. Man stellt sich darunter normalerweise ein Verhalten vor, das weitestgehend oder ausschließlich angeboren und damit genetisch bedingt ist und das in einer weitgehend starren und unveränderbaren Form immer gleich abläuft. Beide Bestandteile sind übrigens in der ursprünglichen Verwendung des Instinktbegriffs nicht enthalten. Sie haben sich sozusagen nachträglich eingeschlichen. Der Blick auf den ersten Teil dieser scheinbar einfachen Definition lässt einen schon verzweifeln. Die Einflüsse von Erbgut und Umweltfaktoren, die vom ersten Teilungsschritt der befruchteten Eizelle im Mutterleib bis zum Ende der Pubertät stets in Wechselwirkung zueinander ablaufen, machen es geradezu unmöglich, bei irgendeiner Verhaltensweise den Beitrag der Genetik und den Beitrag der Umwelt an ihrer jeweiligen Ausformung genau festzumachen. Um es mit den Worten des britischen Verhaltensbiologen Richard Dawkins zu sagen:

»Die Frage, wie viel von einem Verhalten durch Genetik und wie viel von der Umwelt bedingt wäre, erscheint etwa so sinnvoll wie die Frage angesichts eines Kuchenstücks, wie viel davon vom Rezept und wie viel von den Zutaten abhängt.«
Richard Dawkins

Leider hat gerade die Frage nach dem Anteil genetischer Faktoren im Entstehen und der Ausformung des Verhaltens immer noch, man denke an die unsäglichen Rasselisten der Kampfhundeverordnungen, in vielen Köpfen von Hundehaltern und Behördenvertretern keinen Ersatz gefunden. In Bezug auf die Vorhersehbarkeit und Vorhersagbarkeit von Verhalten sollte man es daher eher mit Karl Valentin halten: »Prognosen sind immer schwierig, vor allem, wenn sie sich auf die Zukunft beziehen!«

Appetenzverhalten, Taxis und Endhandlung

Auch mit der angeblich immer gleich und starr ablaufenden Handlung hat man Schwierigkeiten. Streng genommen besteht eine sogenannte Instinkthandlung, auch nach den klassischen Schriften von Konrad Lorenz, aus einer ganzen Reihe von aufeinanderfolgenden Bestandteilen. Da ist zunächst die Phase des sogenannten ungerichteten Suchverhaltens, auch »ungerichtetes Appetenzverhalten« genannt. Nehmen wir als Beispiel die Suche eines Hundes nach passender Beute: Ungerichtetes Suchverhalten läge vor, solange der Hund mit wachen Sinnen, hoher oder auch tiefer Nase, aber auch noch mit offenen Ohren und offenen Augen durchs Gelände streift, um irgendeinen Hinweis auf ein passendes Beutetier zu finden. In dieser Phase ist ihm noch nicht klar, ob er die Beute hören, sehen oder riechen wird, und er ist daher auch noch für Informationen über alle zur Verfügung stehenden Sinnesorgane offen. Findet er dann eine Spur, wird zunächst eine Orientierung des Körpers auf die Spur hin vorgenommen. Dieser kurze Moment des Innehaltens und Ausrichtens der Körperachse auf den Reiz wird als *Taxis* bezeichnet.

Von nun an beginnt die Phase des sogenannten *gerichteten Such-* oder *gerichteten Appetenzverhaltens.* Dieses kann bei einem Sichtjäger dem Reiz der davonrennenden Beute gelten, bei einem Nasenjäger der Fährte oder auch, wenn er beispielsweise Mäuse in einem Erdloch piepsen hört, vom Gehörsinn gesteuert sein. In jedem Fall ist nunmehr nur noch dieser Sinnesreiz für den Hund von Bedeutung, andere und über andere Sinneskanäle auftretende Störreize werden ausgeblendet – zumeist auch die verzweifelten Rückrufaktionen des Hundebesitzers! Kommt es dann nach Verfolgung der Beute tatsächlich zu der Chance, diese zu ergreifen, wird die *Endhandlung*, auch *Erbkoordination* genannt, ausgeführt. Nur diese Endhandlung ist starr und läuft in immer gleicher Art und Weise, oft auch in gleicher Geschwindigkeit ab. Das wäre dann etwa der Tötungsbiss. Die genannte, vereinfachte Darstellung lässt außer Acht, dass die Beutefanghandlung des Hundes noch aus weiteren Bestandteilen besteht, sie zeigt jedoch bereits, dass es nicht so einfach ist, wie der Sammelbegriff Instinktverhalten oder gar Instinkt vermuten ließe. In der wissenschaftlichen Fachliteratur wird deshalb der Instinktbegriff heute kaum noch verwendet, weil er mit zu vielen Erwartungen und oft noch unbelegten Vermutungen ausgestattet ist. Die Bezeichnungen für die einzelnen Bestandteile, etwa *Appetenzverhalten*, *Taxis* und *Erbkoordination* bzw. *Endhandlung*, sind daher wesentlich unverfänglicher und auch gebräuchlicher. Gerade der Begriff Endhandlung sollte auch gegenüber dem Begriff der Erbkoordination bevorzugt werden, solange nicht eindeutig nachgewiesen ist, dass das betreffende Verhalten wirklich in seinen Grundbestandteilen durch die Information des Erbgutes bedingt ist und nicht von Umweltreizen mit geformt wurde.

Dieser kleine Ausflug in die Begriffswelt neuerer Verhaltensbiologie erscheint dem Hundehalter vielleicht überflüssig. Er wäre es streng genommen auch, wenn nicht immer noch viele Leute, die sich als Hundeexperten bezeichnen, mit veralteten Begriffen wie Trieb, Instinkt oder auch veralteten Lernkonzepten, die einseitig auf Konditionierung beruhen, an Hunden, Hundehaltern und deren Zusammenspiel herumdoktern würden – und häufig viel Unheil anrichten, wie einige unserer hier beschriebenen Vierbeiner durch- und erleben mussten. Wenn man glaubt, wissenschaftliche Begriffe verwenden zu müssen, sollte man sich zumindest auf dem neuesten Stand der jeweiligen Wissenschaft befinden!

Anhand der vorangegangenen theoretischen Grundlagen lassen sich die nun im Folgenden beschriebenen Fälle hoffentlich aus einem anderen Blickwinkel erfassen und es wird verständlich, dass es nicht immer »nur« um Problemverhalten geht. Sicher ist die eine oder andere Schilderung auch ein Beispiel für falsch gehandhabte Sozialisations-, Erziehungs- und Ausbildungsmaßnahmen bzw. ein für Hunde nicht verständliches Miteinander zwischen Mensch und Hund. Doch sollen die geschilderten Fälle vorrangig in einen biologischen Zusammenhang gebracht und hormonelle Auswirkungen aufgezeigt werden.

Zur Tagesaktivität

Im Zusammenhang mit dem Beschäftigungswahn, der leider vielen Hundehaltern, vor allem denen mit schlechtem Gewissen, von der Umgebung eingeredet wird, ist es sehr nützlich, sich einmal die wirklichen Tagesabläufe von Hunden anzuschauen, wenn diese nicht von Menschen »zwangsbespaßt« und überbeschäftigt werden. Viel besser als das ohnehin meistens falsch zitierte Wolfsbeispiel sind hierfür

Untersuchungen an verwilderten und vom Menschen fern lebenden Haushunden auf nahezu allen Kontinenten geeignet. Übereinstimmend geben nämlich diese Beobachtungen alle an, dass der größte Teil des Tages (ca. 60–70 %) mit Schlafen oder Ruhen verbracht wird. Auch vom Rest der Zeit ist ein Gutteil, nämlich ca. 50–60 % des Rests, wachsames Herumliegen. Der gesamte Funktionskreis Nahrungserwerb nimmt nur ca. 1,2–1,5 Stunden, also 70–90 Minuten ein. Auch eine aktive, über längere Strecken ablaufende Jagd wurde bei diesen verwilderten oder menschenfern lebenden Haushunden fast nie beobachtet. Stattdessen besteht die Nahrungssuche aus einem fuchsartigen Stöbern, wobei durchaus unterschiedliche, überwiegend aber vom Menschen stammende Nahrungsquellen aufgefunden werden.

2,5 Stunden pro 24 Stunden dagegen nimmt durchschnittlich das Sozialverhalten ein. Dieses wird nicht während der Nahrungssuche oder beim Nahrungserwerb und Fressen gezeigt und initiiert, sondern in Ruhephasen, beim Spielen, beim gemeinsamen Abhängen oder entschleunigt durch den Wald schlendern.

Auch die räumlichen Verhältnisse sind aufschlussreich: Das Kernrevier einer Hundegruppe hat meistens nur wenige Quadratkilometer. Auch das gesamte Streifgebiet, in dem man die Hundegruppe zu 95 % der Zeit antreffen kann, ist oft nur ein 3 x 4 Kilometer großes Stück. Viele Stunden des Tages verbringen gerade auch die Großstadt-Straßenhunde in Arealen von weniger als einem Quadratkilometer.

Aus diesen Gründen ist es viel wichtiger, unseren Hunden Ruhe, Entspannung und ausgeglichene Entschleunigung zu bieten, statt sie permanent und überfordernd zu bespaßen. Deshalb ist auch der Begriff der „Auslastung“ für Haushunde denkbar ungeeignet. Er stammt letztlich aus der Betriebswirtschaft. Wenn ein Schreiner sich eine teurere Kreissäge kauft, muss diese pro Woche auch mehr leisten, also für mehr Kundenaufträge verwendet werden, als ein billigeres Modell, sonst lohnt sie sich nicht. Dies würde im übertragenen Sinne ja beim Hund bedeuten, dass ein Hund von einem guten und dementsprechend seine Welpen auch teurer verkaufenden Züchter mehr Beschäftigung braucht als einer, der für 200 Euro Schutzgebühr aus dem Tierheim übernommen wurde. Dieser Vergleich mit der Werkzeugbeschaffung eines Handwerkers sollte jedem klarmachen, wie absurd der Auslastungsbegriff im Zusammenleben mit unseren Haustieren und speziell auch den Hunden ist. Lassen Sie sich also bitte nicht einreden, Ihr Hund brauche mehr Beschäftigung, wenn er quengelig ist. Möglicherweise ist genau das Gegenteil der Fall!

Was die Beobachtungen an den verwilderten Haushunden übrigens auch zeigen: *Hunde gehen durchaus spazieren!* Sie sind nicht immer nur im schnellen Schritt oder gar im Trab von A nach B unterwegs, und sie zeigen auch nicht immer zielgerichtete Beschäftigungen. Wenn sie ausgesprochen entschleunigt und »gechillt« durch den Wald oder ihren Lebensraum schlendern, dann hat dies durchaus vieles von einem langsamen, gemächlichen Dahinschlendern und Schleichen. Dementsprechend wird auch ihr Informationsbedürfnis über vielerlei Sinneskanäle gleichzeitig dadurch bedient und gedeckt.
Erste Untersuchungen in unserer Arbeitsgruppe haben beispielsweise gezeigt, dass die Dauer des täglichen Spazierengehens durchaus einen positiven, also direkten Zusammenhang mit der Punktezahl auf einer Hyperaktivitätsscala des Hundes hat (Hoppe et al, 2017). Das bedeutet nichts weniger als den Zusammenhang: »Je mehr Spaziergänge, desto größeres Hyperaktivitätsrisiko!«

Auch andere Faktoren hat diese Untersuchung übrigens als Risikofaktoren oder Gegenmaßnahmen zur Hyperaktivitätsproblematik gezeigt:

- Hunde, die die Nacht im Schlafzimmer ihres Halters verbringen können, haben ein *geringeres* Hyperaktivitätsrisiko. Zu diesem Problemkreis haben wir auch bereits erste Fallberichte. So schilderte uns die Halterin eines, als durchaus hyperaktiv mit einem hohen Punktewert im einschlägigen Fragebogen belegten Hundes, dass auf Reisen und bei Fortbildungsmaßnahmen, wenn er »zwangsläufig« bei ihr im Hotelzimmer schlafen musste, der Hund wesentlich ruhiger und entspannter war als Zuhause, wo ein entsprechend strenges Schlafzimmerverbot umgesetzt wurde.
- Viele Fallberichte unterstützen diese Beobachtung: Hunde, die des Nachts in der Nähe des Menschen schlafen können oder unter oder neben seinem Bett, sind wesentlich ausgeglichener, entspannter und schlafen auch besser. Ein besonders interessanter Fall in diesem Zusammenhang wurde eines Tages auf einer Seminarveranstaltung geschildert: Eine Seminarteilnehmerin, Halterin zweier Hunde, hatte so starke eigene Schlafstörungen, dass sie ein Schlaflabor in einer einschlägigen Klinik aufgesucht hat. Dort wurde ihr unter anderem empfohlen, sich während der Nacht ab und zu mit einer Videokamera selbst zu filmen. Die Auswertung der Videoaufnahmen ergab Erstaunliches: In den wenigen Nächten, in denen sie ruhig durchschlief, waren die Hunde viel aufmerksamer, schreckten hoch, lauschten und wechselten sich dabei auch noch ab. In den Nächten, in denen sie selbst ständig hochschreckte, sich hin und her wälzte und immer wieder wach wurde, waren die Hunde tiefenentspannt und schliefen durchgehend den Schlaf des Gerechten. Da, wie wir wissen, ein gesamter Schlafzyklus eines Hundes nur ca. 25 Minuten dauert, im Gegensatz

dazu der des Menschen 50–90 Minuten, ist das aber kein Problem. Wacht der Hund ohnehin ab und zu auf, kann er sich auch mal umschauen. Innerhalb des Schlafzyklus aber kommt er schneller und regelmäßiger in die gesunderhaltende Tiefschlafphase, wenn er nicht allein ist.

Ein weiterer Verhaltensbereich, der das Hyperaktivitätsrisiko bei Hunden dämpfen oder steigern kann, sind *soziale Kontakte mit dem Halter* allgemein sowie *Spielverhalten* im Speziellen. Hunde, die in den ersten sechs Monaten nach dem Einzug in die neue Familie mit sehr viel sozialer Körperpflege, Kuscheln, Streicheleinheiten und anderen positiven Sozialkontakten seitens des Menschen bedacht wurden, waren mit durchschnittlich sehr viel geringeren Punkten auf der Hyperaktivitätsskala angesiedelt, als Artgenossen ohne ein solches Wohlfühlprogramm. Gleiches gilt für das Ausmaß des Spielverhaltens, in diesem Fall ging es um das Spielverhalten zwischen Hund und Mensch.

Gerade die Auswirkungen des Spielverhaltens sind oftmals sogar, wie Untersuchungen an Labortieren und an hyperaktiven und aufmerksamkeitsgestörten jugendlichen Menschen zeigen, als regelrechte Therapiemaßnahme geeignet. Nur durch heftiges, überschäumendes und temperamentvolles Raufen, Balgen und Toben wird tatsächlich die Kombination aus verschiedenen Wachstumsfaktoren und Botenstoffen im Gehirn auf die Reise geschickt, die zu einer Strukturierung und Fokussierung des Gehirns nötig ist. Wer also in der Jugend dieses überschäumend temperamentvolle Spielen genießen darf, kann später konzentrierter und fokussierter arbeiten und sich länger auf einschlägige Aufgaben einlassen.

KAPITEL 2

Verhalten und Rassen

Auch im Jahr 2019, also in einer Zeit, in der eine schier grenzenlose Fülle an Informationen über die unterschiedlichsten Quellen erhältlich ist, verläuft die Auswahl eines Hundes fast immer noch überwiegend rein emotional und nach jeweiligem Geschmack in Bezug auf das äußere Erscheinungsbild. Vielleicht fällt eine überlegte Entscheidung für ein bestimmtes Geschlecht, doch die Auseinandersetzung mit den Fähigkeiten, Fertigkeiten und Bedürfnissen einer bestimmten Rasse bzw. eines bestimmten Hundetyps kommt häufig zu kurz. Die Anschaffung eines PKWs oder einer Waschmaschine wird intensiver überlegt und von allen Seiten beleuchtet, als die Anschaffung eines vierbeinigen Sozialpartners! Ist die Entscheidung »Hund ja oder nein« einmal zu Gunsten eines Fellknäuels gefallen, dann muss der Gedanke auch im Hauruck-Verfahren »hic et nunc«, um mit dem alten Lateiner zu sprechen, in die Tat, sprich die Anschaffung, umgesetzt werden. Jede Hunderasse und dementsprechend auch jeder Mischling, der ursprünglich ja auch von bestimmten Hundetypen abstammt, hat eigene Besonderheiten und Ansprüche. Und jeder Mensch hat außer der Idealvorstellung von seinem zukünftigen Hausgenossen bestimmte Lebensbedingungen, die zum gewählten Typ Hund passen sollten. Nicht nur das äußere Erscheinungsbild (groß, kräftig, klein, zart, lang-, kurzhaarig usw.) darf den Ausschlag für die Entscheidung zu der Rasse oder dem Mischling geben; die Entscheidung sollte hauptsächlich von den Überlegungen getragen werden: Was möchte ich mit dem Hund gemeinsam machen und erleben, was kann ich ihm bieten, was braucht er und was ist bei diesem Hundetyp an Verhaltenstendenzen, Bewegungsansprüchen und äußeren Erscheinungsmerkmalen zu erwarten?

Anfang 2000, als die Politiker deutschlandweit nach einem zutiefst bedauerlichen Beißvorfall rein populistisches Handeln an den Tag legten, welches jeglicher Kompetenz entbehrte, wurde die gefährliche Kausalität konstruiert: Kleine Hunde = kleiner Arbeitsaufwand und geringes Gefahrenpotenzial, große Hunde = großer Arbeitsaufwand und erhöhtes Gefahrenpotenzial. Die somit forcierte These lautete: Große Hunde raus aus den Städten, kleine Hunde rein. Schon damals warnten Hundeexperten und Biologen vor dieser Sichtweise, und auch die Beißstatistiken sprechen eine andere Sprache, denn Kleinhunde, vor allem die Vertreter der Terrier, rangieren auf vorderen Plätzen, weit vor manch einem Hundegiganten. Der Wunsch nach einem genügsameren, ruhigen und »relaxten« Hund ist unter Umständen mit einem 60-Kilogramm-Vertreter einfacher zu erfüllen als mit einem kleinen, wuseligen, aktiven Kleinhund.

Insbesondere muss hier berücksichtigt werden, dass derselbe Wachstumsfaktor, der die Kleinheit der Zwergrassen bewirkt, eben auch in vielerlei Hinsicht in die Persönlichkeit und die Verhaltensentwicklung eingreift. Der eingebaute Größenwahn, auch als »Napoleonkomplex« der Kleinhunde bezeichnet, ist also durchaus molekularbiologisch erklärlich: Der genannte Wachstumsfaktor (seine

Freunde nennen ihn IGF1) wirkt eben auch auf den Persönlichkeitsfaktor Kühnheit und Wagemut. Untersuchungen an Hunderassen unterschiedlicher Gestalt lassen vermuten, dass er als Wachstumsbremse nicht nur in der körperlichen, sondern auch der Verhaltensentwicklung wirkt: Die Erhebung einer britischen Wissenschaftlerin zeigt, je mehr Kindchenschema (runder Kopf, große Augen, kurze Schnauze, pummelige Beinchen etc.) im Körperbau eines Hundes steckt, desto früher wird nicht nur seine körperliche, sondern auch seine Verhaltensentwicklung gestoppt. Diese Hunde bleiben eben nicht nur im Aussehen, sondern auch im Verhalten wie Welpen. Dummerweise aber entwickeln Welpen im Laufe ihrer frühen Lebenswochen die Verhaltensweisen der Aggression und des offensiven Draufgängertums früher und vor denen der Unterwerfung, Beschwichtigung und Deeskalation.

Zucht auf spezielle Verhaltensweisen

Rassen entstanden aus dem Selektionsgedanken heraus, Verhaltensweisen und Fähigkeiten eines Hundetyps für bestimmte Aufgaben zu spezialisieren. So entwickelten sich Jagdgehilfen, Lastenzieher, Hofwächter, Herdenschützer, Viehtreiber usw. Auch wenn heutzutage die Zucht der Hunde mehr auf äußere Aspekte Wert legt und die ursprünglichen Arbeitseigenschaften keine oder nur eine untergeordnete Rolle spielen, sind diese, individuell mehr oder weniger ausgeprägt, als biologisches Erbe und genetisch fixiert nach wie vor vorhanden.

Die eine oder andere »Marotte«, die vom Hundehalter als unangenehm empfunden wird, weist häufig auf die ursprüngliche Verwendungshistorie des Vierbeiners hin und ist aus diesem Blickwinkel erklärbar.

Inga Paff (2010) beschreibt diesen Zusammenhang am Beispiel des stark in Mode gekommenen Australian Shepherd sehr zutreffend und betont, »dass es sich bei vielen ›Verhaltensproblemen‹, mit denen Aussies in Hundeschulen vorgestellt werden und die manchmal sogar zur Abgabe des Hundes führen, um rassetypisches Verhalten handelt. Der Hund reagiert meist absolut korrekt im Rahmen seiner genetisch vorgegebenen Verhaltensmuster. (…) Manchmal zwicken die Hunde die Mitglieder ihrer Familie auch in die Hosenbeine und Ärmel, vor allem aus der Bewegung heraus oder bei starken emotionalen Reaktionen des Hundes, wie bei der Begrüßung des Besitzers nach längerer Abwesenheit. Da dieses Verhaltensmuster genetisch fixiert ist, kann eine Abgewöhnung manchmal schwierig werden, und vor allem bei großer Aufregung fallen die Hunde schnell in das Verhalten zurück.« Natürlich lassen sich unerwünschte Verhaltensweisen bis zu einem gewissen Grad erzieherisch in akzeptables Agieren/Reagieren wandeln, jedoch sollte man sich davor hüten, typbestimmendes Verhalten ganz abtrainieren zu wollen und den Hunden für ihre typgebundenen Verhaltenstendenzen keine adäquaten Ersatzhandlungen anzubieten! Wer nicht gern schnell, lang und ausgiebig läuft, sollte sich weder Windhund noch Vertreter der nordischen Rassen anschaffen, wer einen gepflegten, englischen Rasen im Garten bevorzugt, sollte seinen aktiven Kleinterrier dort nicht unbeaufsichtigt nach Mäusen buddeln lassen, und wer eine Aversion gegen nasses und schmutziges Hundefell hat, der sollte mit seinem Retriever nicht am Wasser spazieren gehen!

Verhaltenselemente und Zuchtselektion

Nach den Überlegungen des amerikanischen Hundeforschers Coppinger sind die meisten Arbeitshunderassen durch die Betonung bestimmter Elemente aus dem Beutefang des Wolfes entstanden. Das bedeutet, dass der Mensch in der Vergangenheit jene Individuen bevorzugt zur Weiterzucht verwendet hat, die bestimmte Verhaltenselemente sehr stark und/oder sehr leicht auslösbar zeigten. Andere, die diese Verhaltenselemente weniger ausgeprägt zeigten, wurden bei der Zucht nicht weiter berücksichtigt. Nur wenige Hunderassen sind ohne spezielle Selektion auf bestimmte Verhaltenselemente nach anderen, allgemeineren Gesichtspunkten in der Rassegeschichte entstanden. Ein Beispiel dafür sind die Schlittenhunde, die überwiegend auf Hochleistungsfähigkeiten und langzeitbelastbaren Kreislauf, Muskulatur und andere körperbau-/sportliche Anpassungen selektiert wurden. Ihr Verhaltensrepertoire wurde vergleichsweise wenig vom Menschen korrigiert, denn dazu bestand keine Notwendigkeit. Daher sind die Vertreter dieser Rassen auch heute noch, nicht nur in Bezug auf Jagdverhalten, dem Wolf sehr ähnlich und recht ursprünglich geblieben. Zudem ändert sich nicht nur ihr Verhalten (Aktivität), sondern auch ihr Stoffwechsel und damit der Nahrungsbedarf sehr stark in der Jahresperiodik. Eine zweite Gruppe von Hunden, die ebenfalls nicht nur auf spezielle Elemente aus der Beutefangkette, sondern eher auf andere Verhaltenstendenzen selektiert wurden, sind die Herdenschutzhunde. Bei ihnen stellen überwiegend ein starkes Territorialverhalten sowie eine weitgehend erhöhte Wachsamkeit mit Beginn der Dämmerung den Selektionsfaktor dar.

Rassen sind jedoch generell, sei es durch körperbauliche, organphysiologische oder verhaltensbiologische Merkmale charakterisierte Kleinfortpflanzungsgemeinschaften, bei denen auch die erwünschten Tendenzen teilweise mit anderen, entweder unerwünschten oder nicht selektiv veränderten Merkmalen gekoppelt auftreten können. Dieser Effekt, dass manche Gene mehrere, ganz unterschiedliche Verhaltensweisen oder sonstigen Merkmale beeinflussen können, wird uns später bei Farbgebung und Verhalten wieder begegnen.

Für den Hundehalter bedeutet dies, dass bei einem Hund, der auf ganz bestimmte Teile der Beutefangverhaltenskette des Wolfs hin selektiert wurde, z. B. als Hütehund auf das Fixieren, Verfolgen und Anzwicken, dieses Verhalten so stark in der Disposition des Hundes verankert ist, dass die Einzelverhaltenselemente weder sehr schnell züchterisch noch sehr einfach erzieherisch veränderbar sind. Wir lernen bedauerliche Unfälle und Fehlentwicklungen gerade bei Hütehunden in unseren Fallbeispielen kennen. Etwas anders verhält es sich mit den generellen Persönlichkeitseigenschaften und mit größeren Verhaltenskomplexen. Hier spielt offenbar Aufzucht und frühe Sozialisation eine mindestens ebenso große Rolle wie die Zugehörigkeit zu bestimmten Rassen.

Ein »Spiel« mit tödlichem Ausgang | Junkie

Es war durch die gesamte örtliche Presse gegangen: Ein Altdeutscher Schäferhund hatte auf einem Hundeplatz beim Agilitytraining einen Sheltie attackiert und getötet. Die Schilderungen des Hergangs variierten, doch wurde einstimmig mitgeteilt, dass sich beide Hunde auf dem Übungsplatz befanden, der Sheltie am Rand bei Frauchen saß, und der Schäferhund seinen Trainingslauf gerade beendet hatte. Zur Belohnung für den erfolgreich absolvierten Parcours war dem Schäferhund das Spielzeug geworfen worden, welches in Richtung des Shelties flog. Der Schäferhund rannte dem Objekt hinterher, stürzte sich laut Aussage der Beobachter unvermittelt auf den Sheltie und biss sofort zu. Der wesentlich kleinere Hund erlitt massive Verletzungen, an denen er letztlich verstarb.

Verhaltensüberprüfung in Alltagsumgebung

Es kam zur Anzeige und der Hund musste von Amts wegen begutachtet werden. Die Begutachtung fand im Rahmen eines Spazierganges in normaler Alltagsumgebung auf einem belebten Rundweg statt. Hier spielt sich der normale Alltag ab, Reize, wie sie das tägliche Leben bereithält. Nichts muss gestellt und nachempfunden werden. Es kam zu den unterschiedlichsten Konfrontationen: Spaziergänger jung wie alt, Kinder, Jogger, Skater, Radfahrer, andere Hunde, eben alles, was ein sonniger Tag im normalen Leben hergibt. Zu erleben war ein Hund, der ausgesprochen freundlich auf alle Menschen reagierte und in der Überprüfung auch kaum Notiz von anderen Hunden nahm. Er verhielt sich völlig unauffällig, nahm seine Umwelt interessiert und aufmerksam, aber keinesfalls abweisend wahr. Es gab nicht den geringsten Anhaltspunkt, der auf eine Verhaltensauffälligkeit hingedeutet hätte. Die Schilderung des Hergangs auf dem Hundeplatz im Hinterkopf, nahm ich mir deshalb einen Stock als Spielzeugersatz zur Hand – und dann ging es los …!

Kaum hielt ich ein Objekt in der Hand, welches Junkie als potenzielles »Spielzeug« betrachtete, wurde aus ihm ein völlig anderer Hund. Er riss und zerrte an der Leine, war weder kontrollierbar, noch ansprechbar, die massiv und lautstark vorgebrachten Abbruchversuche seines Menschen prallten komplett am Hund ab. Jedes Ausatmen wurde von einem Hochfrequenz-Jiffen begleitet, dann erfolgten wieder kurze, abgehackte Beller und Winseln in allen Tonstufen. Junkie sprang mich mit all seiner Körperkraft an, schnappte vehement nach meiner, den Stock haltenden Hand. Frauchen am anderen Ende der Leine flog nur noch nach rechts und nach links, krampfhaft bemüht, den Hund festzuhalten. Der Hund signalisierte deutlich: »Ich möchte den Stock, mit aller Kraft, unter allen Umständen und mit allen Mitteln.« Aus dem umgänglichen Vierbeiner war im Bruchteil einer Sekunde eine tobende Furie geworden. Aufgrund dieser offensichtlichen Beutemotivation erübrigte sich für mich die Frage an die Besitzer, wie sich der Hund wohl verhalten würde, wenn auf einem Spaziergang plötzlich Ball spielende Kinder auftauchen würden. Nicht auszudenken, wie die Situation verlaufen würde, wenn der Hund, der übrigens eine Begleithundeprüfung erfolgreich absolviert hatte, auch noch im Freilauf war.

Wir sprachen gemeinsam notwendige Trainingsschritte und Verhaltensmaßregeln durch. Eigentlich wäre es nicht schwer und auch nicht außergewöhnlich mühsam gewesen, die erforderlichen Maßnahmen zu ergreifen und im Alltag umzusetzen. Doch für die Besitzer war schnell klar, diesen Hund wollten sie nicht mehr. Die Tochter wollte unbedingt weiter am Agilitysport teilnehmen, das Training wurde in ihrem Verein aber ausschließlich über ausgeprägtes Beutetraining aufgebaut. Das wiederum sollte Junkie auf keinen Fall mehr haben, da er völlig unkontrollierbar unter dieser Motivation war. Somit wurde Junkie weggegeben und ein neuer Hund angeschafft. Neuer Hund, neues Streben …

Beuteverhalten

Sicher wird nicht in jedem Hundesportverein so massiv über das Beuteverhalten gearbeitet, zumindest nicht mit den Hunden, bei denen es offensichtlich negative Folgen mit sich bringt. Im beschriebenen Fall war es leider so, und der Hund musste letztlich für den Ehrgeiz und die Uneinsichtigkeit der Menschen bezahlen.

Vor dem Hintergrund des Falles Junkie muss auch darauf hingewiesen werden, wie gefährlich sich der sogenannte »Schutzhundsport« auf das Verhalten eines Hundes auswirken kann, vor allem dann, wenn er mit wenig Kompetenz vermittelt und ausgeführt wird! Da dieser »Sport« gemäß den Angaben seiner Befürworter über den sogenannten Beutetrieb aufgebaut wird und besonders beutetriebstarke Hunde deutlich bevorzugt werden, muss die Kontrollierbarkeit des Hundes und der geweckten, wie geförderten Motivation oberste Priorität besitzen. Andernfalls sieht man sich schnell in der Situation von Goethes Zauberlehrling: »Die Geister, die ich rief …!«

Verhaltensbiologische Anmerkungen

Das auffällige Verhalten dieses Hundes ist aus mehreren Verhaltensbereichen heraus zu interpretieren. Zunächst muss auf die Tötung des Shelties während der Übung auf dem Hundeplatz eingegangen werden. Es handelt sich hier offensichtlich um eine Verknüpfung unglücklicher Umstände, wobei im Moment dieser Attacke nicht ersichtlich war, ob es sich um ein fehlgeleitetes Beuteverhalten handelte oder um eine ökologische Konkurrenzmaßnahme, mit der ein unliebsamer, möglicher Konkurrent auf die Beute, nämlich das Spielzeug, entsorgt werden sollte. In jedem Fall handelt es sich *nicht* um innerartliche Aggression, die den kleinen Hund das Leben gekostet hat.

Von besonderer Wichtigkeit ist hier die Steuerung der Verhaltenselemente der Beutefangkette durch innere Regulationsprozesse. Die meisten Haushunderassen wurden ursprünglich für ihre jeweilige Arbeit im Zusammenhang mit dem Menschen darauf selektiert, dass bestimmte Elemente der Beutefanghandlung des Wolfes verstärkt, andere dagegen unterdrückt wurden. Die wichtigsten Elemente dieser Beutefanghandlung sind das Orten der Beute, nachfolgendes Fixieren, Anschleichen, Zupacken, Festhalten, Töten und Fressen. Hütehunde, und um einen solchen handelt es sich bei Junkie, sind überwiegend auf den Bestandteil Fixieren, Anschleichen, Zupacken selektiert worden. Das bedeutet, dass diese Elemente der Handlungskette mit einer besonders niedrigen Reizschwelle versehen sind und schon durch sehr geringe Reizstärke ausgelöst werden können.

Eine Verstärkung dieses ohnehin bei bestimmten Rassen schon vorhandenen Mechanismus erfolgt dann, wenn das Trainieren und Perfektionieren des Jagdverhaltens in der entscheidenden Phase, etwa dem 4.–6. Lebensmonat, forciert wird. Durch übermäßiges und/oder unkontrolliertes Training/Spiel mit Ball, Spielzeug oder anderen geworfenen Gegenständen, werden die entsprechenden Verknüpfungen zwischen auslösendem Ersatzreiz = Attrappe und auszulösendem Verhalten = Jagen, Packen konditioniert und regelmäßig gestärkt.

Zu beachten ist außerdem, dass gerade die Elemente einer Beutefanghandlungskette im Gehirn durch interne Regulationsprozesse miteinander verknüpft sind. Studien zum Beutefang, z. B. an Katzen, haben folgendes System gezeigt: Jede Verhaltensweise, die ausgeführt wird, erleichtert automatisch den Start der normalerweise in der Handlungskette nachfolgenden Verhaltensweise, indem sie deren Auslösbarkeit durch chemische und elektrische Prozesse fördert.

Jeder Reiz wird im Gehirn durch elektrische Impulse und stellenweise durch chemische Botenstoffe, sogenannte Transmitter, weitergegeben. Erhöht sich die Leitfähigkeit für diese Reize an einer Stelle, kann das betreffende Verhalten auch mit niedrigerer Reizschwelle ausgelöst werden. Zugleich erschwert die ausgeführte Handlung das nochmalige Abspielen der in der Kette vorangehenden Verhaltensweise durch die Aktivität von hemmenden Botenstoffen und hemmenden elektrischen Verbindungen.

Das bedeutet konkret: Wird z. B. die Verhaltensweise Fixieren ausgelöst, ist das nachfolgende Anschleichen bzw. Verfolgen der Beute erleichtert, wenn das Anschleichen bzw. Verfolgen der Beute ausgelöst wird, ist das nachfolgende Zupacken erleichtert. Gleichzeitig wird durch Auslösen des Anschleichens bzw. Verfolgens aber das erneute (zurückliegende!) Fixieren erschwert. Eine Rückorientierung auf noch weiter zurückliegende Teile der Handlungskette ist folglich noch schwerer bis unmöglich. Das ist auch der Grund, warum beispielsweise eine Rückorientierung auf den Halter in diesen Fällen, in denen die Handlungskette des Hundes bereits fortgeschritten aktiviert ist, fast nicht mehr möglich ist. Sobald der Hund nach dem Fixieren auf die konkrete Fang- und Zupackhandlung programmiert ist, ist eine erneute Rückkehr in das allgemeine Beutesuch- und Appetenzverhalten (welches viel mehr von anderen Umweltreizen beeinflusst ist) nicht mehr im Programm vorgesehen. Daher wird dieser, im Normalfall unwahrscheinliche Fall der Rückwärtsorientierung auch nicht mehr stattfinden.

Bei Hütehunden wurde offensichtlich durch die Selektion in der Rassezucht der mittlere Teil der gesamten Beutefanghandlung, nämlich Fixieren, Anschleichen und Zupacken, soweit verselbstständigt, dass das Zwicken/Zupacken bereits die Endhandlung darstellt. Erzielt der Hund dadurch nicht den gewünschten Erfolg, startet die Kette von neuem. Wurde dieses Verhalten noch zusätzlich durch Lern- und Konditionierungsprozesse belohnt, wie es bei dem Agility-Hund der Fall war, so ist der Ablauf der Verhaltenskette in »Vorwärtsrichtung« hin zum Zupacken erleichtert, der Rückfall auf vorheriges Verhalten erschwert.

Wie bereits erwähnt, besteht jede Verhaltenskette einer sogenannten Erbkoordination zunächst aus einem unspezifischen und sehr stark auf konkrete Umweltreize reaktionsfähigen Suchverhalten (ungerichtete Appetenz), anschließend aus dem zielgerichteten Ausrichten des Körpers (und der nachfolgenden Handlungen) auf das Zielobjekt (Taxis), um dann in die eigentliche Endhandlung überzugehen, etwa hier dem Zupacken. Nur in der Phase des ungerichteten Appetenzverhaltens ist eine Reaktion auf störende Umweltreize (Hindernisse wie Dornenhecken, Straßen, Autos usw.) bzw.

auf Kommandos des Halters und andere soziale Einflüsse (z. B. den Rückruf des Halters oder dessen Versuch einer Belohnung als Ablenkung) noch vorgesehen. Wurde dieser Einflussbereich versäumt bzw. ist der Hund in die gerichtete Taxis und Endhandlungszielgerade eingebogen, ist er nicht mehr durch Reize, die eigentlich zum Stadium längst überwundener vorangehender Phasen gehören, beeinflussbar. Bildlich gesprochen ähnelt das Ganze einer Lawine, die, einmal losgetreten, mit steigender Geschwindigkeit und Masse immer weniger gestoppt werden kann. Nur im obersten Hangbereich haben Lawinenschutzzäune noch eine Chance!

Zusätzlich wird die Aktivierung der Handlungsabläufe durch folgende, ursprünglich ebenfalls stammesgeschichtlich begründbare Tatsache erleichtert: Da »erfahrungsgemäß« die frühen Elemente einer Handlungskette häufiger schiefgehen als die späten, müssen sie auch häufiger wiederholt werden können. Das bedeutet, dass die Handlungsbereitschaft für das Ausführen der ersten Elemente einer Beutefanghandlung, etwa für das Suchen und anschließende Fixieren, höher ist als die Handlungsbereitschaft für den letzten Schritt, etwa das Töten. Die Dynamik des Prozesses wird daher eine Art Lawinenwirkung entfalten: War einer der vorangegangenen Schritte erfolgsgekrönt, wird er mit umso größerer Heftigkeit den nachfolgenden, jetzt schon zielgerichteteren und erfolgversprechenderen Schritt auslösen.

Die weiteren Prozesse im Zusammenhang mit den Selbstbelohnungssystemen und dem möglichen Suchtpotenzial werden im nächsten Fall »Aki« behandelt.

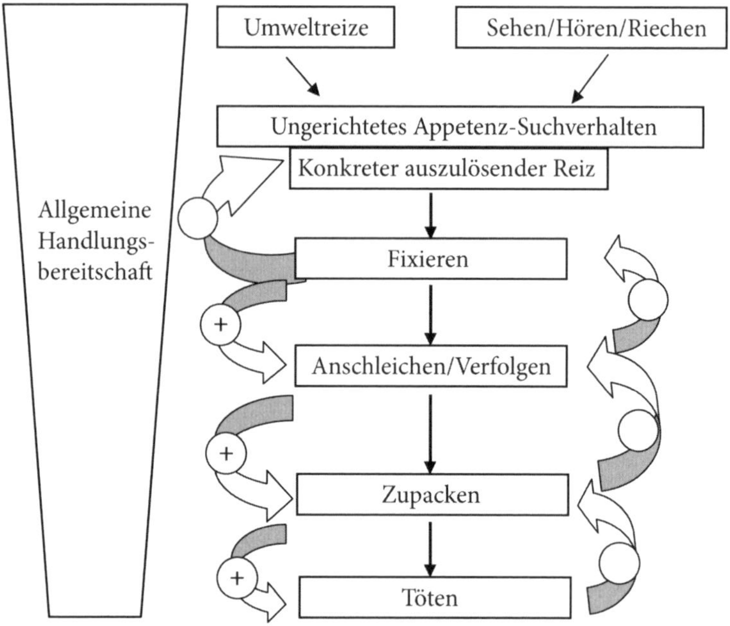

Folgenreiche Objektbezogenheit | Aki

Aki ist ein erwachsener Australian-Shepherd-Rüde, der als jugendlicher Hund kastriert wurde. Seine Besitzer hatten ihn als drei Monate alten Welpen auf ein Zeitungsinserat hin gekauft. Über seine Aufzucht und eventuelle Geschwister ist nichts bekannt. Er hat weder eine Welpen- noch eine Junghundeschule besucht, dafür hatten die berufstätigen Besitzer keine Zeit und keine Lust. Aki war ein eher unsicherer Welpe, mochte keine fremden Menschen, spielte aber mit einigen, ihm bekannten Hunden aus der Nachbarschaft ausgelassen, er bevorzugte Renn- und Jagdspiele. Die Zurückhaltung bei Menschen war den Besitzern erst nicht unangenehm, doch weitete sie sich mit der Zeit in offene Ablehnung aus.

Die Problematik im Alltag

Die Besitzer hatten sich an mich gewandt, weil es zusehends häufiger bei Spaziergängen zu Scheinattacken gegen entgegenkommende Menschen kam. Mindestens einmal hatte Aki dabei auch bereits geschnappt. Außerdem waren die angebliche Unzuverlässigkeit des Hundes und das Desinteresse an Frauchen und Herrchen ein Thema. Beim Hausbesuch wurde ich vom Hund bereits laut bellend am Tor begrüßt, nach Betreten des Grundstücks verschwand er aber, weiterhin bellend, im Haus. Im Wohnzimmer lag Aki die gesamte Zeit in seinem Korb, fixierte mich und knurrte, sobald ich auch nur beiläufig in seine Richtung schaute. Wurde er von Frauchen oder Herrchen herangerufen, so kam er in gespannter, leicht abgeduckter, unsicherer, aber nicht ängstlicher Körperhaltung und hektisch flach wedelnd herbei, ließ sich vom Besitzer streicheln, nahm das hingehaltene Leckerchen, ließ mich dabei aber nicht aus den Augen.

Draußen auf einem Spaziergang verhielt er sich mir gegenüber relativ neutral und beachtete mich kaum. Auch seine Menschen beachtete er wenig, trottete an der Leine eher unmotiviert neben ihnen her, bis wir zu einer großen Wiese kamen. Hier angekommen wurde Aki lebhaft, schaute immer wieder zum Herrchen und begann ihn anzuspringen. Herrchen löste die Leine vom Halsband und Aki rannte sofort los, um in einiger Entfernung in erwartungsvoller Haltung stehenzubleiben und in Herrchens Richtung zu schauen. Als nichts passierte, kam er zurück, stupste Herrchen und Frauchen an und bellte. Die Besitzer erzählten, dass auf dieser Wiese immer gespielt würde, was Aki offensichtlich auch genau wusste und nun auch forderte. Herrchen zog einen Wurfball aus der Tasche, schleuderte ihn einige Mal an der Schnur und warf ihn dann in hohem Bogen über die Wiese. Aki nichts wie hinterher, schnappte sich den Ball und brachte ihn zurück, um ihn Herrchen vor die Füße zu schmeißen. Dieser nahm ihn auf und das Spiel begann von vorn.

Laut Aussage des Besitzers wurde mindestens zweimal am Tag für gut eine halbe Stunde gespielt, da der Hund ja Bewegung und Spaß brauche. Das gesamte Szenario spielte sich ohne Kommandos ab: Aki rannte los, sobald Herrchen oder Frauchen den Ball auch nur in der Hand hielten. Es bedurfte auch keines »Aus«, da Aki bei seiner Rückkehr den Ball von ganz allein den Menschen vor die Füße spuckte. Um den Besitzern deutlich zu machen, was hier vor sich ging, machten wir einen einfachen Übungsaufbau. Aki kam an eine längere Leine, und Frauchen sollte nun mit ihm, aber ohne Ball, ein paar Meter gehen. Aki weigerte sich. Frauchen sollte den Hund rufen, Aki ignorierte den Ruf. Herrchen erklärte daraufhin, nicht ohne ein selbstzufriedenes Grinsen, dass Aki wenig Bezug zu seiner Frau hätte und mehr auf ihn fixiert sei. Nun, diese Behauptung durfte er im Anschluss unter Beweis stellen und den gleichen Übungsaufbau, wieder ohne Ball, durchlaufen. Aki zeigte dasselbe Verhalten wie zuvor – und diesmal war es Frauchen, die sich das Schmunzeln kaum verkneifen konnte. Dann wurde wieder die Leine an Frauchen gegeben und diesmal hielt sie den Ball in der Hand. Aki lief aufmerksam und hoch motiviert neben ihr her, zeigte ein perfektes »Bei Fuß«, folgte jedem Richtungswechsel unverzüglich und mit höchster Konzentration. Der Blick hing aber nicht am Menschen, sondern am Ball. Solange Frauchen diesen in der Hand hielt, wich Aki nicht von ihrer Seite und folgte auch dem Rückruf ohne Zögern, wenn er festgehalten wurde und Frauchen sich mitsamt Ball von ihm entfernte. Durch die Videoaufzeichnungen dieser Abläufe war nun auch für Akis Menschen klar ersichtlich, wo des Hundes Interesse lag und wie der Begriff »Bindung« in ihrem Fall zu interpretieren war. Verbundenheit zeigte Aki mit dem jeweiligen Objekt. Die Person, die dieses Objekt in der Hand hielt, war interessant, doch nicht als Person, sondern als Objektträger. Bedenkt man, dass Bindung ein »Bestreben nach Aufrechterhaltung der Nähe zu einem spezifischen Partner (ist), der nicht von einem anderen, der gleichen sozialen Kategorie, ohne weiteres ersetzt werden kann«, so ist deutlich, dass Aki zu seinen Menschen keine Bindungsbeziehung aufgebaut hatte bzw. aufbauen konnte.

Erste Trainingsschritte

Im späteren Gruppenunterricht wurde die grundsätzliche Unsicherheit des Hundes wiederholt deutlich und durch Videoaufzeichnungen für die Besitzer nachvollziehbarer. Begegnungen mit anderen Hunden waren ihm angeleint überhaupt nicht geheuer, er versuchte diesen auszuweichen. War ihm dies nicht möglich, so setzte er zu Scheinattacken an. Von seinen Menschen erfuhr er weder Führung, noch Schutz oder Regulierung in diesen Situationen. Als diese jedoch die Wirkmechanismen und Wechselwirkungen zu durchschauen und zu erkennen lernten, verbesserte sich Akis Verhalten auffallend schnell. Ein klarerer, ruhiger Umgang, feste Regeln und Routinen in Verbindung mit Handfütterung und die Tatsache, dass sich Frauchen und Herrchen mit Hundeverhalten und körpersprachlicher Kommunikation auseinandersetzten, brachten schnell erste, alle Seiten erfreuende Erfolge. Der Ball wurde vorerst völlig verbannt, später nur noch gezielt eingesetzt. Um Akis Bewegungsdrang zu stillen, gleichzeitig aber das bindungsstärkende, gemeinschaftliche Tun mit dem Menschen zu fördern, wurde Aki in die Sportgruppe integriert. Hier blühte er regelrecht auf, lernte sehr schnell die einzelnen Hindernisse, vor denen er sich anfangs fürchtete, zu bewältigen und hatte sichtlich Spaß an der körperlichen Aktivität. Die Beziehung zu seinen Menschen festigte sich zusehends und auch der Grundgehorsam verbesserte sich. Als Herrchen Aki problemlos – und ohne Ball in der Hand – sogar aus dem Freilauf und dem Spiel mit Artgenossen abrufen konnte, strahlten beide Teampartner um die Wette! Diesmal zu Recht!

Zum Thema Handfütterung
Von einem Miteinander zwischen Hund und Mensch kann sicher nicht geredet werden, wenn der Mensch für den Hund nur den Status einer Ballwurfmaschine hat, dabei beliebig austauschbar ist und sich das Interesse des Hundes ausschließlich auf das Objekt richtet. Wichtig ist zu berücksichtigen, dass die Handfütterung, obwohl auch hier das Interesse des Hundes auf das Objekt Futter gerichtet wird, nicht dieselbe Wirkung erzielt, wenn sie systematisch und überlegt eingesetzt wird. Bei der Handfütterung wird dem Hund Abhängigkeit vom Menschen vermittelt und dessen Attraktivität erhöht. Da es sich bei diesem Fall aber nicht um einen Hund handelt, der Angst vor Menschen hat und über die Handfütterung Vertrauen aufbauen soll, muss unser Hund Aki unbedingt die unterschiedlichsten Forderungen des Menschen erfüllen (Sitz, Komm usw.), bevor er sein Futter bekommt. Ansonsten wäre die erzielte Wirkung genauso wie beim Ball!

Die *reine* (quasi ausschließliche oder in Bezug auf die Gesamtration überwiegende) Handfütterung ist jedoch im Umgang mit Hunden grundsätzlich skeptisch zu sehen. Sie darf nur *situativ* erfolgen! Es darf keineswegs dazu kommen, dass der Hund seine physiologisch berechnete Tagesration dann nicht bekommt, also sozusagen hungrig ins Bett gehen muss, wenn er im Laufe des Tages nicht ausreichend mit seinem Menschen kooperiert hat. Zumindest 45–60%, je nach Alter, Rasse und Entwicklungsstand des Hundes, seiner physiologisch berechneten Tagesration *muss (!)* der Hund unbedingt auch ohne damit verknüpfte »Tagelöhnertätigkeiten« und andere Zwangsmaßnahmen in seinem Alltag vorfinden und ohne daran geknüpfte Bedingungen fressen dürfen. Ein System von Grundgehalt und Bonuszahlung ist durchaus möglich, beispielsweise kann man im Napf langweiliges Trockenfutter füttern und den Hund stattdessen sich ausgesprochen wohlschmeckende Leckerli durch die Kooperation mit dem Menschen erarbeiten lassen, aber dem roten

Knochenmark ist es nun einmal völlig egal, ob der Hund vorher gerade Sitz, Platz oder Fuß gemacht oder im Handstand Trompete geblasen hat. Wenn es Vitamin B12 und Kobalt braucht, um rote Blutkörperchen zu bilden, müssen diese Vitamine und Mineralien eben zur Verfügung stehen. Wird diese Grundregel nicht beachtet, handelt es sich in jedem Fall um einen Verstoß gegen mindestens zwei der fünf Freiheiten, denn ein länger andauernder Futterentzug bedeutet für den Hund tatsächlich eine unzumutbare Belastung und daraus resultierend Stress, ebenso wie die Freiheit von Hunger bereits selbst gefordert wird.

Verhaltensbiologische Anmerkung

Die Problematik des Falls Aki lässt sich auf zwei Verhaltensebenen erklären, die gemeinsam bzw. sich gegenseitig verstärkend zu einer Schwierigkeit geführt haben.

Einerseits ist deutlich zu erkennen, dass es zwischen Aki und seinen Haltern bisher nicht zu einer für alle Beteiligten interessanten Teambildung, also nicht zu einer guten und stabilen Beziehung kam. Soziale Beziehungen orientieren sich an mehreren Eigenschaften der jeweiligen Beziehungspartner, wobei eine der wichtigsten die jeweilige Attraktivität des betreffenden potenziellen Beziehungspartners darstellt. Die Attraktivität eines Sozialpartners kann übrigens auch, z. B. tages-/jahreszeitlich oder in Abhängigkeit von Fortpflanzungsperioden, wechseln.

Unter Attraktivität verbergen sich eine ganze Menge Einzelkomponenten, wie z. B. Führungskompetenz, Übersicht und Handlungssicherheit, insbesondere in schwierigen Situationen, aber auch Wissen, interessante Spiel- und andere Tätigkeiten, Regelmäßigkeit und Vertrauenswürdigkeit im gegenseitigen Umgang, Fähigkeit zur Ausübung von sozialer Unterstützung in Stresssituationen usw.

Man betrachtet verhaltensbiologisch gesehen die Ausbildung sozialer Beziehungen nach einem sogenannten Marktplatzmodell, wobei jeder der potenziellen Beziehungspartner seine besonderen Fähigkeiten herausstellt und gleichzeitig nach einem Beziehungspartner sucht, der ergänzend dazu andere, ihm fehlende Eigenschaften und Kenntnisse einbringen könnte. Akis Halter hatten nicht besonders viel in einen solchen Handel einzubringen. Die einzige gemeinsame Beschäftigung, das Ballwerfen, war weitestgehend austauschbar, eine motorisierte Tennisballwurfmaschine auf computergesteuerter Selbstfahrlafette hätte für diesen Hund die gleiche Wirkung erzielt. Erst nach dem Übergang der Halter in eine hundegerechtere Form des Zusammenlebens, durch regelmäßige Kommunikation, durch die gemeinsame Teamleistung des Miteinanders im sportlichen Wettbewerb und das gemeinsame Genießen des Erfolgs sowie durch die Ausstrahlung von Sicherheit und Situationsübersicht, stieg die Attraktivität der Menschen für Aki in einer Weise, die es ihm auch leichtmachte, ein Beziehungsvertrauen aus dieser Teamverbindung zu gewinnen. Die Reaktion von Aki auf diese verbesserte Teamleitung bzw. darauf, dass seine Menschen endlich auch für ihn attraktive Komponenten in das Beziehungsgeflecht einbrachten, zeigt, dass dieser Hund sehr wohl mit der Veränderung zufrieden ist und diese auch als erstrebens- und erhaltenswert einschätzt.

Hormoncocktail mit Suchtpotenzial

Zuvorderst muss betont werden, dass es sich in diesem Fall eben nicht um Spielverhalten handelt. Würden Mensch und Hund mit einem Ball *wirklich* spielen, müsste abwechselnd auch der Hund den Ball in die Wiese werfen, der Mensch ihn wieder holen. Der Hund sollte auch einmal mit dem Ball hüpfen, ihn in die Luft werfen, vor sich her rollen, selbst verstecken und mit viel Begeisterung wiederfinden. Und zwischendurch müsste eben auch der Mensch selbiges zur Abwechslung tun. Rollenwechsel gehört nun einmal zu den Kriterien sozialen Spiels. Auch ein breites Objektspiel mit dem Ball müsste anders aussehen als das hier und in vielen anderen Fällen auf den Hundewiesen zu beobachtende Verhalten. Vergleichen Sie ein Kätzchen, das mit wirklicher Begeisterung mit einem Wollknäuel spielt. Dessen ständig hin- und herwechselnde, überschießend begeisternde und temperamentvolle Luxusbewegungen passen ganz und gar nicht zu dem hier geschilderten Aki-Verhalten.

Im Umgang mit Aki waren die Zusammenhänge der Entstehung von Suchtmechanismen im Gehirn eines Hundes, insbesondere eines Hütehundes, zu erkennen. Wie bereits im Fall Junkie dargelegt, sind Hütehunde mit einer besonders niedrigen Reizschwelle für die ersten Elemente der gezielten Beutefanghandlung eines Wolfes, nämlich dem Fixieren, Verfolgen und Zupacken, ausgestattet. Ob dies durch eine erhöhte Handlungsbereitschaft für diese Verhaltensweise oder durch einen groben und damit leicht ansprechbaren Filtermechanismus im Gehirn, also einem besonders leicht zu bedienenden Auslösemechanismus geschieht, ist noch nicht geklärt. Die Konsequenz ist jedoch, dass diese Hunde für dieses Verhalten besonders leicht empfänglich und erregbar sind. Sobald die regelmäßige, schnelle körperliche Bewegung des »Hinter-dem-Ball-Herhetzens« hinzukommt, werden mehrere neurochemische Selbstbelohnungssysteme aktiviert. Dazu gehört zum einen das bereits angesprochene Dopamin-System. Diese, als Selbstbelohnungssystem des Gehirns bezeichnete Botenstoffgruppe, wird einerseits bei jeder rhythmischen und/oder lustbetonten Tätigkeit abgegeben, andererseits immer dann, wenn man sich selbst ein Erfolgserlebnis verschafft. Die Begleitumstände dieser Dopamin-Produktion werden als erstrebens- und wiederholenswert mit einer positiven Stimmung im Gehirn gespeichert und bei jeder sich bietenden Gelegenheit wieder gesucht. Daraus resultiert ein gewisses Suchtpotenzial. Noch problematischer wird diese Sache dadurch, dass Dopamin auch die chemische Vorstufe des Kampfhormons Noradrenalin ist. Die fatalen Folgen der engen chemischen Verwandtschaft zwischen Dopamin und Noradrenalin zeigt uns deutlich der Fall »Junkie«, bei dem eine erlebte Situation als besonders erfreulich und wiederholenswert eingeschätzt wurde, was dadurch in einem Prozess der Vorwärtsregulation auch die Vorfreude auf diese Tätigkeit steigert, sobald die auslösende Situation wieder wahrgenommen wird.

Zusätzlich kommen durch die regelmäßige starke, körperliche Aktivität des Rennens auch beim Hund die mittlerweile bei menschlichen Langstreckenläufern eindeutig nachgewiesenen Endorphine ins Spiel, die man bisweilen auch als die Glückshormone bezeichnet. Beide Botenstoffe, Endorphine wie Dopamin, haben einen hohen Suchtfaktor, da ihre Ausschüttung jeweils mit lustbetontem Erleben gekoppelt ist, und daher sehr schnell und sehr leicht auch die auslösenden Situationen immer wieder angestrebt werden. Kommt dann noch die Aktivität der anderen Katecholamine, etwa des Noradrenalins, beim Jagen und Hetzen dazu, ist ein sehr explosiver und auf häufige Wiederholung ausgerichteter Botenstoffcocktail am wirken. Das Noradrenalin und auch das Dopamin erhöhen nämlich bei jedem neuen Ausschütten dieses Botenstoffs die Handlungsbereitschaft für das betreffende Verhalten auch in der Zukunft. Bei Noradrenalin ist diese neuronale Verstärkerwirkung besonders deutlich nachgewiesen. Jedes Mal, wenn Noradrenalin ausgeschüttet wird, sinkt die Reizschwelle bzw. steigt die Handlungsbereitschaft, das gleiche Verhalten in unmittelbarer Zukunft wieder zu zeigen. Gleichzeitig wird auch das betreffende Verhalten gelernt und für die Zukunft als besonders wünschenswerte Handlungsalternative abgespeichert. Dadurch kommt ein aufwärts gerichteter Kreislauf, ein sich selbst Aufschaukeln dieses Noradrenalin = Kampf- und Aufregungssystems in Gang. Nehmen wir dann noch die Selbstbelohnungswirkungen von Dopamin und Endorphinen dazu, ist das Suchtpotenzial leicht verständlich. Leider entwickelt sich solch ein Suchtpotential auch bei manchen Formen der Aggression, wodurch die berühmt-berüchtigten Lustraufer entstehen.

Jedes Suchtverhalten zeichnet sich u. a. durch die sogenannte Irreversibilität aus, also die weitgehende Unfähigkeit, selbst nach längerem Entzug das betreffende Verhalten wieder auf Basiswerte zurückzuführen. Jede neue Präsentation der auslösenden Situation führt sofort wieder zu einer sehr heftigen bis übersteigerten Reaktion. In Kombination mit der nicht vorhandenen positiven Beziehung zum Halterehepaar ist klar, dass Aki hier keine Chance hatte, irgendetwas anderes Interessantes aus seinem Alltag zu gewinnen als eben seiner Sucht nach Ballfangen zu frönen. Das ständige Anstupsen und Einfordern des Ballwerfens ist ein deutliches Kennzeichen dafür, dass hier die vorbereitenden Erwartungsprozesse im Gehirn bereits für den Hund an die Grenzen des Erträglichen herangekommen sind. Insofern war die Therapie, den Ball zumindest für den Anfang völlig aus dem Spiel zu nehmen und ihn später nur noch gezielt und in kleinen Dosen einzusetzen, das einzige, was ein solches Suchtverhalten lindern könnte. Heilbar ist Sucht bekanntlich nicht, auch nicht bei dopaminabhängigen Hunden.

Hektiker mit Zerstörungswut | Fee

Fee ist eine junge Australian-Shepherd-Hündin von knapp 1,5 Jahren. Sie besucht ab Welpenalter mit ihren Besitzern eine Welpengruppe des ortsansässigen Hundevereins, absolviert auch eine Junghundeschulung und glänzt mit Eifer und Spaß am Tun beim Trick-Dog-Kurs. Danach fehlt etwas die Zeit, um weitere Kurse zu besuchen. Sie macht ihren Menschen viel Freude und darf aufgrund ihres guten Alltagsbenehmens als gern gesehener Gast fast überall mit hin. Probleme mit ihr sind bislang eher unbekannt.

Mit zehn Monaten wird Fee das erste Mal läufig. Sie ist ziemlich »durch den Wind« und extrem anhänglich. Alle menschlichen Familienmitglieder müssen krabbeln und kuscheln und werden auf Schritt und Tritt verfolgt. Die Halter sind froh, dass die Läufigkeit einen Monat vor dem geplanten Urlaub einsetzt, so ist die lang ersehnte freie Zeit ungetrübt und wieder »normal«. Man verbringt eine fröhliche, unbeschwerte Zeit in den Bergen, bei welcher Hund und Halter wirklich jede Sekunde des Tages gemeinsam verleben. Doch jeder Urlaub geht zu Ende, so müssen nach drei Wochen auch hier Koffer und Hundedecke wieder ins Auto gepackt werden und es geht nach Hause.

Zurück in der Heimat beginnt alsbald der übliche Trott mit Alltag und Arbeit. Doch was ist das? Fee will nicht mehr allein bleiben! Sobald morgens die Jacken und Schuhe für den Bürobesuch angezogen werden, geht das Theater los: Hecheln, Jummeln, Winseln, Bellen, unruhiges Hin- und Hergerenne. Frauchen geht nur für vier Stunden vormittags ins Büro, dann hat sie frei. Herrchen kommt mittags zur Pause heim, isst zu Mittag, geht mit Frau und Hund eine kleine Runde und geht dann nochmals zurück zur Arbeit. Fee hat das Verweilen zu Hause von klein auf gelernt und bislang einwandfrei praktiziert. Doch jetzt finden die Halter Fee mittags völlig erschöpft und gestresst vor, die Wohnung gleicht mal einem größeren, mal einem kleineren Schlachtfeld. Türrahmen und Fußleisten sind angenagt, teilweise ab- bzw. rausgerissen, ebenso Lichtschalter und Steckdosenrahmen (vorsorglich stecken Kindersicherungen in den Steckdosen!). Verzweifelt wird ein Durchgangszimmer komplett ausgeräumt und der Hund dort untergebracht. Die Hoffnung, dass sich Fee damit arrangieren würde, währt aber nur wenige Tage, dann sind sämtliche Türgriffe und die Fußleisten auch hier »erledigt«. Die

Hündin zieht wieder um in die wohlvertraute und zu den restlichen Tageszeiten auch durchaus geliebte Küche. Hier steht ihr Korb und hier schläft sie auch gern und viel, wenn ihre Menschen im Haus sind.

Tipps aus diversen Fernsehsendungen, von Nachbarn, aus dem Internet und aus dem ein oder anderen Kyno-Ratgeber werden ausprobiert. Routinen werden verändert, der Hund mal mehr, mal weniger »ausgelastet«, in Anwesenheit der Halter wird das Alleinsein durch Distanzvergrößerung geübt. Doch all das ist eh kein Problem und klappt! Die Halter sind ratlos und wenden sich nach vielen zerfressenen Türrahmen, abgerissenen Fußleisten, einigen zerstörten Wohnungseinrichtungsgegenständen und aufgrund mittlerweile völlig blank liegender Nerven ratsuchend an eine ihnen empfohlene Hundetrainerin.

Dieser zeigt sich Fee zwar als vorsichtige, eher zurückhaltende, aber durchweg freundliche und sehr gehorsame junge Hündin. Sie ist weder hektisch noch aufdringlich, buhlt nicht um Aufmerksamkeit, drängt sich nicht in die unmittelbare Nähe oder zwischen die Menschen und reagiert umgehend und bereitwillig auf Anweisungen. Es fällt wirklich schwer, die unübersehbaren Folgen ihres Tuns beim Alleinsein mit Fee in Verbindung zu bringen. Was aber auffällt ist die Tatsache, dass Fee extrem dünn ist und nach Aussage der Halter auch bei jedem Spaziergang mehrere (!) Male Kot absetzt, meist recht breiiger Konsistenz. Um eventuelle Erkrankungen auszuschließen, wird Fee einem Tierarzt zum General-Check mit großem Blutbild vorgestellt, auch wird abgeklopft, ob nicht die Läufigkeit mit eventueller Scheinträchtigkeit und -mutterschaft hier eine zusätzliche Rolle für die offenbar starke Stressbelastung spielen kann.

Fee ist laut Tierarzt völlig gesund, das Blutbild zeigt nur eine einzige Auffälligkeit, nämlich einen eklatanten Mangel an Folsäure. Hierzu bekommt die Hündin Tabletten für drei Monate, dann soll eine neuerliche Blutuntersuchung zeigen, ob sich die Situation gebessert hat. Außerdem wird das Futter umgestellt, was bereits nach kurzer Zeit deutliche, positive Änderungen nach sich zieht. Fee, die vorher ihr Futter »inhaliert« und geschlungen hat, kaut und frisst langsamer, die Kotmenge ist reduziert und die Konsistenz deutlich fester.

Es wird eine Kamera im Haus so installiert, dass die Küche und das Verhalten der Hündin in Abwesenheit der Halter zu beobachten ist. Und diese Kamera ist ein Segen und bringt viel Aufschluss über Abläufe, zeigt aber auch Chancen, äußere Bedingungen ändern zu können, um anderes Verhalten hervorzulocken. So wird z. B. schnell offensichtlich, dass das – gut gemeinte! – Überlassen von Futterspielzeugen in der Art, wie es hier gemacht wird, völlig kontraproduktiv ist. Da Fee gern und begeistert auf alles Fressbare reagiert, liegen für sie eiförmige Futterspender in der Küche, die aber bei Berührungen mit der Pfote oder der Schnauze nicht nur Futterbröckchen freigeben, sondern kreiselnd durch den Raum schießen. Diese Bewegungsreize, von denen sich Fee natürlich motivieren lässt, um in der Folge ständig hinter diesen Dingern herzujagen, lösen eine ungeheure Hektik aus und führen dazu, dass Fee völlig unter Stress gerät und in regelrechte »Treib-Stereotypien« verfällt. Sie läuft in der (großen!) Küche nur noch im Kreis und durchbricht ihr Verhalten durch die Kauattacken an allem, wo es möglich ist. So beißt sie sich sogar durch ein Metallgitter, mit dem der Durchgang zum Wohnzimmer versperrt ist. Das Video macht fassungs- und sprachlos, hier zeigt sich eine ganz andere, hektische, massiv unter Stress stehende Fee.

Gemeinsam werden neue Strategien, veränderte Abläufe, aber auch Maßnahmen besprochen, mit denen der Hündin zu mehr Gelassenheit verholfen werden kann. Und nur eine Kombination von verschiedenen Maßnahmen und aus vielen Komponenten, die man ausprobieren, überwachen, verfeinern (oder auch wieder verwerfen) muss, scheint zielführend.

Entgegen der landläufigen Meinung, dass man Zeiten des Alleinseins langsam steigert, damit der Hund es lernen kann, *verringern* wir die Zeit von Werktag zu Werktag. Nach dem Wochenende ist Fee recht entspannt, der Stresspegel unten. Es ist in dem Zusammenhang sicherlich ein Segen, dass Fees Herrchen den Hund auch zeitweise mit ins nur wenige Autominuten entfernte Büro nehmen kann, so lassen sich viele Situationen leichter organisieren. So bleibt Fee montags vormittags am längsten allein zu Hause, bevor Herrchen sie zu sich ins Büro holt. Fee beschäftigt sich in der Zeit u. a. mit Knotentauen und Flechtspielzöpfen aus Baumwolle, in denen Futterbrocken stecken, die sie herauspuzzeln muss. Das klappt extrem gut, sie ist dabei geistig beschäftigt, wird körperlich aber überwiegend statisch ruhig gehalten, da sie die Taue liegend oder stehend mit den Pfoten festhält. Keine Bewegungsreize, kein hektisches Laufen, kein physikalischer Stress, der sich aufbaut. Im weiteren Verlauf der Woche sind die Phasen des Alleinseins immer kürzer, am kürzesten am Freitag, wo Fee nicht einmal mit ihrer Futtersuche fertig ist, wenn sie von Herrchen abgeholt wird. Jetzt würde sie eigentlich lieber weiter zu Hause allein bleiben und ihre Futtersuche fortsetzen, doch »muss« sie Herrchen ja begleiten – ist das dumm …

Dieser Ablauf wirkt dem Stresspegel, der sich zwangsläufig von Tag zu Tag steigert, weil eben die Menschen vormittags beide zur Arbeit gehen müssen, funktionierend entgegen (in diesem Fall!). Zur weiteren Unterstützung und zur Stabilisierung der Psyche erhält Fee eine natürliche Nahrungsergänzung, die ihr zusätzlich gutzutun scheint. Mittlerweile ist Fee den gesamten Montag und auch fast den vollen Dienstag vormittags allein, sucht die Futterbrocken aus den diversen Tauen und legt sich nach erfolgreichem Tun sogar in ihren Korb oder sonst wo in die Küche und ruht! Noch vor Kurzem undenkbar. Der Anfang ist gemacht und erweist sich bislang als recht vielversprechend. Es sieht so aus, dass der beschrittene Weg ein guter ist, doch es liegt noch ein Stück Arbeit vor allen!

Verhaltensbiologische Anmerkungen

Das Fallbeispiel Fee zeigt zunächst einmal deutlich, dass es gerade beim Umgang mit echter Trennungsproblematik von Hunden keine – und schon gar nicht aus dem Internet, dem Fernsehen oder anderen Pauschalempfehlungsquellen ableitbare! – Lösungsmöglichkeiten gibt. Nachweislich sind an der Entstehung einer Trennungsproblematik bei Hunden mindestens vier, eventuell sogar fünf verschiedene der sogenannten Basisemotionen samt der damit verknüpften Hirnregionen beteiligt. Im Fall von Fee beispielsweise handelt es sich offensichtlich nicht um ein Angstproblem. Die bereits an anderer Stelle geschilderte Animation zur Hyperaktivität, führt zu einem ständigen, aber durch das Eingesperrtsein eben frustrierten Bewegungsbedarf. Hier ist also die Einschränkung des Bewegungsspielraums, insbesondere aber die Veranlassung zu langsamer, nicht mit schnellen Muskelaktivitäten verknüpfbaren Form des Futtersuchens der entscheidende Faktor gewesen.

Andere Hunde, die beispielsweise nicht nur im Bereich der Türen und Fensterrahmen, sondern an völlig anderen Stellen der Wohnung Zerstörungen anbringen, sind aber anders zu bewerten. Pauschaleinschätzungen, wie man mit einem trennungsgestörten Hund umgehen muss, sind also völlig fehl am Platz.

Zudem zeigt die Verkürzung der Trennungsintervalle und die daraus folgende positive Reaktion der Hündin einen wichtigen Zusammenhang im Hormonstoffwechsel: Gerade das bei Kontrollverlusterlebnissen, beispielsweise einer nicht zu bewältigenden Trennungsproblematik, federführende Stresshormon Cortisol, hat eine sehr langsame Abbaurate. Die als Halbwertszeit bezeichnete Zeitspanne, also die Zeitspanne, in der 50 % des gerade jetzt produzierten Cortisols wieder abgebaut werden, liegt im Zeitraum von 1 bis 1,5 Tagen. Ein einmaliges, massives Trennungserlebnis müsste also fünf Tage lang verdaut werden, bevor sich der Hormonpegel einigermaßen auf Normalwerten befindet (nach 1 bis 1,5 Tagen sind noch 50 %, nach weiteren 1 bis 1,5 Tagen noch 25 %, nach weiteren 1 bis 1,5 Tagen noch 12,5 % des durch das Trennungserlebnis produzierten Cortisols vorhanden).

Häufig wird behauptet, der Hund würde beim Heimkommen seines Menschen durch »schlechtes Gewissen« anzeigen, dass er genau wüsste, dass die Zerstörung falsch und »ungehorsam« war. Besonders schädlich wirkt sich dann Schimpfen und Sanktionieren aus. Durch solche Maßnahmen wird der Hund noch zusätzlich verunsichert. Die Behandlung von Trennungsstörungen gehört deshalb also wirklich in die Hand von Profis.

Ein Hund von der Straße | Raja

Raja ist eine knapp zwei Jahre alte, eher kleinere und sehr agile Mischlingshündin, die von einer Tierschutzorganisation aus dem europäischen Süden »gerettet« wurde. Nach kurzem Aufenthalt im Tierheim kam sie zu einem älteren Ehepaar, welches in einer Großstadt in einem Mehrfamilienhaus lebt. Vor der Übergabe an die neuen Besitzer wurde sie noch durch das Tierheim kastriert. Von ihrer Vorgeschichte ist nur bekannt, dass sie offenbar mit einer Hundegruppe auf der Straße und am Strand lebte, sich von Abfall aus Mülltonnen oder extra für die Hunde hingeworfenen Essensresten ernährte und sehr scheu war. Die Tierschützer vermuteten auch, dass sie bereits einen Wurf Welpen aufgezogen hatte. Ihr Gesäuge war relativ ausgeprägt, also vermutlich nach einer vorangegangenen Laktation noch nicht wieder vollständig zurückgebildet. Allerdings hatten die Tierschützer keine Welpen in ihrer näheren Umgebung gesehen, die als zu ihr gehörig hätten eingestuft werden können. So war dies lediglich eine naheliegende Vermutung.

Im neuen Zuhause

Die Besitzer hatten vorher nie einen Hund, da sie immer gearbeitet haben. Nun waren sie in Rente und konnten sich ihren Wunsch nach einem Tier endlich erfüllen. Da Raja eine vermeintlich schlechte Vergangenheit hatte, versuchten sie ihr alle Annehmlichkeiten der Welt zu verschaffen, doch Raja war und blieb extrem scheu. Obwohl Rajas Frauchen das ihr vom Futtergeschäft empfohlene, teure Premiumfutter gekauft hatte, wollte Raja nichts anrühren. Stattdessen räumte sie des Nachts den Mülleimer und die Vorratskammer aus. Spaziergänge gestalteten sich zu Spießrutenläufen: Raja wollte weder Halsband noch Brustgeschirr akzeptieren, wehrte und weigerte sich, vernünftig an der Leine zu laufen, und schmiss sich gelegentlich sogar schreiend auf die Straße, so dass Frauchen oder Herrchen sie schnell auf den Arm nehmen wollten, was aber wegen ihrer Scheu auch ein schwieriges Unterfangen war. Völlig überfordert und ratlos meldeten sich Rajas Besitzer in einem Hundeverein an, um Gehorsam und Umgang mit dem Hund zu trainieren.

Im Freilauf zeigte sich Raja mit den anderen Hunden völlig unauffällig, war extrem sozialverträglich und sehr lebhaft. Sobald aber Menschen in ihre Nähe kamen, wich sie aus. Nahmen ihre Besitzer sie wieder an die Leine, was nur nach einer wilden Jagd irgendwann gelang, so fiel der Hund sichtlich in sich zusammen, befolgte kein einziges Kommando und war auch nicht zu bewegen, über Wippe,

Gitter oder durch Tunnel zu laufen, was mit ihr auf Anweisung des Trainers versucht werden sollte. Als sich die Situation auch nach mehreren Besuchen in dem Hundeverein nicht besserte, eher verstärkte, kamen die Besitzer zu dem Schluss, ihr Hund sei eben besonders dumm und könne gar nichts lernen. Auch im Haus erfolgte keine Gewöhnung an die Gegebenheiten, vielmehr wurde Raja zusehends unruhiger, verhielt sich immer häufiger regelrecht hysterisch und wurde sogar in der Wohnung unsauber, was anfangs überhaupt nicht der Fall war. Die Besitzer waren desillusioniert, so hatten sie sich das Leben mit Hund nicht vorgestellt. Da sie aber immer wieder daran dachten, wie »schlecht« es der »arme« Hund früher gehabt hatte, versuchten sie für alles, was Raja an den Tag legte, Verständnis aufzubringen und den Hund gewähren zu lassen. Resigniert fügten sie sich in ihr Schicksal, doch die Probleme wurden immer größer. Die durch Aussagen aus bekannten Fernsehsendungen geschürte Hoffnung, dass »von der Straße gerettete Hunde« extrem dankbar wären und aus lauter Liebe zum neuen Besitzer fast automatisch gehorchen würden, entpuppte sich bald als Trugschluss.

Leider gab es für Raja kein Happy End: Eines Tages wuchs den Besitzern die gesamte Situation über den Kopf und sie entschlossen sich, wenn auch schweren Herzens, Raja wieder ins Tierheim zurückzugeben. Ihrer Überzeugung nach, hatten sie alles Mögliche versucht, um dem Hund ein gutes Leben zu bieten, nun waren sie am Ende ihrer Kräfte. Raja hatte ihr zwar kärgliches, aber selbstbestimmtes, freies Leben unter südlicher Sonne gegen ein Leben hinter Tierheimzwingerstäben eintauschen müssen. Sie wurde noch einige Male vermittelt, kam aber nach immer kürzerer Zeit ins Tierheim zurück, wo sie massive Aggressionen gegen Artgenossen und auch Selbstverstümmelung (z. B. ausgeprägte Leckekzeme an allen erreichbaren Stellen) entwickelte und letztlich eingeschläfert wurde.

Fehlender Menschenkontakt

Nicht alle Hunde, die Menschen gegenüber scheu sind, wurden in der Vergangenheit geschlagen, gequält oder sonst wie vom Menschen schlecht behandelt! Leider wird das häufig behauptet, um Mitleid zu erregen und die Hunde besser vermitteln zu können. In dem zuvor beschriebenen Fall von Raja liegt die Problematik vielmehr in völlig fehlender und/oder unzureichender Gewöhnung an den Menschen und das Leben in der vom Menschen bestimmten Umwelt.

Verhaltensbiologische Anmerkungen

Der Fall Raja ist leider symptomatisch stellvertretend für viele sogenannte gerettete Südhunde. Die Hündin wuchs in einer völlig anderen Umwelt auf, als der, der sie später durch das Verbringen in die mitteleuropäische Zivilisationsgesellschaft ausgesetzt war. Zudem war sie gewohnt, sich in ihrer früheren Umwelt sicher zu bewegen, Nahrung zu suchen und den Alltag zu regeln. Das plötzliche Verbringen in eine völlig neue Umwelt mit ganz anderen Sinneseindrücken ist für dieses Tier, neben dem Herausreißen aus seinem sozialen Netzwerk, ein sehr starkes Trauma, das zunächst immer mit einer Reaktion des sogenannten Kontrollverlustsystems, also des Cortisolsystems, beantwortet wird. Zudem bedingte das gut gemeinte, aber in diesem Fall kontraproduktive Verhalten der neuen Halter eine Verschlimmerung. Gerade Hunde aus sehr schwierigen, gefährlichen oder schlechten vorherigen Lebens- oder Haltungsbedingungen benötigen nach dem Übergang in die menschliche Familie eine sehr langsame und schonende Überführung in die neuen Lebensgewohnheiten. Eine plötzliche grenzenlose Freiheit ohne Regeln und die allgegenwärtige Problematik, sich nun in einer völlig ungewohnten Umwelt selbstständig zurechtfinden zu müssen, überfordert diese Hunde. Andere Fallbeispiele, die uns geschildert wurden, zeigen, dass Hunde unter solchen Bedingungen sogar an den Folgen einer akuten Anpassungskrankheit sterben können.

Rajas Verhalten ist ein deutliches Kennzeichen dafür, dass sie in dieser neuen Lebenssituation extrem überfordert war und dringend von ihren Menschen Hilfe, Schutz und auch konsequente Führung erwartet hätte, anstatt ein wahrscheinlich ebenfalls völlig verunsichertes und in seinem »Gutmenschentum« tief getroffenes Halterehepaar anzutreffen. Die Futtersituation ist ebenfalls, wenn auch mit wenigen Worten, erklärbar. Die Futterprägung, die im Zeitraum zwischen dem Übergang der Umstellung auf feste Nahrung und in Bezug auf das Finden eines eigenen, neuen Streifgebiets stattfindet, jedoch vorher chemisch bereits durch die Nahrungsbevorzugung der Mutter vorbereitet wird, hat diese Hündin eben zum Müllräumen und nicht zum Konsum von industriell gefertigtem Hundefastfood prädestiniert. Diese Problemsituation wäre aber sicher leichter zu bewältigen gewesen.

Letztlich zeigt das zunehmende Aggressions- und Selbstverstümmelungsverhalten der Hündin nach dem Zurückbringen ins Tierheim die weitere Traumatisierung durch die erneute Trennung von den nunmehr bekannten Lebensumständen, eine Situation, die für den Hund massiven Kontrollverlust bedeutet. Die Verhaltensweisen der Selbstbeschädigung und der Aggression gegen Artgenossen sind nach den hier vorliegenden Beschreibungen eindeutig Wirkungen eines völlig überforderten und überstrapazierten Cortisolsystems gewesen.

So tragisch der Fall klingt, diese Hündin war von dem Augenblick an, als sie aus ihrer bekannten Umgebung am Strand in Südeuropa herausgerissen wurde, gefährdet, in ihrem zukünftigen Leben permanent zu leiden. Selbst mit sehr einfühlsam agierenden, verständnisvollen im Sinne von gut unterrichteten und angepasst reagierenden Haltern, hätte das Restrisiko der schonungslosen Überforderung bestanden. Deshalb ist bei allem Tierschutzbestreben immer das individuelle Schicksal in den Vordergrund zu stellen und realistisch abzuschätzen, ob eine Veränderung der Lebensumstände für den Hund wirklich eine positive Wendung bringt. Nicht jeder frei lebende Hund leidet und muss aus dieser Situation »gerettet« werden. Häufig sind konstruktive Tierschutzmaßnahmen vor Ort eher anzuraten.

KAPITEL 3

Verhalten und Geschlecht

Rüde und Hündin unterscheiden sich bei fast allen Rassen bereits optisch. Rüden sind größer, kräftiger, schwerer, haben häufig mehr Fell, Knochenstärke und Muskelmasse. Der Volksglaube unterstellt den Rüden die größere Selbstständigkeit, den Hündinnen mehr Anhänglichkeit, was beides so pauschal sicher nicht zutreffend ist. Vom biologischen Aspekt haben Rüden und Hündinnen aber verschiedene Lebensaufgaben, die sich im Verhalten äußern und durch die unterschiedlichen Exterieurmerkmale oft deutlich unterstrichen werden. In der Natur ist kurz gefasst der männliche Part hauptsächlich für die Reviersicherung und den territorialen Schutz zuständig, wohingegen der weibliche Part auf Gebären und frühe Aufzucht des Nachwuchses ausgerichtet ist. Somit sind die Unterschiede im Erscheinungsbild und im Verhaltensrepertoire biologisch festgelegt und leicht erklärbar. Allerdings: Im späteren Welpen- sowie Junghundstadium sind aber beide Geschlechter gleichermaßen als Babysitter gefordert.

Auch wenn beim Vorfahren unseres Haushundes, dem Wolf, und seinen vielen wild lebenden Verwandten aufgrund der Paarbindung zwischen Rüde und Hündin eine sehr starke Interessengemeinschaft vorliegt, so sind doch innerhalb des Paares bestimmte Rollen meist einem der beiden Geschlechter zugewiesen. Ob die stärkere Bemuskelung und die insgesamt größere Robustheit der Rüden mehr mit der von ihnen überwiegend wahrgenommen Verteidigungsaufgabe – insbesondere für die trächtige Partnerin oder den Nachwuchs – oder mehr auf die bei ihm stärker ausgeprägte Notwendigkeit, sich gegen gleichgeschlechtliche Rivalen durchzusetzen, zurückzuführen ist, ist im Einzelfall nicht immer leicht zu trennen. Die Rollenverteilung innerhalb eines Paares hängt neben den geschlechtsabhängigen Zuteilungen nämlich auch noch von der Persönlichkeit ab, und hier sind Persönlichkeitstypen und Geschlecht, wie wir noch sehen werden, nicht immer miteinander vereinbar.

Unabhängig davon ist jedoch gerade bei großen Wildcaniden wie den Wölfen und ihren nahen Verwandten, und damit auch beim Vorfahren des Haushundes, eine sehr bemerkenswerte Verhaltenstendenz festzustellen. Die Rudel bestehen meist aus mehr Rüden als Hündinnen. Beobachtungen an verwilderten Haushunden bestätigen dies in der Regel. Daraus ergibt sich, dass Rüden offensichtlich besser in der Lage sind, strukturierte, auch hierarchisch gegliederte Sozialverbände in größerer Individuenzahl zu bilden, während Hündinnen eher allein bzw. in kleineren Stückzahlen, bei verwilderten Haushunden eher 2–3 Hündinnen auf 5–6 Rüden, vorkommen. Das bedeutet, dass die sozialen Beziehungen der Rüden untereinander wesentlicher komplexer sein müssen, um die vielen Mitbewerber und die Genossen in das Beziehungsnetz einfügen zu können. Bei Hündinnen ist in der Regel auch die Fortpflanzung viel unmittelbarer mit dem Sozialsystem gekoppelt. Das bedeutet z. B., dass nahe verwandte Hündinnen, sofern sie eine gute Beziehung zueinander haben, einander meist bei der Jungtieraufzucht unterstützen, bisweilen Welpen gemeinsam aufziehen. Stimmt es aber im Beziehungsgefüge zwischen diesen Hündinnen nicht, so ist ihre Konkurrenz untereinander viel stärker und kann bis zur Welpentötung führen, was bei Rüden innerhalb eines Rudels selbst bei heftigen Rangordnungsstreitigkeiten in der Regel nicht vorkommt. Deshalb ist es auch ein Irrglauben, dass alle Hündinnen gleichermaßen »begeistert« von Welpen sind und diesen grundsätzlich freundlich und liebevoll begegnen. Oft ist gerade das Gegenteil der Fall und Welpen von fremden Müttern werden massiv angegangen. Hundefreunde sind beim Erleben solcher Attacken zumeist entsetzt und irritiert, doch zeigt sich letztlich ein biologisch begründetes, völlig normales Verhalten. Die Hündin ist nicht krankhaft aggressiv, verrückt oder demonstriert soziale Unfähigkeit, sondern begegnet fremdem Genmaterial, welches in ihren Augen nicht schützenswert, eventuell sogar zu eliminieren ist. Zusätzlich gehört auch der sich hartnäckig haltende Irrglaube an einen pauschalen Welpenschutz endlich der Vergangenheit an! Welpenschutz existiert nur im eigenen Familienverband. Außerhalb diesem leben Welpen durchaus »gefährlich«, das bedeutet, der Verlauf ihrer sozio-positiven Kontaktaufnahme zu fremden Artgenossen wird im Wesentlichen von der individuellen Persönlichkeitsstruktur und der Handlungsbereitschaft des Gegenübers bestimmt.

Zusätzlich sind in beiden Geschlechtern, auch beim Haushund und teilweise sogar bei kastrierten Haushunden, noch jahresperiodisch und zyklisch schwankende Hormonkonzentrationen zu berücksichtigen. Eine Hündin nach der Läufigkeit, die sich im Zustand der Scheinträchtigkeit befindet, ist oftmals viel anlehnungsbedürftiger, gesteuert durch die Schwangerschaftshormone und die nachfolgende Produktion des Elternhormons Prolaktin, während sie vorher, kurz vor und rund um den Höhepunkt der Läufigkeit, östrogengesteuert ausgesprochen zickig sein kann. Aber auch Rüden sind jahresperiodisch in ihren Hormonkonzentrationen unterschiedlich.

Da die Steuerung der zyklischen und jahresperiodischen Fortpflanzungstätigkeiten zunächst durch Hormone aus dem Zwischenhirn und der Hirnanhangsdrüse ausgelöst wird, und die Sexualhormone der Geschlechtsorgane sozusagen die letzte Ebene der Befehlsempfänger darstellen, ist auch bei kastrierten Hunden noch mit Schwankungen im Jahreszyklus und auch unter bestimmten Außenbedingungen zu rechnen.

So sind viele Hundehalter erstaunt, wenn ihre kastrierte Hündin scheinträchtig und scheinsäugend ist, nur weil ein neuer Welpe ins Haus kommt oder die Halterin schwanger wird. Auch der kastrierte Rüde, der plötzlich seine schwangere Besitzerin stärker als vorher verteidigt, ist ein sehr häufig geschildertes Phänomen.

Dies zeigt, dass der Einfluss des Geschlechts, der Geschlechtshormone und der anderen, nicht aus den Geschlechtsorganen stammenden Botenstoffe viel komplizierter und viel dynamischer ist, als das einfache Bild vom starken, rüpelhaften Rüden und der anschmiegsamen Hündin dem Laien gern vorgaukelt.

Eine Hündin mit männlichen Tendenzen | Mia

Mia ist eine sehr selbstbewusste, draufgängerische Schnauzerhündin, die ihren Besitzern erheblichen Ärger bereitet. Auf Anraten des Tierarztes war Mia kurz vor der ersten Läufigkeit kastriert worden, da die Besitzer viel mit ihrem Hund auf Reisen sind und die Läufigkeit ein Problem darstellen würde. Schon als junge Hündin ließ sich Mia nie »die Butter vom Brot nehmen«, die Besitzer bezeichneten sie als

»ausgesprochen dominant« im Umgang mit anderen Hunden. Bereits als Halbjährige hob sie beim Urinieren gern das Bein in Rüdenmanier und scharrte nach jedem »Geschäft«. Ausgesprochen wachsam patrouilliert sie das Grundstück ab, und Besuchern begegnet sie mit großem Argwohn. Nach der Kastration steigerte sich ihr Verhalten massiv. Mochte sie vorher bereits nur wenige Hunde, so mag sie nun eigentlich gar keine Artgenossen mehr. Rüden geht sie heftig an, Hündinnen bringen sie zur Weißglut. Die Hemmschwelle zu offen aggressivem Verhalten war nach der Kastration stark gesunken, ihr territoriales Gebaren deutlich verstärkt. Konsequente Erziehungsmaßnahmen werden von den Besitzern umgesetzt, doch zeigt sich Mia anhaltend diskussionsbereit und sie stellt jeden Tag aufs Neue Regeln und Grenzen infrage. So anstrengend hatten sich die Besitzer das Leben mit Mia nicht vorgestellt …

Verhaltensbiologische Anmerkungen

Mia ist von ihrer Persönlichkeit her eine der Hündinnen, die auch durch die Umfragestatistiken, z. B. der Bielefelder Kastrationsstudie, als kontraindiziert für Kastration identifiziert würden. Sehr statusbewusste und selbstsichere, aggressive Hündinnen, die schon vorher mit Beinheben beim Urinieren ein vermännlichtes Verhaltensprofil aufzeigen, werden erfahrungsgemäß nach der Kastration dieses Verhalten verstärken.

Die pauschale Annahme, dass Hunde – beiderlei Geschlechts – durch die, in unserer Gesellschaft meistens nicht gegebene Möglichkeit zum Ausleben ihrer sexuellen Handlungsbereitschaften frustriert, gestresst oder anderweitig negativ beeinflusst würden, muss hier eindeutig zurückgewiesen werden. Weit über die Hälfte bis zwei Drittel aller erwachsenen frei lebenden Hundeartigen, seien es Wölfe, verwilderte Haushunde, sogenannte Straßenhunde oder andere, kommen nie in ihrem Leben zur Fortpflanzung. Dafür sorgt das Rangordnungssystem. Trotzdem sind diese Hunde locker und entspannt und keineswegs permanent frustriert oder stresskrank. Das gilt insbesondere auch für Hündinnen. Die noch ab und zu vertretene Ansicht, dass eine Hündin wenigstens einmal in ihrem Leben Welpen bekommen sollte, ist genauso vermenschlicht und unangebracht, wie die gegenteilige Ansicht, eine Hündin, die Sexualverhalten zeigt, würde an der fehlenden Endhandlung leiden. Es ist normal und absolut unbedenklich, wenn Hunde auf die Läufigkeit einer Artgenossin in der Umgebung bzw. umgekehrt läufige Hündinnen auf einen männlichen Hund in ihrer Umgebung in biologisch zu erwartender Art und Weise reagieren. Es sollte jedoch dem Halter möglich sein, durch gezielte Einwirkung auf diesen Hund die unerwünschte Paarung und Fortpflanzung zu verhindern. Auch dies ist etwas, was im natürlichen Verhaltensrepertoire von Hundeartigen enthalten ist. Auch bei verwilderten Haushunden gibt es durchaus Unterdrückung des Fortpflanzungsverhaltens bzw. Paarungsverhaltens durch Aktionen von Ranghöheren.

Zusammengefasst ist der Fall verhaltensbiologisch eindeutig als Fehlentscheidung zu charakterisieren, zusätzlich sind die vorgebrachten Gründe für eine Kastration auch im Sinne des Tierschutzgesetzes und der neuen Kommentare dazu als nicht stichhaltig abzulehnen. Die Fallbeschreibung lässt auch nicht erkennen, in welchem Stadium des Läufigkeitszyklus die Hündin kastriert wurde.

Wenn eine Hündin schon kastriert werden muss, dann sollte dies zum Zeitpunkt des absoluten Östrogentiefstandes (!), also kurz vor dem Wiederanstieg des Östrogens im Zeitraum der nächsten Vor-Läufigkeit erfolgen. Das wäre ungefähr in der Mitte zwischen zwei Läufigkeiten oder ca. 90 Tage nach der Standhitze und ist somit bei relativ regelmäßigem Läufigkeitszyklus der Hündin für den Hundehalter leicht abzuschätzen.

Erfolgt eine Kastration zu anderen Zeiten, so kommt das körpereigene Hormon-/Regelkreissystem völlig aus dem Tritt, und die Hündin kann unter Umständen in der jetzt gerade anstehenden Phase ihres Zyklus regelrecht gefangen sein. Die dann ständig vom Hormonsystem gemessene Diskrepanz zwischen Wunsch (die von höheren Zentren des Gehirns und der Hirnanhangsdrüse ergangenen Befehle zur Produktion von Sexualhormonen) und Wirklichkeit (die Tatsache, dass eben aufgrund der nicht vorhandenen Geschlechtsorgane dieser Befehl zur Erhöhung des Sexualhormonspiegels nicht befolgt werden kann) kann zu massiven Stressäußerungen und insgesamt zu einem veränderten und oftmals verunsicherten Gesamtverhalten der Hündin führen. Das gesteigerte Aggressionsverhalten gegen Artgenossen beiderlei Geschlechts bei Mia könnte aus dieser hormonellen In-Balance erklärbar sein. (Zu den Auswirkungen einer Kastration siehe auch die Tabelle auf Seite 139 ff.).

Meine Welpen, deine Welpen | Gatschi

Gatschi ist eine Kuvaszhündin, die selbst schon drei Würfe aufgezogen hat. Sie war eine ausgesprochen liebevolle Mutter, umsorgte ihre Kinder nach allen Regeln der Kunst, zog sie fürsorglich groß und ging jedes Mal vollständig in ihrer Mutterrolle auf. Nach diesen drei Würfen sollte Gatschi nun ihre wohlverdiente Ruhe haben, und die mit im Haushalt lebende Junghündin sah das erste Mal Mutterfreuden entgegen. Als ihre Welpen geboren wurden, war ein Kontakt zwischen den beiden Hündinnen oder den Welpen in der ersten Zeit nicht möglich. Die Mutterhündin zeigte ausgeprägte Aggressionsbereitschaft bei der Annäherung von Gatschi, sodass eine Trennung der Hunde erfolgen musste, was auch nicht ungewöhnlich ist. Als Mama ist man schließlich wer, und die Kinder müssen beschützt werden.

In solch einer Situation wächst selbst das devoteste Lebewesen über sich hinaus und entwickelt ein bislang nicht gekanntes und vermutetes Selbstbewusstsein.

Belagerung des Welpenzimmers

Gatschi hörte das Quieken der Welpenschar hinter der Tür zum Wurfzimmer und war völlig aus dem Häuschen. Stundenlang lag sie vor der Tür, legte den Kopf von links nach rechts, sog die Luft unter dem Türrahmen ein und winselte leise vor sich hin. Dann wieder sprang sie auf die Beine und lief nervös hechelnd und schwanzwedelnd im Haus hin und her, um alsbald wieder ihren Wachposten vor der Tür zu beziehen. Bei jedem Öffnen der Tür versuchte sie sich mit ins Welpenzimmer zu quetschen und ihr Blick sprach Bände, wenn sie doch wieder außerhalb warten musste.

Ein Zusammenführen der Hündinnen im Haus war bei geschlossener Tür zum Wurfzimmer eigentlich immer nach gut einer Woche möglich. So auch diesmal, doch hielt die Mutterhündin durchaus ein wachsames Auge auf Gatschi und knurrte auch leicht, wenn diese sich wieder zu eng an die geschlossene Tür drängte.

Dann gelang es Gatschi plötzlich, die Tür zum Wurfzimmer zu öffnen! Eine strahlende Gatschi und eine wenig begeisterte Mutterhündin standen einander gegenüber, um sie herum wuselten die gerade drei Tage alten Welpen! Zwischen den beiden Hündinnen wäre es fast zu einer ernsten Beißerei gekommen, die nur dadurch verhindert werden konnte, weil die Züchterin ruhig und besonnen handelnd schnell die Welpen aus dem Raum trug.

Nun musste die Tür verschlossen werden, denn Gatschi wusste ja die Klinke zu bedienen. Das Risiko war zu groß! Jedes Mal, wenn Gatschi die Welpen hörte, reagierte sie mit Winseln und dem Versuch, wieder ins Wurfzimmer zu kommen. Da das nun aber nicht mehr gelang, fing sie an, sich die Haare am rechten Hinterhandschenkel auszureißen. Innerhalb von nur wenigen Stunden verursachte sie eine handtellergroße, wunde Stelle (Hotspot), die nun täglich versorgt werden musste. Wirklich abheilen konnte sie aber nicht, da Gatschi immer wieder leckte, leckte und leckte und dadurch die Heilung verhinderte. Selbst die Gaben von Cortison und entzündungshemmenden Mitteln brachten keine Linderung.

Als die Welpen ca. vier Wochen alt waren, relativ sicher laufen und das Wurfzimmer selbstständig verlassen konnten, erfolgte der erste Kontakt zwischen ihnen und den anderen Hunden im Züchterhaushalt. Nun akzeptierte dies auch die Mutter der Kleinen, wenn auch noch immer das Auge wachsam auf die Hundekumpels gerichtet blieb. Von dem Tag an, als Gatschi die Welpen beschnuppern und belecken durfte, hörte sie augenblicklich auf, sich selbst zu verletzen. Die Wunde heilte innerhalb weniger Tage ab und alles war in Ordnung. »Tante Gatschi« war glücklich und spielte ausgelassen mit dem jüngsten Fremdnachwuchs.

Welpenschutz

In diesem Zusammenhang sei nochmals ausdrücklich darauf hingewiesen, dass ein Welpenschutz nur innerhalb der eigenen sozialen Gruppe, also der eigenen Hundefamilie, die, wenn auch nicht unbedingt blutsverwandt, aber eben im gemeinsamen Hausstand zusammenlebt, existiert. Einen grundsätzlichen Welpenschutz gibt es nicht!

Verhaltensbiologische Anmerkungen

Die Einstimmung einer Hündin, auch ohne vorangegangene Trächtigkeit, auf die Mutterschafts- bzw. Babysitterrolle, erfolgt durch das Elternhormon Prolaktin. Dieses Brutpflegehormon wird bei Hündinnen in mehreren Zusammenhängen verstärkt produziert: Zum einen, wenn die Hündin selbst trächtig war und Welpen bekommen hat. Zum zweiten, wenn nach einer regulären Läufigkeit der völlig normale hormonelle Prozess von Scheinträchtigkeit durch Progesteron und anschließender Scheinmutterschaft durch Prolaktinerhöhung stattfindet. Zum dritten kann auch ohne vorangegangene Läufigkeit die Anwesenheit von Welpen, die geruchlich, optisch, akustisch wahrgenommen werden, über die Hirnanhangsdrüse direkt die Prolaktinausschüttung bewirken. Dies ist der Hintergrund, warum selbst kastrierte Hündinnen bei Anwesenheit eines Welpen im Haushalt oder bei Schwangerschaft ihrer Halterin plötzlich wieder eine Prolaktinphase, also eine Scheinmutterschaftsphase, zeigen können.

Etwa ab Ende der 3. Lebenswoche der Welpen werden normalerweise Rudelmitglieder zur Betreuung der Jungtiere herangezogen. Dies bedeutet jedoch, dass in den ersten drei Wochen die Mutterhündin mit ihren Welpen außerhalb des Sicht- und Wahrnehmungsbereichs des restlichen Rudels in ihrer Wurfhöhle ist. Selten verlässt sie nur kurz zum Zweck der Nahrungsaufnahme oder um sich zu lösen diese Höhle. Eventuell wird sie, ähnlich wie bei Wildcaniden, sogar von einem anderen Rudelmitglied mit Fressbarem versorgt. Dies ist jedoch bei Haushunden, auch bei verwilderten Haushunden, sehr viel seltener als bei Wildcaniden.

Durch die enge, räumliche Nähe zwischen Gatschi und der Mutterhündin bzw. den Welpen, war die Anwesenheit der Welpen für Gatschi bereits »zu früh« wahrnehmbar und hat zu früh für die Auslösung des Prolaktinanstiegs gesorgt. Die daraus entstehende Handlungsbereitschaft zu mütterlichen bzw. Babysitter-Verhaltensweisen wurde jedoch durch die räumliche Trennung sowie die Maßnahmen von Züchter und Mutterhündin unterbunden. Diese Umstände führten bei Gatschi zu einem Kontrollverlust, welcher wiederum ursächlich verantwortlich war für Aggression und Selbstaggression der Hündin. Durch eine räumliche Trennung der Mutterhündin samt Welpen vom Rest des Rudels, also von Gatschi, wäre dieser Vorgang vermeidbar gewesen.

Eine Lösung dieses scheinbaren Widerspruches bei Mehrhundehaltung kann nur erfolgen, indem die Mutterhündin mit den Welpen in einem ihr vertrauten Raum untergebracht wird, ohne dass den anderen Hunden der Familie der wesentliche »Lebensmittelpunkt«, z. B. das Wohnzimmer der Familie, genommen werden muss. Auch in der freien Natur ist die Wurfhöhle zwar in einem vertrauten, sicheren Teil des Kerngebietes, aber eben nicht direkt am bevorzugten Liege- und Ausruhplatz des Rudels. Die Mutterhündin kann durch diese räumliche Trennung auch besser selbst entscheiden, wann und von wem sie Besuch erlaubt. Der Rest des Rudels kann ansonsten seinem normalen Alltag nachgehen und wird auch nicht zu früh in Brutpflegehochstimmung hochgepuscht.

Sobald Gatschi zu den Welpen konnte, war, wie deutlich erkennbar, ihr Stress beendet. Sie konnte ihre Handlungsbereitschaft sinnvoll auf die Welpen richten – und dadurch waren auch die Stressoren beseitigt.

Ein weiterer, dramatischer Fall: Erst Kindstötung, dann gemeinsame Aufzucht

Wie dramatisch – und auch über die Welpenentwicklungszeit hinweg veränderlich – solche Verhaltensabläufe enden können, zeigt ein weiteres Fallbeispiel aus unserer Beratung: In einem Züchterhaushalt waren zwei Hündinnen gleichzeitig trächtig, wurden vorsorglich sinnvollerweise getrennt und zogen ihre Welpen in den ersten Wochen in zwei getrennten Welpenzimmern auf. Durch eine Unvorsichtigkeit eines betreuenden Menschen gelang es einer der beiden Hündinnen, in das Welpenzimmer der anderen zu gelangen. Dort tötete sie ohne

Aufhebens, aber auch ohne jede erkennbare emotionale Beteiligung, einen Welpen, bevor die Menschen eingreifen konnten.

Die Verunsicherung der Züchter war verständlicherweise groß. Vor allem die Frage, wie sich die Sache weiter entwickeln würde, wenn die Welpen erst einmal das Zimmer verließen, stand im Raum.

Für die Beteiligten erstaunlich, aus dem Sozialsystem der Hunde aber verständlich, war folgende Entwicklung: Bereits mit fünf bis sechs Wochen, nachdem beide Hündinnen ihre Welpen aus dem Welpenzimmer geführt hatten, wuselten die Angehörigen der beiden Würfe durcheinander, wurden abwechselnd oder gemeinsam von beiden Müttern bewacht und betreut, und das vorherige, dramatische Erlebnis schien retrospektiv überhaupt nicht mehr vorstellbar.

Verhaltensbiologische Anmerkungen

Vergleichbare Beobachtungen gibt es aber auch von vielen anderen beispielsweise kolonielebenden Säugetieren. So wird von kolonielebenden Erdhörnchen, den Präriehunden, berichtet, dass die gleiche Mutter zunächst in den Bau ihrer Konkurrentin eindringt und dort Welpen gezielt tötet, einige Wochen später jedoch die dann an der Oberfläche herumwuselnden Jungtiere bewacht, betreut und rechtzeitig vor herannahenden Greifvögeln warnt. Der evolutionsbiologische Hintergrund ist wohl folgender: So lange man die Welpen an einem Lagerplatz findet, den man definitiv nicht als seinen eignen Wurfplatz kennt, kann man sie gefahrlos töten, ohne versehentlich die eigenen zu erwischen. Sobald aber die Welpen durcheinanderwuseln, wäre die Gefahr, in der Hektik des Geschehens das falsche, also eigene Jungtier zu erwischen, einfach zu groß. So ganz nebenbei haben wir hier auch ein weiteres Beispiel, wie äußere und innere Reize und Vorgänge der biologischen Rhythmik gemeinsam das Verhalten steuern.

Ein Rüde in Brutpflegestimmung | Barko

Barko ist ein heute zwei Jahre alter, kastrierter Schäferhund, der schon als Welpe von Familie M. aus dem Tierheim übernommen wurde. Der Besuch einer Hundeschule war Pflicht, und so entwickelte sich der Kleine in kurzer Zeit zum angenehmen, gehorsamen Begleiter. Das junge Ehepaar hatte viel Freude an und mit dem Vierbeiner und sorgte dafür, dass ihr Liebling auch geistig ausreichend beschäftigt wurde. Neben Apportieren und Fährtenarbeit machte Familie M. mit Barko diverse Suchspiele, und sie hatten gemeinsam auch viel Spaß am Clickertraining.

Der Rüde benahm sich generell freundlich Menschen gegenüber und hatte auch keine Probleme, Besuch ins Haus zu lassen. Immer wieder wurden Barkos Besitzer ausdrücklich wegen des gut erzogenen, freundlichen Hundes gelobt. Als Barko 1,5 Jahre alt war, bekam Frau M. ein Baby. Mit dem Hund und dem zweibeinigen Erdenbürger gab es keinerlei Schwierigkeiten. Frau M. achtete darauf, dass der Rüde nicht ausgeschlossen wurde, wenn sie mit dem Baby zu tun hatte. Er durfte beim Stillen dabei sein und saß beim Wickeln neben dem Tisch. Auch hatten sie ihm erlaubt, mal das Händchen der Kleinen zu lecken. Das Baby gehörte offensichtlich für Barko zur Familie und wurde ohne Wenn und Aber von ihm akzeptiert.

Barko verändert sich

Das Verhalten Fremden gegenüber jedoch änderte sich. Der sonst so freundliche Barko knurrte nun, wenn Besuch ins Haus wollte. Frau und Herr M. schickten den Hund dann sehr energisch auf seinen Platz, was dieser auch ohne Murren befolgte. Die Beiden wunderten sich zwar über ihren Vierbeiner, werteten das Knurren aber als pubertäres Verhalten, das wieder vorbeigehen würde.

Natürlich durfte Barko auch mit, wenn das Baby im Kinderwagen ausgefahren wurde. Da er, wie schon erwähnt, sehr gut erzogen war, ging er perfekt neben dem Kinderwagen her, zog nicht an der Leine, machte Platz oder Sitz, wenn Frau M. es verlangte, und war so für die Mama keine zusätzliche Belastung.

Eines Tages, der kleine Erdenbürger war gerade vier Monate alt, traf Frau M. beim Spaziergang zwei andere Mütter mit ihren Kindern. Eine der Mütter war in Begleitung einer ca. sieben Jahre alten Tochter. Man unterhielt sich über dies und das, und Frau M. hatte das kleine Mädchen gebeten, den Hund nicht anzufassen oder an den Kinderwagen zu kommen. Doch wie Kinder in diesem Alter eben sind, diese Bitte wurde schnell vergessen, und die Kleine ging, ohne daran zu denken, zwischen Hund und Kinderwagen durch. In diesem Augenblick schoss Barko hoch und griff das Kind ins Gesicht. Zwar wurde die Kleine nicht schwer verletzt, doch eine Schramme quer übers Gesicht war deutlich zu sehen – vom Schock des Kindes ganz zu schweigen!

Das Entsetzen aller war groß. Frau M. wurde massiv wegen ihres aggressiven Hundes beschimpft, der ja eine unkontrollierte Gefahr für die Umwelt darstellen würde und sofort eingeschläfert gehörte. Frau M. war fassungslos. Nie hätte sie mit solch einer Reaktion ihres Barkos gerechnet. Sie verstand das veränderte Verhalten des Vierbeiners überhaupt nicht und wendete sich ratsuchend an einen Hundetrainer.

Verhaltensbiologische Anmerkungen

So dramatisch das Geschehen auf den ersten Blick aussieht, ist es doch im Grunde sehr leicht zu erklären. Hintergrund der Verhaltensänderung von Barko war tatsächlich die Schwangerschaft der Halterin bzw. das neu in die Familie gekommene Baby. Gerade kastrierte Rüden sind hormonell besonders leicht durch geruchliche oder auch optische Eindrücke in eine Brutpflegestimmung zu versetzen. Dies hängt mit dem Elternhormon Prolaktin zusammen, das insbesondere bei einer niedrigen Konzentration des männlichen Sexualhormons Testosteron bei Säugetieren besonders wirksam ist. Die niedrige Konzentration von Testosteron, die auch bei einem kastrierten Hund, insbesondere in Zeiten leichter Stressphasen, über die Nebennierenrinde ausgeschüttet wird, ist mit dem Prolaktin aus der Hirnanhangsdrüse zusammen für das Brutpflegeverhalten verantwortlich.

Bestandteil des Brutpflegeverhaltens sind mehrere Verhaltensleistungen, die allesamt zu Problemen führen können:

› Die Jungtierverteidigungsaggression, bei der Mutter und Kind durch eine aktive Abgrenzungshandlung des Hundes vor vermeintlichen Gefahren beschützt werden. Was aber jeweils als Gefahr betrachtet wird, ist nicht immer vorhersehbar.
› Die Tendenz, fremden Kindern bzw. Welpen gegenüber unfreundlich zu sein, was einen Rest des sogenannten Infantizids (Kindstötung) darstellt. Infantizid ist gegenüber Fremden, das heißt nicht rudelangehörigen Kindern bzw. Jungtieren, eine Fortpflanzungsstrategie, mit deren Hilfe die eigenen Jungtiere vor unnötiger Konkurrenz beschützt werden sollen. Dieser Infantizid wird tatsächlich in einem Rudel über die Grenzen hinweg von allen Rudelangehörigen ausgeführt, ist also kein Privileg der Ranghohen. Insofern haben auch unfreundliche Verhaltensweisen eines Hundes gegenüber fremden Kindern bzw. gegenüber fremden, nicht zur Familie gehörenden Welpen und Junghunden keinen Dominanz-, sondern lediglich einen Jungtierbetreuungsaspekt.
› Letztlich ist auch erzieherische Gewalt im Verhalten von Hundebabysittern und Jungtierbetreuern nachweisbar. Im Gegensatz zu den Verhältnissen etwa bei unseren nächsten Verwandten im

Tierreich, den Affen, ist nämlich Jungtiererziehung in der Gruppe gerade auch Sache der Rangniederen. Ein erzieherischer, kurzer, angedeuteter Schnauzbiss oder anderes Verhalten gegen die Welpen des Ranghohen wird also auch von rangniederen Jungtierbetreuern regelmäßig eingesetzt.

Keine eindeutige Bewertung

Der Hergang des Unfalls lässt keine eindeutige Bewertung des Verhaltens zu. Es könnte sowohl der genannte Infantizid bzw. dessen Tendenz, als auch ein Erziehungsversuch gewesen sein. Beide Fälle sind gleichermaßen im Verhalten eines Hundes normal und biologisch vorgesehen und müssen durch vorbeugendes Verhaltensmanagement seitens der Halter vermieden werden. In keinem Fall handelt es sich hierbei um einen gefährlichen oder neurotischen Hund, den es zu entsorgen gilt. Vielmehr sind die Halter gefragt, diesem Hund eindeutig klar zu machen, dass sie selbst die genannten Vorgänge regelnd im Griff haben. Dazu gehört aber auch ausdrücklich, dass der Hund vor Übergriffen von Kindern, seien es fremde oder eigene, in Schutz genommen wird, und diese eindeutig und auch in einer für den Hund verständlichen Art und Weise durch die Eltern von ihm weggeschickt werden.

Verteidigung des Nachwuchses | Eloy

Familie Ernst lebt bereits seit einigen Jahren mit dem Rüden Eloy zusammen. Frau Ernst ist im 8. Monat schwanger und stellt zunehmend fest, dass Eloy ein merkwürdiges Aggressionsverhalten entwickelt. Dieses Verhalten richtet sich aber nicht gegen sie, sondern gegen Personen, die mit ihr in Kontakt kommen. Je deutlicher ihr diese Verhaltensänderung von Eloy bewusst wird, desto größer wird ihre

Sorge um die Zukunft. Was soll werden, wenn erst einmal das Kind auf der Welt ist? Wie wird sich der Rüde dem Kind gegenüber verhalten? Entwickelt sich Eloy zur potenziellen Gefahr für den Familienzuwachs? Was ist zu tun?

Eloy und der Familienzuwachs

Einige Zeit nachdem das Kind geboren ist, meldet sich Frau Ernst wieder. Entgegen der ursprünglichen Sorge gestaltet sich das Zusammenleben von Eloy und dem Familienzuwachs völlig problemlos. Der Rüde liebt das Kleine offenbar abgöttisch, ist immer an seiner Seite, beschnuppert, bestupst und beleckt den kleinen Erdenbürger bei jeder möglichen Gelegenheit zärtlich und liebevoll. Allerdings hat er bereits am dritten Tag nach der Rückkehr von Mutter und Kind aus dem Krankenhaus die Hebamme gebissen! Diese war zur Nachsorge ins Haus gekommen, hatte zuerst bei der jungen Mutter auf einem Stuhl am Bett gesessen, während Eloy auf seiner Decke in unmittelbarer Nähe lag. Als sie nun aufstand und um das Bett zum Kinderbettchen gehen wollte, musste sie an Eloy vorbei. Dieser sprang auf und kniff die Dame von hinten ins Gesäß! Seit dieser Zeit ist Familie Ernst auf der Hut, wenn z. B. Oma und Opa, die nicht so häufig im Haus sind, zu Besuch kommen. Und in Zeiten der Anwesenheit der Putzfrau, die Eloy noch nie sehr mochte, sperren sie den Rüden vorsichtshalber weg.

Verhaltensbiologische Anmerkungen

Die hier geschilderte Gegebenheit lässt sich durch die vom Elternhormon Prolaktin ausgehende Jungtierverteidigungsreaktion erklären. Hundeartige gehören zu denjenigen Säugetieren (genau wie Menschen und einige andere Primatenarten auch), bei denen das Elternhormon Prolaktin auch von männlichen Tieren produziert wird. Da Rüden in einem Rudel auch an der Betreuung und Versorgung des Nachwuchses mitwirken, ist es notwendig, auch sie auf die Anwesenheit von Jungtieren hormonell vorzubereiten. Dies geschieht vermutlich geruchlich, und die von der Schwangeren abgegebenen Hormonabbauprodukte haben als Duftstoffe höchstwahrscheinlich den Hund bereits in eine Brutpflegestimmung versetzt. Gerade der gebundene und als Familienhund mit seiner subalternen Rolle in dieser Beziehung zufriedene Hund ist dann besonders stark zur Verteidigung und sonstigen Betreuung des Nachwuchses motiviert.

Auch kastrierte Rüden neigen zu dieser Verteidigung, da für die Wirkung des Prolaktins eine kleine Menge Testosteron, die auch beim Kastraten noch immer ausreichend aus der Nebenniere kommt, besser geeignet ist, als die große Menge aus den Geschlechtsorganen. Deshalb ist es auch nicht erstaunlich, dass Vorfälle wie der genannte überwiegend mit kastrierten Rüden geschildert werden. Die Verteidigung des Babys ist daher für diesen Rüden ebenso eine Selbstverständlichkeit wie die vorbeugende Verteidigung seiner schwangeren Halterin als besonders gefährdetes Familienmitglied. Charakteristisch für die Jungtierverteidigungsreaktion ist auch, dass sie eher vorbeugend und präventiv gestaltet wird, das heißt, es werden kurze, nur angedeutete Scheinattacken ausgeführt, bevor es zu einer wirklichen akuten Bedrohung des Nachwuchses kommen kann. Im vorliegenden Fall ist dadurch auch die Hebamme »nur« gezwickt und nicht mit einem ernsthaften Beschädigungsbiss verletzt worden. Die Jungtierverteidigungsaggression hat nämlich normalerweise mehr die Funktion, dem Rest der Familie einen ungestörten Rückzug zu sichern, als den Angreifer wirklich ernsthaft zu beschädigen.

Deckrüde im Ruhestand | Eumel

Eumel, ein Jack Russel Terrier, lebt mit mehreren Hündinnen im Haushalt der Züchterfamilie, die die Hunde neben der Zucht auch jagdlich führen und ausbilden. Eumel war längere Zeit als Zuchtrüde tätig und erwartet auch heute noch bei Besuch, dass eine läufige Hündin »für ihn« dabei wäre. Während der letzten Läufigkeiten der im Haushalt anwesenden eigenen Hündinnen zeigt Eumel sehr starke Verhaltensänderungen, die auf Stress und Belastung hindeuten. In diesem Zusammenhang erging die Anfrage, ob eine Kastration bei ihm sinnvoll wäre. Eumel ist ein stabiler, insgesamt eher dem A-Typ zuneigender Hund, er ist etwas geselliger und etwas extrovertierter als der Rassedurchschnitt, gut trainierbar und nach Angaben der Halterin im eigenen Haushalt den eigenen Hündinnen untergeordnet. In diesem Zusammenhang wurde also zunächst der Kastrations-Chip versuchshalber gesetzt. Die nächsten Läufigkeitsepisoden der im Haushalt anwesenden Hündinnen waren für ihn deutlich entspannter, eine gestörte Sozialbeziehung des Rüden zu den Hündinnen war nicht zu beobachten. In der nächsten Welpenaufzuchtsperiode der im Haushalt lebenden Zuchthündin zeigte sich Eumel als ein noch intensiver und noch bereitwilliger an der Welpenaufzucht beteiligter Babysitter. Eine leicht gesteigerte Jagdleidenschaft war zu beobachten, konnte jedoch von den Haltern auch aufgrund ihrer eigenen, durch jagdliche Arbeit existierenden Erfahrungen gut kontrolliert werden. Infolgedessen wurde empfohlen, Eumel noch während der Laufzeit des Kastrations-Chips chirurgisch kastrieren zu lassen, was dann auch zu einer dauerhaften Stabilisierung seines Verhaltens im zuvor geschilderten Sinne führte.

Verhaltensbiologische Anmerkungen

Die Wechselwirkungen zwischen den Sexualhormonen, insbesondere dem männlichen Hormon Testosteron und dem sogenannten Elternhormon Prolaktin, sind bei vielen Säugetieren bereits dokumentiert und analysiert. Eine geringe Konzentration von Testosteron, wie sie beispielsweise auch aus der Nebennierenrinde erfolgen kann, wirkt offensichtlich verstärkend auf das für die elterlichen Verhaltensäußerungen verantwortliche Hormon Prolaktin. Deshalb sind nicht nur kastrierte Rüden oder Wallache, sondern auch wenig sexuell motivierte intakte männliche Tiere oftmals die besseren Väter oder Onkel als die stark testosterongesteuerten Machos.

Eine leichte Erhöhung der Jagdleidenschaft wird bei vielen Anwendern des Implantats ebenso wie von Haltern chirurgisch kastrierter Hunde berichtet, wobei je nach Veranlagung des Hundes nicht nur echtes jagdbares Wild, sondern auch Jogger oder Radfahrer zum Opfer werden. Da auch das Hüteverhalten aus der züchterischen Überhöhung jagdlichen Verhaltens entspringt, wird auch unerwünschtes Hüten menschlicher und anderer Sozialpartner immer wieder beschrieben. In systematischen Untersuchungen an Katzen ergab sich, dass die Sexualhormone zum großen Teil Jagdleidenschaft und Bereitschaft zum Beutefangverhalten dämpfen.

Eumel ist durch seine allgemein recht große emotionale Stabilität und Geselligkeit mit Hunden wenig anfällig für die oftmals beschriebenen Verhaltensänderungen nach Wegfall der Sexualhormone. Die im Fall Larry (siehe Seite 119) beschriebene Problematik, dass durch allgemeine Unsicherheit die Aggression gegen Artgenossen steigen kann, war bei Eumel nicht zu erwarten. Auch der in eigenen und anderen Untersuchungen immer wieder beschriebene nachteilige Effekt auf den Persönlichkeitsfaktor »Geselligkeit mit Hunden« war im konkreten Fall kein Problem, da Eumel durch die vorangegangene Persönlichkeitseinschätzung bereits als oberhalb der rassetypischen Geselligkeit liegender Hund erkannt wurde. Desgleichen war seine schon vorherige, prosoziale Einbindung in das Beziehungsgeflecht mit den Hündinnen ein förderlicher Faktor.

Schlussfolgerung

Gerade bei der Haltung von mehreren, noch dazu zur Zucht eingesetzten Hündinnen mit einem ehemaligen, auch im eigenen Haushalt mehrmals sexuell aktiv gewesenen Zuchtrüden ist der Einsatz des Kastrations-Chips (siehe Seite 118) zur Abklärung späterer sozialer Veränderungen dringend zu empfehlen. Wäre die Akzeptanz des Rüden bei den Hündinnen nur auf seine sexuelle Präsenz als potentieller Deckrüde beschränkt und nicht auf eine qualitativ hochwertige, nicht sexuelle soziale Bindung aufgebaut gewesen, hätte der Verlust seiner sexuellen Attraktivität möglicherweise zu massiven Abwehr- und Ausgrenzungsreaktionen geführt. Gerade bei kleinen Hunderassen, deren Sozialsystem auch in anderen Hinsichten oft näher dem der Füchse als dem der großen Wolfsarten zu liegen scheint, wäre eine solche Reaktion nicht unwahrscheinlich.

Airedale Terrier mit Prostataproblemen | Freddy

Freddy ist ein ca. zweieinhalbjähriger Airedale-Terrier-Rüde, dem wegen einer immer wiederkehrenden Prostataentzündung von der behandelnden Haustierärztin ein Kastrations-Chip implantiert wurde. Es erfolgte dann auch die Empfehlung einer chirurgischen Kastration im Nachgang. Unter der Wirkung des Kastrations-Chips veränderte sich das Verhalten von Freddy in mehrerer unerfreulicher Hinsicht.

Er griff plötzlich andere Hunde an, wobei zunächst ein starkes Fixieren und dann ein sofortiges Durchstarten (im Freilauf wie auch an der Leine) erfolgte. Er packte und schüttelte sie dann in einer eher an Jagdverhalten als an innerartliche Aggression erinnernden Weise. Zugleich ergab sich eine deutliche Reduktion seiner Gelassenheit, auch die Geselligkeit fiel auf 0 von 8 möglichen Punkten zurück. Aufgrund der genannten Verhaltensänderungen wurde dringend von einer chirurgischen Kastration abgeraten.

Verhaltensbiologische Anmerkungen

Die Angriffe von Freddy auf andere Hunde waren nicht eindeutig einem von zwei möglichen Erklärungsmustern zuzuordnen. Ein ansatzloser Angriff ohne vorangehendes Droh- oder Imponierverhalten mit nachfolgendem Packen und Schütteln des Opfers kann aus dem Funktionskreis des Jagd- und Beutefangverhaltens stammen. Wie bereits im Fallbeispiel Eumel (Seite 89) erklärt wurde, sind Wechselwirkungen zwischen dem Rückgang der Sexualhormone und der Verstärkung des Jagd- und Beutefangverhaltens häufig berichtet worden.

Eine zweite mögliche Erklärung wäre ein aus Unsicherheit und letzten Endes stressbedingter Motivation heraus entstehendes Verhalten der Selbstverteidigungsaggression. Auch diese wird, gerade bei emotional instabilen A-Typ-Hunden, oft ohne Vorwarnung und damit ohne erkennbares Droh- und Imponierverhalten gezeigt. Da diese Verhaltensweisen nicht unter der Kontrolle der Sexualhormone stehen, sondern die Hormone des Stresssystems betrifft, ist im Fall von Freddy eine Wechselwirkung mit den Sexualhormonen an dieser Stelle nicht zu erwarten. Freddy als instabiler A-Typ steht eher überwiegend unter dem Einfluss des als Kampfhormon bezeichneten Noradrenalins.

Schlussfolgerung
Insbesondere im Hinblick darauf, dass zur reinen Behandlung von Prostataentzündungen andere Präparate auf dem Markt sind, die nur die Testosteronrezeptoren im Bereich der Prostata adressieren, ist die Anwendung des Implantats oder gar die chirurgische Kastration für Hunde mit Prostatavergrößerungen und Prostataentzündungen ohne bereits erfolgte Tumorbildung nicht angezeigt. Eine eingehende Verhaltensanalyse von Freddy vor dem Setzen des Implantats hätte wahrscheinlich die bei ihm bestehende Instabilität und die ohnehin sehr geringe Geselligkeit mit Hunden als Merkmale einer Kontraindikation, also als Argumente gegen das Setzen des Kastrations-Chips herausarbeiten können.

Cairn Terrierinnen in sexueller Konkurrenz | Hanni und Nanni

Hanni ist drei, Nanni zweieinhalb Jahre alt. Die beiden intakten Cairn-Terrier-Hündinnen leben im gemeinsamen Haushalt. Die Halterin beabsichtigt mit einer der beiden Hündinnen zu züchten. Regelmäßig im Zeitraum rund um die Läufigkeit der beiden Hündinnen, die oftmals nahezu synchron auftritt, kommt es zu heftigen Attacken der Hündinnen untereinander, wobei Nanni etwas häufiger die Initiatorin ist. Die Auseinandersetzungen erfolgen zum einen in der Umgebung der Fütterung, zum anderen aber auch z. B. im engen Kontakt mit der menschlichen Halterin. Da weder durch die körperlichen Eigenschaften der Hündinnen noch durch die Einschätzung des Beziehungsgefüges seitens der Halterin oder einer betreuenden Trainerin eine klare Aussage zu den Rangordnungsverhältnissen zwischen den beiden Hündinnen möglich war, erschienen die Risiken einer möglichen Verschlimmerung des Aggressionsproblems durch

Kastration durchaus gegeben. Aus diesem Grund wurde in Absprache mit dem behandelnden Haustierarzt die testweise Implantation der beiden Hündinnen mit dem Kastrations-Chip (siehe Seite 118) empfohlen.

Der Implantations-Chip wurde in ausreichendem zeitlichen Abstand vor der nächsten zu erwartenden Läufigkeit gesetzt, die beiden Hündinnen während des dabei anschließenden Anstiegs der Sexualhormonproduktion getrennt. Durch konsequentes Verhaltensmanagement wurde die Entstehung aggressiven Verhaltens in der nachfolgenden Läufigkeit verhindert. Nach dem Abklingen dieser Läufigkeit wurden die Hündinnen wieder zusammengeführt, eine Entspannung trat deutlich ein. Futterverteidigungsaggression wurde nicht mehr beobachtet, das Verhalten der Hündinnen zueinander in enger Anwesenheit der Halterin konnte von dieser ohne Probleme geregelt werden.

Da sich im Zeitraum der Implantation Nanni nun deutlich gegenüber Hanni als Rangtiefere zeigte, wurde testhalber bei ihr der Kastrations-Chip noch ein zweites Mal gesetzt, während Hanni nun intakt blieb. Das Verhalten der beiden Terrier-Damen, auch in Hannis nächster Läufigkeit, bestätigte die ursprüngliche Vermutung, dadurch konnte die chirurgische Kastration bei Nanni vorgenommen werden. Hanni ist nun als Zuchthündin eingesetzt und Nanni unterstützt die Welpenaufzucht nach dem Erreichen der jeweiligen Altersstufe des Nachwuchses.

Verhaltensbiologische Anmerkung

Die Beziehung von intakten Hündinnen zueinander, insbesondere im Zeitraum rund um die Läufigkeit und der nachfolgenden Phasen potenzieller Nachwuchsbetreuung, wird von Verhaltensweisen der Statussicherung und der sexuellen Konkurrenz charakterisiert. Eine aggressive Reaktion gegen unerwünschte Rivalinnen soll sicherstellen, dass in Anwesenheit eines potentiellen paarungsbereiten männlichen Partners diese gar nicht erst in seine Nähe kämen. Dieses Verhalten wird auch von weiblichen Wildcaniden im Zeitraum rund um die Läufigkeit gezeigt, während männliche Tiere auch in dieser Zeit mehr am Schutz ihrer individuellen Bindungspartnerin interessiert sind. Ressourcenverteidigung ist gerade bei Hündinnen im Zustand der Kastration durch mehrere Publikationen eindeutig bestätigt.

Andererseits ist die Verteidigung einer Bindungspartnerin bzw. die Verteidigung der sozialen Nähe zum Leittier, hier der Hundehalterin, bei Hunden weniger durch die Sexualhormone, als die Aktivität des Oxytocin-Vasopressin-Systems zu erklären. Aus diesem Grund erschien es notwendig, die Beziehungen zwischen den Hündinnen genauer zu testen, bevor durch eine Kastration unumkehrbare Entscheidungen getroffen wurden.

Schlussfolgerung

Bei der Haltung mehrerer Hündinnen im selben Haushalt muss abgewogen werden, ob die im Zeitraum der Läufigkeit auftretenden Verhaltensweisen sexueller Konkurrenz durch Managementmaßnahmen geregelt werden können. Im vorliegenden Fall war dies aufgrund der Schwere der Attacken mit teilweise auftretenden Verletzungen nicht möglich. Gerade bei unklarer Beziehungslage zwischen den Hündinnen besteht jedoch das Risiko einer Verstärkung des Problems beim Wegfall der Sexualhormone, da gerade der Persönlichkeitsfaktor Geselligkeit mit Artgenossen bei Hündinnen durch die Kastration nicht positiv, sondern oft sogar negativ beeinflusst wird. Dies ist molekularbiologisch erklärlich durch eine verstärkende Wechselwirkung zwischen den weiblichen Hormonen, vor allem dem Östrogen, und den Bindungsstellen für das sogenannte Sozialhormon Oxytocin. Daher ist in diesen Fällen die diagnostische Anwendung des Kastrationsimplantats zur Abklärung des Beziehungsgefüges in der Gruppe empfehlenswert, wobei dringend vom behandelnden Haustierarzt auch auf die gleichzeitige Erhöhung des Verhaltensmanagements und die möglichst kompetente trainerische Begleitung des Unterfangens hingewiesen werden muss. Unter solchen Bedingungen ist jeder Haustierarzt berechtigt, bei eingehender Aufklärung des Hundehalters vorab einen *Kastrations-Chip* umzuwidmen und auch für weibliche Hunde einzusetzen. Die hormonellen Regelkreise, in die der Kastrations-Chip eingreift, sind nämlich ohnehin bei beiden Geschlechtern gleich.

Die Wirkung des Kastrationsimplantates führt in beiden Geschlechtern zunächst zu einer Hoch-, danach zur Herunterregulation der Sexualhormonpegel. Machos werden in dieser Zeit Supermachos, Hündinnen läufig, Angsthasen (siehe Fallbeispiel Larry Seite 119*) erst einmal stabil. Erst danach, nach ca. sechs Wochen, ist der Sexualhormonpegel quasi auf Tiefststand und erlaubt Vorhersagen über die Wirkung einer chirurgischen Kastration.*

KAPITEL 4

Verhalten und Exterieur bzw. Fellfarbe

Nicht nur Unterschiede in der Größe bedingen verschiedene, aus unterschiedlichen Stoffwechselprozessen ableitbare Verhaltensmuster. Dazu gehört zunächst die Wirkung des Wachstumsfaktors IGF1, der eben zu besonderer Kühnheit und wahrscheinlich auch zu einer höheren Erregbarkeit und zu einem reduzierten Sozialverhaltensrepertoire beitragen kann. Des Weiteren aber gehört beispielsweise hierzu auch die Auswirkung einer veränderten Kopfform. Der veränderte Augenabstand, der vor allem bei kurzschnauzigen Hunden auftritt, hat nicht nur etwas mit verbesserter räumlicher Sehfähigkeit, sondern auch mit einer Veränderung der Anatomie der Netzhaut zu tun. Kurzschnauzige Hunde sehen, ähnlich wie wir Menschen, an einer bestimmten Stelle der Netzhaut, dem gelben Fleck, besonders scharf. Langschnauzige und schmalköpfige Hunde dagegen, beispielsweise Windhundrassen, haben einen Streifen schärfsten Sehens entlang der gesamten Netzhaut. Sie sehen also auch am Horizont sich bewegende Tiere oder andere Objekte sehr scharf, während der kurzschnauzige Bullterrier nur auf den direkt vor seiner Nase stehenden Menschen, Hasen oder andere Signalgeber reagieren wird. Zudem bedingt der größere Augenabstand bei diesen Hunden auch z. B. eine bessere Möglichkeit zur räumlichen Orientierung und zu veränderten Leistungen, auf die Sichtzeichen des Menschen oder auf die räumlichen Gegebenheiten beim Hundesport achten zu können.

Was bislang wenig bedacht, aber bei der Auswahl eines Hundes durchaus mit in die Entscheidungsfindung einfließen sollte, ist die Tatsache, dass auch die Farbe bzw. Färbung des Hundes Zusammenhänge mit seinem Temperament haben können. Manche Rassen gibt es in verschiedenen Farbschlägen, und die Besitzer wundern sich manchmal, dass ihre Vierbeiner gleicher Rasse, aber unterschiedlicher Färbung durchaus anders reagieren. Hier ist die Reizschwelle niedriger, dort der Geduldsfaden extrem lang und dick. Dort ist ein eher ruhiges Naturell, hier wieder ein deutlich aktiverer Charakter anzutreffen. Zufall?

Sicher spielen auch individuelle Aspekte eine große Rolle, die jeweilige Zuordnung zu einem A- oder B-Typen, die Randbedingungen des jeweiligen Mensch-Hund-Teams, die Lebensbedingungen und -umstände. Dennoch sind die neueren Erkenntnisse zum Thema »Verhalten und Fellfarbe« interessant und bemerkenswert!

Farbstoffe und Hormone

Betrachten wir kurz die neueren Erkenntnisse zwischen Fellfärbung und Verhalten. Zugrunde liegend ist ein gemeinsamer biochemischer Produktionsweg, der sowohl das dunkle, für Schwarz- und Dunkelbraun-Färbung verantwortliche Pigment *Eumelanin*, und die mehr dem aktiven Typ zugeordneten Botenstoffe der Familie der *Katecho-*

lamine (Noradrenalin, Adrenalin, Dopamin) verbindet. Andererseits ist der Produktionsweg zum rötlichen, insbesondere hellrötlichen Pigment *Phaeomelanin* mit gemeinsamen genetischen Eigenschaften im Bereich des *Cortisolsystems* verknüpft, also desjenigen Hormonsystems, das eher für Unsicherheit, Ängstlichkeit und Panikanfälle verantwortlich sein kann. Während es beim dunklen Pigment um direkte biochemische Zusammenhänge in der Produktion der Fellfärbung und der betreffenden Botenstoffe des Angriffs- und Fluchtsystems sowie des Selbstbelohnungssystems im Gehirn geht, sind die Zusammenhänge im Phaeomelaninsystem komplizierter. Hier liegt der Zusammenhang im Genmaterial selbst, da das Gen, das Phaeomelanin bedingt, zugleich auch Bindungsstellen für die Botenstoffe des Cortisolsystems im Gehirn und im Rückenmark sowie im Hormonsystem selbst vermehrt.

Nochmals verstärkt wird das Ganze, wenn auch noch das sogenannte *Agouti-Gen* mit im Spiel ist, jenes Gen, welches die Ringelung der Haare bewirkt (Pfeffer- und Salzfärbung). Auch das Agouti-Gen beeinflusst nämlich die Bindungsstellen für Cortisol, sodass durch Agouti rotgefärbte Merkmalsträger eine doppelte Anfälligkeit für Panik, Hysterie und andere emotionale Instabilität haben. Berüchtigt sind, wenn wir einen Blick über den Tellerrand wagen dürfen, hierbei beispielsweise die roten Kater mit den geringelten Haaren, die in jeder Tierarztpraxis als ausgesprochene Kampfkater gelten. Auch im dörflichen Alltag fallen solche Kater auf. Aufgrund ihrer aggressiven Durchsetzungsfähigkeit zeugen sie besonders viele Nachkommen.

Persönlichkeitstypen

Neben den Fellfarben sind auch die Persönlichkeitstypen selbst, teilweise durch Genetik, teilweise durch frühe Aufzuchterfahrungen, für die Charakterbildung eines Hundes von Bedeutung. Zunächst gibt es hier das »einfache«, auf zwei Typen beruhende System von A- und B-Typ. Der *A-Typ*, der aktivere, handlungsbereitere, manchmal auch forsche, naseweise, der auf Probleme, neue Situationen, neue Artgenossen etc. aktiv zugeht, und der unter Stress bzw. Belastung mit dem Kampf- und Fluchtsystem von Noradrenalin und Adrenalin reagiert. Ihm steht der *B-Typ* gegenüber, der eher abwartend, zurückhaltend, beobachtend ist und sich mehr am Rande des Geschehens aufhält, der sich in neuen Situationen ganz vorsichtig und eher distanziert verhält. Dieser wird unter Stress eher von den Hormonen des Cortisolsystems beeinflusst und gesteuert. Die Zugehörigkeit zu diesen beiden Grundtypen wird wohl ca. ⅓ durch die Genetik, also erbliche Merkmale, und zu etwa ⅔ durch Umweltfaktoren bewirkt, wobei diese Umweltfaktoren teilweise auch schon während der Trächtigkeit bzw. frühesten Welpenentwicklung einwirken können.

Komplizierter wird es, wenn wir das auf den fünf Faktoren der Humanphysiologie, aber auch vergleichenden Psychologie beruhende Persönlichkeitsmodell heranziehen. Hier sind z. B. die Persönlichkeitseigenschaften »Emotionale Stabilität«, »Geselligkeit«, »Offenheit für neue Erfahrungen«, aber auch die Attribute »extrovertiert/introvertiert« und »ausdauernd/gewissenhaft« zu nennen. Zumindest bei den Faktoren »extrovertiert« und »emotional stabil« sind die oben genannten Hormoneinflüsse und frühesten Sozialisationserfahrungen sicher ebenso bedeutsam, beim Faktor Geselligkeit scheint es mehr auf das soziale Umfeld ab dem 3. Lebensmonat anzukommen. Bei den anderen Persönlichkeitsfaktoren können wir zumindest bzgl. des Hundes hier noch keine detaillierten Angaben machen.

Die Sache mit dem Rang | Elly und Brixa

Elly ist eine sechs Jahre alte Mischlingshündin, die sehr sozial und freundlich agiert. Nie gibt es Probleme mit ihr, sie ist stets guter Laune und erfreut durch gute Manieren und Gehorsam. Für Ellys Menschenfamilie sind das die besten Voraussetzungen, um einen Zweithund anzuschaffen. Die Hündin Brixa kommt als zehn Wochen alter Welpe ins Haus, ein niedliches Knäuel, welches sich von Größe und Statur in die gleiche Richtung wie Elly entwickeln dürfte. Das sollte gut passen. Brixa erweist sich von Anfang an als keck und aufgeweckt, ist wesentlich quirliger, als es Elly jemals war, und zeigt von Beginn an, was sie will und was nicht. Die Familie amüsiert sich über den »kleinen Feldwebel«, der sich Elly gegenüber ziemlich großmäulig verhält und die ältere Hündin gern schikaniert. Man vermutet, dass sich dies noch ändern wird, wenn Elly erst einmal anfängt, die Kleine zu erziehen und ihr klarzumachen, dass sie als jüngere die zweite Geige zu spielen hat. Denn so hatten sie es gelesen und so wurde es ihnen auch von den hundeerfahrenen Freunden erzählt. Elly hätte aufgrund ihres Alters automatisch den höheren Status und würde diesen auch über kurz oder lang unmissverständlich beanspruchen.

Als auch in den folgenden Monaten nichts in Richtung »Ich bin der Chef« von Elly passiert und Brixa schon fast erwachsen wird, wundern sich die Besitzer und fragen sich verunsichert, ob sie Elly zu wenig in ihrer vermeintlichen Chefrolle unterstützen. Oder hält Elly womöglich solange still, bis ihr sinnbildliches Töpfchen überläuft und ihr dann irgendwann so massiv der Geduldsfaden reißt, dass es zu einer schweren Auseinandersetzung kommt? Denn immer wieder warnen Freunde, dass es bald »so richtig« zwischen den Hunden »krachen« wird, weil die Kleine sich zu viel der Älteren gegenüber herausnimmt. Und die Haltung von gleichgeschlechtlichen Hunden sei sowieso fast unmöglich.

Doch eigentlich klappt es gut mit den beiden, auch vom Gehorsam her gibt es keinerlei Probleme. Nur fühlt sich die junge Brixa offensichtlich als Chefin des Hundeduos, und nicht die ältere Elly. Vielleicht ist es doch zu unverschämt, wie sich Brixa Elly gegenüber verhält? Sie legt sich gern in Ellys Weg und knurrt manchmal, wenn diese vorbei will – worauf Elly umdreht und geht oder sich in Distanz hinlegt. Brixa rennt zuerst an den Zaun oder an die Tür, wenn sich dort etwas tut, was verbellt werden muss. Kommt Elly dazu, so wird Brixa etwas steif, worauf Elly sofort in die zweite Reihe zurücktritt. Hatte Elly früher viel Spaß am Spiel mit dem Ball, so schaut sie heute immer zuerst nach Brixa, ob der Ball und das Spiel nicht vielleicht von dieser beansprucht werden. Kommt keine Reaktion von der jungen Dame, nimmt Elly langsam und vorsichtig das Objekt der Begierde und trollt sich. Warum verhält sich Elly so devot? Und ist dies wirklich die »Ruhe vor dem Sturm«, der eines Tages unvermeidlich ausbrechen wird? Alles scheint so friedlich.

Alter hat nicht pauschal etwas mit Rang zu tun

Durch Freunde verunsichert, entschließt sich die Familie, einen Hundetrainer um Rat zu fragen und sich Tipps zu holen, wie sie die ihrer Meinung nach zu stärken notwendige, höhere Rangposition der älteren Hündin unterstützen können. Erstaunt, aber letztlich glücklich vernehmen sie dort, dass ein höheres Alter nicht automatisch einen höheren Rangstatus bedeutet, und dass es durchaus Hunde gibt, denen überhaupt nichts an der Führungsrolle liegt und die sich selbst gern und widerstandslos in die untergeordnete Position innerhalb der eigenen Gruppe eingliedern. Da es keinerlei Probleme zwischen den Hündinnen und mit ihnen im Alltag gibt, wird den Besitzern geraten, sich an ihren Hunden zu erfreuen und die gemeinsame Zeit zu genießen, ohne auch nur das Geringste am Miteinander zu verändern!

Verhaltensbiologische Anmerkungen

Elly und Brixa verkörpern in geradezu lehrbuchreifer Weise die unterschiedlichen Persönlichkeitstypen. Der sogenannte A-Typ, der sich insgesamt in jeder Situation als offener, neugieriger, kontaktfreudiger, dabei scheinbar auch aggressiver zeigt, wird hier von Brixa repräsentiert. Elly ist der typische B-Hund, der eher zurückhaltend und beobachtend agiert. Beobachtungen an verschiedenen Canidenarten haben gezeigt, dass beispielsweise ein A- und ein B-Typ gemeinsam als Leitpaar eines Rudels oder einer Familie besonders stabile und erfolgreiche Bedingungen schaffen können. Im Fall Elly und Brixa ist offensichtlich auch innerhalb des gleichen Geschlechts eine solche A- und B-Typ-Kombination erfolgreich gewesen. Kombinationen von mehreren Hündinnen können durchaus funktionieren, wenn entweder der Altersunterschied oder, wie in unserem Fall, der Persönlichkeitsunterschied groß genug ist. Dann übernimmt eines der beiden Tiere die Führung des betreffenden Paares, was nicht immer notwendigerweise mit einer höheren Rangposition gekoppelt sein muss. Der allgemein biologische Zweck solcher Zusammenschlüsse besteht meistens, insbesondere bei Hundeartigen, in der gemeinsamen Verteidigung von Nahrung, Revier und anderen Ressourcen, weniger in der gemeinsamen Jagd oder in der gemeinsamen Jungtieraufzucht. Daher können Zusammenschlüsse zwischen gleichgeschlechtlichen Tieren als Interessengemeinschaft durchaus auch stabil sein. Rangpositionen für Hündinnen sind, noch dazu ohne Anwesenheit eines Rüden, biologisch auch nur schwer begründbar. Rang bedeutet für Caniden den Zugang zu den Fortpflanzungsmöglichkeiten, dazu aber auch die Verpflichtung, Gefahrenerkennung und Gefahrenabwehr für die Gruppe zu übernehmen. Daher ist es auch nicht weiter erstaunlich, dass Elly, noch dazu als B-Typ, kein besonderes Interesse an einer ranghohen Position hat. Sie ließ sich gern von der jüngeren und aktiveren Brixa in dieser Hinsicht leiten.

Bei Hunden generell, und im Fall unseres Teams ganz besonders deutlich, muss auch nochmals zwischen Rangposition und Anführerbeziehung unterschieden werden. Der Anführer ist derjenige, der in bestimmten Situationen bessere Kenntnisse, mehr Erfahrungen oder andere Vorteile aufweist. Das muss nicht automatisch in Privilegien zu bestimmten Zusammenhängen münden.

In Bezug auf die Sozialisation ist allerdings zu bemerken, dass Brixa durchaus von einer zeitweiligen und zielgerichteten Setzung von Abbruchsignalen in ihrer Sozialisation profitiert hätte. Hier hat Elly offensichtlich nicht in vollständiger Weise die Sozialisation der Junghündin übernommen.

Die Einordnung in die beiden Grundpersönlichkeitstypen *»Scheu« (= B)* und *»Wagemutig« (= A)* wird bei sehr vielen Tierarten ermöglicht, und zwar hauptsächlich aufgrund der Reaktionen der Stresshormone auf Dauerbelastung. Der A-Typ, der im Alltag offen, neugierig, erkundungsfreudig, auch sozial interessiert erscheint, wird bei Stress überwiegend mit Adrenalin und Noradrenalin und bei Dauerstress mit Herz-Kreislauf-Problemen antworten. Der zurückhaltend-beobachtende, vorsichtige B-Typ reagiert auf Langzeitstress mit Passivität bis zu depressiven Verstimmungen, Angst, Panik und einer erhöhten Neigung zu Stoffwechsel- und Immunkrankheiten. Sein Hauptstresshormon ist das hier schon öfter erwähnte Cortisol.

Durch gelernte Strategien, rassetypische Eigenschaften und genetische Einflüsse werden die Verhältnisse im Einzelfall komplizierter. Im Alltag findet man oft scheinbare Mischtypen. Erst bei heftiger Dauerbelastung, oft anhand der typischen Erkrankungen, zeigt sich dann der wirkliche Persönlichkeitstyp.

KAPITEL 5

Verhalten und Lebensalter

Auch die verschiedenen Lebensstufen eines Hundes bedingen unterschiedliches Verhalten, selbst in ähnlichen Situationen. War der Welpe noch jedem Menschen und in jeder Situation aufgeschlossen, so kann unter Umständen der gleiche Hund in einer vergleichbaren Situation nur vier Wochen später plötzlich fremdeln und Unsicherheiten zeigen. War der Junghund noch »lieb Kind« mit allen Artgenossen, so kann der pubertierende Vierbeiner durchaus zum Stänkerer mutieren, der alles zuvor Gelernte komplett vergessen zu haben scheint. Und auch der gestandene, erwachsene Bello vermag im Alter Marotten zu entwickeln. In der Beziehung sind die Hunde doch, ohne sie vermenschlichen zu wollen, sehr menschlich, oder?! Mensch wie Hund werden durch einen biologischen Organismus »in Betrieb« gehalten, der das Ziehen von Parallelen zulässt. So erfüllt es den Besitzer eines Vierbeiners im Optimalfall mit Freude und Stolz, wenn sein Hundekind erwachsen und »vernünftig« wird, die Gehorsamsübungen fruchten und der Alltag sich entspannter gestaltet.

Ein Welpe und sein Zuhause | Brummel

Brummel ist ein 14 Wochen alter, mittelgroßer Mischlingswelpe. Er lebt mit seiner Menschenfamilie in ländlicher Umgebung in einem schönen Reihenneubau. Zum Haus gehört ein kleiner, eingezäunter Garten, in welchem Brummel spielen darf und gelernt hat, dass seine »Geschäfte« nach draußen gehören und nicht in die Wohnung. Das hat auch in den ersten Tagen gut funktioniert. Aus Sorge, dass Brummel, wenn er größer wird, auch weiterhin den Familiengarten als Toilette benutzt, versucht die Familie nun, mit Brummel die kurze Straße auf den nahe gelegenen Feldweg zu gehen, damit er seine Notdurft dort zu verrichten lernt. Doch immer spielt sich das gleiche Szenario ab: Brummel geht motiviert und bereitwillig die ersten Meter mit, um sich dann bald streikend auf sein Hinterteil zu setzen. Kein Zureden und Locken hilft, Brummel will nicht weiter! Herrchen und Frauchen hören auf die gut gemeinten Tipps aus der Nachbarschaft und schleifen den widerstrebenden Welpen einfach hinter sich her. Angeblich »muss er da durch« und wird auf diese Art und Weise das Folgen schon lernen. Doch die Situation wird schlimmer, und mittlerweile läuft der Kleine schleunigst vor seinen Menschen davon, wenn diese mit der Leine in der Hand um die Ecke biegen. Die Familie ist verunsichert und besorgt, ob Brummel womöglich krank ist und gar nicht länger am Stück laufen kann. Im Garten aber spielt und tobt er ausgelassen und verhält sich völlig normal.

Verhaltensbiologische Anmerkungen

Die Vorfälle mit Brummel lassen sich anhand zweier möglicher Ursachen erklären: Ein wesentlicher Faktor ist sicher im Alter des Tieres zu sehen. Nach Studien, nicht nur an Wölfen, sondern auch an verwilderten Haushunden (z. B. Toskana-Projekt), zeigt sich, dass Junghunde erst im Alter von ca. 12–14 Wochen beginnen, langsam und im immer weiter werdenden Umkreis Ausflüge zu unternehmen und ihre Eltern auf Rundgängen durch das Revier zu begleiten. Vorher verweilen sie im unmittelbaren Bereich der Wurfhöhle oder im sicheren Umkreis davon und werden dort ggf. von einem Babysitter betreut, während der Rest des Rudels unterwegs ist. Diese Ortsbindung, die sich bei Junghunden deutlich vor einer eventuellen Personenbindung auswirkt, hat eine biologische, leicht nachvollziehbare Ursache. Man stelle sich vor, dass Welpen und jüngste Jungtiere den Rest des Familienrudels bei Jagdstreifzügen begleiten würden! Der Erfolg dieser Unternehmungen wäre definitiv gleich Null, da das »Jungvolk« alles Mögliche, aber nichts Sinnvolles zum Gelingen der Exkursion beitragen würde. Sie sind diesen Anforderungen weder körperlich noch von ihren Fähigkeiten und Fertigkeiten gewachsen. Das Überleben der Gruppe wäre gefährdet, wenn diese sich um die Youngster kümmern müssten, statt der Nahrungsbeschaffung ungestört nachgehen zu können. So bleiben die Kleinen zurück, wo sie aber bei Rückkehr der Jagdgesellschaft auch wieder angetroffen werden müssen. Ein alltägliches »Einsammeln« einer verstreuten kindlichen Entdeckertruppe wäre unmöglich und letztlich auch mit enormen Überlebensrisiken für den Nachwuchs behaftet. So hat die Natur mit der Etablierung der Ortsbindung etwas sehr Sinnvolles geschaffen, was auch in unseren Familienwelpen noch manifestiert ist. Sicher gibt es, wie immer, die Ausnahmen von der Regel, also auch Welpen, die fröhlich und unbefangen ihren Menschen auch in fremde Gefilde folgen.

Brummel war zum Zeitpunkt des angeblichen Problemverhaltens gerade mal 14 Wochen alt, das heißt, er befand sich in dem Zeitfenster des Beginns vom Übergang des Verweilens am Welpenplatz zum Mitlaufen mit der Gruppe. Vor diesem Hintergrund wird es verständlich, dass die Spaziergänge am Anfang erstens immer nur auf bekannten Wegen und zweitens in langsamer Steigerung stattfinden sollten. Offensichtlich ist die Ortsbindung an den bekannten Garten als Ersatz für das Höhlenumfeld noch zu stark gewesen, insbesondere in Kombination mit dem offensichtlich vorher dort ja auch belegten und verstärkten Verhalten des sich Entleerens.

Es ist zu vermuten, wenngleich durch die Schilderung der Menschen nur indirekt zu erschließen, dass die Halter dem Hund während dieser Ausflüge vom Garten zum nahe gelegenen Feldweg nicht genug Sicherheit und Führungskompetenz vermitteln konnten, sodass er aus einer gewissen Verunsicherung heraus den vertrauten und wochenlang positiv belegten Gartenbereich nicht verlassen wollte.

Trainieren von Verhaltensketten

Zum anderen ist es ein lernpsychologischer Fehler, eine Handlung, die zunächst in einer bestimmten Form antrainiert wurde, plötzlich durch eine weitere, nach hinten verschobene Folgehandlung verlängern zu wollen. Lernpsychologisch müssen Verhaltensketten immer vom Endpunkt ausgehend trainiert werden, und die vorangehenden Glieder der Verhaltenskette werden dann nach und nach von der Endhandlung her nach vorne daran gehängt. Dem Welpen zunächst klarzumachen, dass er im Garten sein Geschäft verrichten soll, und ihm später diese bereits erfolgreich gelernte Handlung wieder abtrainieren zu wollen, ist in jeder Hinsicht ausgesprochen ungünstig. Sinnvoll wäre es gewesen, ihn gleich zum nahegelegenen Feld zu tragen und sich dort entleeren zu lassen, um dann – nach und nach – den Weg dorthin zu trainieren. Grundsätzlich lässt sich aber auch sagen, dass die meisten Hunde, die als Welpe das heimische Gartenareal zum Lösen benutzt haben, dieses Verhalten weitestgehend auch ohne spezielles Training später einstellen, wenn sie aufgrund des Alters und regelmäßiger Spaziergänge alternative Möglichkeiten zum Verrichten ihrer Geschäfte angeboten bekommen.

Ein zu kurz gekommener Welpe | Supi

Supi gehört zur Rasse der Französischen Bulldoggen, die derzeit recht beliebt sind. Selten waren in der Vergangenheit gleich mehrere Vertreter gleichzeitig in der Welpengruppe anzutreffen, heute kommt es durchaus vor, und es sind dann auch nicht nur Geschwistertiere. Auch Supi hatte rassegleiche Artgenossen u. a. mit in der Gruppe, so fiel seine »Andersartigkeit« noch deutlicher auf. Waren die anderen Bullies eher etwas gemütlicher, teilweise ein wenig plump wirkend und bedächtiger, so war Supi fast hektisch, immer in Aktion und mit irgendetwas beschäftigt und offenbar mit einer gehörigen Portion Zerstörungswut ausgestattet. Er zerkaute zu Hause sein Liegekissen und in der Folge den vermeintlich stabileren Plastikkorb. Fußleisten, Türrahmen, Stuhl- und Tischbeine, der Katzenkratzbaum, Lampenstiele – nichts war vor ihm sicher. Er versuchte es auch an Hemdsärmeln und Hosenbeinen, zog und zerrte an Leine, Handtuch, Handschuhen – an allem, was er erreichen konnte. Dabei steigerte er sich von Null auf Hundert in einem Bruchteil weniger Sekunden und war kaum zu bändigen. Seinen Attacken waren auch die anderen Welpen ausgesetzt, sodass er schnell von allen gemieden wurde und Freispiel mit diesen quasi gar nicht möglich war. Seine Übergriffe machten selbst vor großwüchsigen, erwachsenen Hunden nicht halt, kamen aber nicht regelmäßig, sondern meist unvermittelt von einem auf den anderen Augenblick, als würde ein Schalter umgelegt. Es war dabei völlig egal, ob das Gegenüber kleiner, größer, älter, männlich, weiblich war. Wenn attackiert wurde, dann wurde attackiert – und das auch richtig!

Die Besitzer, ein junges Pärchen, bei welchem die Hauptbezugsperson eindeutig die junge Frau war, verzweifelten und überlegten, wo ihre Fehler lagen. Sie berichteten, dass Supi bereits in seiner vielköpfigen Geschwisterschar nicht viel mit den anderen »am Hut«

gehabt hätte und der Kleinste war. Die Tatsache, dass er im neuen Zuhause recht schnell eine ausgeprägte Bereitschaft zur Futterverteidigung gegen die mit im Haushalt lebenden Katzen an den Tag legte, und die Berichte von den Erfahrungen bei den Besuchen im Bully-Züchterhaushalt, verstärkten die Vermutung, dass Supi einfach in Vielem zu kurz gekommen war und von seinen Geschwistern häufig »einen auf die Mütze« bekommen hatte. Artgenossen schienen dadurch zu potentiellen Feinden mutiert zu sein.

In diesem Fall hielten sich vermeintlich gemachte Fehler der neuen Besitzer deutlich in Grenzen, denn der kleine Kerl hatte sein nicht unbedeutendes Päckchen mitgebracht und nicht erst im neuen Zuhause gebündelt! Bemüht und motiviert agierte die junge Frau auch wirklich sehr klar, ließ sich gut beraten und anleiten. So konnten nach und nach kleine Erfolge erzielt werden, doch es ging nur langsam voran. Supi lernte, nicht bereits beim Erspähen von Artgenossen völlig auszurasten, diese mit einer gewissen Distanz erdulden zu können und im weiteren Verlauf auch, sich innerhalb einer Gruppe zu bewegen – und zu benehmen. Er hatte gelernt, auf seiner Decke zu bleiben und zu warten, wenn er Frauchen zur Arbeit begleitete, ohne dort zu bellen oder sonst wie Rabatz zu machen, wenn Frauchen den Raum verlassen musste. Er kam auch mit den Arbeitskollegen und dem Publikumsverkehr dort gut zurecht, war sogar beliebt und gern gesehen, weil er sich insgesamt für einen so jungen Hund von seiner besten Seite zeigte. So weit hatte sich eigentlich alles perfekt entwickelt …

Nur Freilauf war und blieb riskant und ein Problem. Auch das Verhalten an der Leine blieb unberechenbar, wenn ein Artgenosse zu nah herankam bzw. Supi zu dicht an ihn geraten konnte. Die Überlegung, einen Maulkorb mit einzusetzen, um dem Hund andere Erfahrungen vermitteln zu können, scheiterte an der Kopfform des Hundes (in eine nicht ganz preiswerte Maßanfertigung wollten die Halter nicht investieren), hauptsächlich aber an dem grundsätzlichen Nichtwollen der Besitzer.

Als die sich verbesserten und deutlich abgeschwächten Reaktionen im Verlauf der einsetzenden Pubertät wieder neu aufloderten, verloren die jungen Leute die Geduld. Auf Anraten des Tierarztes wurde ein Kastrations-Chip eingesetzt, der alles ein wenig dämpfte, aber definitiv nicht den Erfolg brachte, den sich die jungen Halter versprochen hatten. Sie hatten doch gedacht, dass die heruntergefahrenen Hormone nun den Durchbruch bringen würden. Sie wollten partout einen Hund, der freundlich und begeistert mit anderen Hunden problemlos tobte und spielte und im Beisein von Artgenossen cool und gelassen blieb.

Die Besitzer sahen weniger die bereits erzielten Erfolge und nur verstärkt die noch zu bearbeitenden Baustellen. Nach einem Jahr blieb leider deren Geduld auf der Strecke, zumal sie (und Supi!) immer mal wieder Negativerfahrungen mit Supis Verhalten anderen Hunden gegenüber machten, wenn sie eigenmächtig und entgegen der Ratschläge doch »nur mal ausprobieren« wollten, ob es nicht vielleicht mit dem einen oder anderen Hund doch gehen würde. Sie wechselten die Hundeschule in der Hoffnung, durch anderen Input neue Wege ausprobieren zu können, die aus Supi einen »gesellschaftsfähigen Partyhelden« machen würden. Leider ist über den weiteren Verlauf nichts bekannt.

Verhaltensbiologische Anmerkungen

Supi kann uns helfen, eine ganze Reihe verhaltensbiologischer Themen zu demonstrieren:

› Die weitverbreitete Abneigung der Menschen, ihren Hund an einen Maulkorb zu gewöhnen, ist nach Untersuchungen von Nicole Elsing und Ivonne Spitzley in unserer Gruppe völlig unbegründet.

Bei sinnvoller Gewöhnung ist weder im Verhalten anderer Hunde zum maulkorbtragenden Artgenossen, noch in dessen eigenem Cortisolspiegel oder Ausdrucksverhalten eine Belastung erkennbar.

- Sogenannte »Schmuddelkinder«, nach dem Lied von Franz Josef Degenhardt, die schon von klein auf von ihren Geschwisterchen ausgegrenzt, bisweilen regelrecht gemobbt werden (im richtigen Sinne des Wortes als soziale Aggression und Ablehnung), gibt es auch bei verschiedenen Wildcanidenarten. Allgemein verlassen solche Randexistenzen sehr früh die Familie, schließen sich aber meist auch keiner anderen Gruppe an, sondern führen ein Leben als staatenlose Grenzgänger zwischen den benachbarten Revieren.
- Gerade in diesem Zusammenhang wird dann nicht nur von einer besonders geringen Ausbildung des Persönlichkeitsfaktors »Geselligkeit mit Artgenossen«, sondern auch von einem reaktionsfreudigeren Cortisolstresssystem berichtet. Und Cortisol wiederum ist ja auch an Wettbewerbsaggression rund um die verschiedensten Ressourcen beteiligt.
- Der Persönlichkeitsfaktor »Geselligkeit mit Artgenossen« (siehe auch Kapitel »Soziales Lebewesen Hund«, Seite 177) steht in Verbindung mit dem Ausmaß des sozialen Spielens mit Geschwistern und Babysittern im 3. und 4. Lebensmonat. Wer also einen Partyhelden sucht, sollte einen Welpen aus dem sozialen Mittelfeld wählen, der zumindest einige Wochen länger als die vorgeschriebenen 8 Wochen bei den Geschwistern sein darf und möglichst in Anwesenheit von hundlichen Babysittern (Rasse und Geschlecht erst mal egal) aufwachsen durfte, dabei aber eben positive Erfahrungen machen konnte und keine soziale Ausgrenzung und/oder Ablehnung erfahren musste!

Die Pubertät

Jedes Lebensalter bedingt bestimmte biologische Vorgänge und Abläufe, die mehr oder weniger ausgeprägt Auswirkungen auf das Verhalten des Lebewesens haben. Somit ist im Umgang und in der Erziehung – mal wieder! – Fingerspitzengefühl gefragt, welches umso feiner und gezielter eingesetzt werden kann, umso fundierter das Hintergrundwissen des Hundehalters ist. Gleichzeitig erklärt es aber auch, warum es wenig sinnvoll bis kontraproduktiv ist, z. B. Welpen (bis zur ca. 16. Lebenswoche) mit pubertierenden Junghunden (ca. 7.–12. Monat) in einer Hundegruppe zusammenzufassen! Nur in Ausnahmefällen kann dies durchaus auch sinnvoll sein. Ebenso unangebracht mag es sein, wild tobende Junghunde mit vierbeinigen Senioren vergesellschaften zu wollen. Oder würde es Ihnen gefallen, wenn man Sie im fortgeschrittenen Alter zur besseren Unterhaltung auf ein mehrtägiges Rave-Konzert schicken würde? Im Einzelfall kann vielleicht Gefallen daran gefunden werden, pauschal gesehen ist es für alle Beteiligten eine eher unangebrachte Kombination.

Zwei besondere lebensgeschichtliche Abschnitte sollen hier beispielhaft herausgegriffen werden: Beginnen wir mit der Pubertät. In diesem Zeitraum, der bei Hunden, je nach Rasse, durchaus mehrere Jahre andauern kann, werden durch geänderte Konzentrationen nicht nur der Sexualhormone, sondern auch von Schilddrüsenhormon, Nervenwachstumsfaktor und Cortisol die Verhältnisse im Gehirn völlig »aufgemischt« und teilweise auch bestehende neuronale Verbindungen gelöst. Zellen und Verknüpfungen werden abgebaut und später durch andere, schnellere und leistungsfähigere Verbindungsstrecken ersetzt. Liegt der Beginn dieser Phase meist noch bei allen Hunden einigermaßen gleich ab dem Ende des 4. Lebensmonats herum, so kann sie bei sich spät entwickelnden Rassen durchaus bis ins 3. Lebensjahr oder noch länger andauern.

Eine Faustregel für das Ende der Pubertät könnte vielleicht sein: Wenn bei Hündinnen der betreffenden Rasse die 3. Läufigkeit mit anschließender Scheinträchtigkeit und Scheinmutterschaft zu Ende gegangen ist. Rüden und Hündinnen entwickeln sich nämlich geistig und verhaltensbiologisch durchaus in ähnlicher Geschwindigkeit.

Der Beginn der Fremdelphase der Junghunde, wie erwähnt etwa Ende des 4. Lebensmonats, entspricht der Zeit, in der sie »in freier Wildbahn«, auch als verwilderte Haushunde, beginnen, das Rudel auf Streifzügen zu begleiten, dadurch auch in Außenbereiche des Reviers vorstoßen und potenziell gefährlichere Begegnungen der »besonderen Art« haben, sei es mit benachbarten und potentiell feindlichen Artgenossen, sei es mit anderen größeren Beutegreifern. Da ist es nur sinnvoll, etwas vorsichtiger zu werden als zuvor, weil in den wohlbehüteten Rendezvousgebieten, im Kern des Territoriums, relativ wenige Gefahren lauern. Zugleich sind die genannten Umbaumaßnahmen im Gehirn aber auch aus verhaltensbiologischer Sicht für die Zukunft des Tieres durchaus als angepasst und sinnvoll einzustufen. Informationen, Wissen, Können und Fähigkeiten, die in der Welpen- und Junghundezeit wichtig waren, werden hier sozusagen auf den Prüfstand gestellt, um zu überprüfen, ob sie auch jetzt und im zukünftigen Erwachsenendasein noch Alltagsrelevanz haben. Was in diesem Zeitraum nicht bestätigt wird, wird also vergessen. Weil aber die neuen Verknüpfungen oft erst aufgebaut werden, nachdem die alten gelockert sind, ist buchstäblich eine lange Leitung, ein verzögertes Verständnis, ein gestörtes Erinnerungsvermögen und anderes Verhalten in dieser Zeit zu erwarten und auch nachweisbar. Nicht jedes Mal ist es also Aufmüpfigkeit, Befehlsverweigerung oder Schlimmeres, wenn der pubertierende Junghund den Halter nach dem Kommando mit schräg gestelltem Kopf und deutlichen Fragezeichen auf der Stirn anguckt, anstatt sofort roboterhaft die gewünschten Befehle auszuführen, wie er das vielleicht sogar vorher schon getan hat. Es bestehen eben definitiv zurzeit ein paar Lücken im Gehirn …

> **Konzentrationsfähigkeit und Lernfähigkeit**
> Vergleichsstudien zur Konzentrationsfähigkeit von Hunden zeigen, dass gerade in der zweiten Hälfte des ersten Lebensjahres diese besonders gering ist, ohne dass die Lernfähigkeit selbst geringer wäre.

Getrieben vom Testosteron | Lammy

Lammy ist ein Terrier, wie er im Buche steht. Gekauft wurde er als Mischling, von der äußeren Erscheinung scheint er aber unverkennbar ein Cairn Terrier zu sein. Er wurde von seinem Frauchen zur Welpengruppe begleitet und zeigte dort aufs Amüsanteste sein terrierübliches »Hoppla, hier bin ich, was kostet die Welt«-Gemüt. Alles machte er mit, alles machte ihm Spaß, freundlich interessiert und lernwillig zu jeder Zeit, ein energiegeladenes Kasperle. Frauchen und Hund wuchsen schnell zu einem guten Team zusammen, Grenzen wurden klar gesetzt und Regeln konsequent eingehalten. Die Weichen für eine gute Zukunft schienen optimal gestellt.

Ein vierbeiniger Teenager im Überschuss der Hormone

Alles lief gut, bis zu dem Zeitpunkt, als Lammy in die Pubertät kam. Ungefähr ab dem 6. Monat war der Hund in den Übungsstunden nicht wiederzuerkennen. Kaum kam er auf die Wiese und wurde mit den anderen Hunden konfrontiert, verhielt er sich außer Rand und Band. Er bellte und winselte an der Leine, war weder zu beruhigen, noch zu stoppen. Abgeleint verfolgte er jeden Artgenossen aufdringlich und penetrant, egal, ob Rüde oder Hündin. Manch einen Rüffel handelte er sich ein, was ihn aber nur anzuspornen schien. Wer nicht schnell genug vor ihm weglaufen konnte, der wurde bedrängt und berammelt, von vorne, von hinten, von der Seite. Übungen mit ihm waren unmöglich, er schaute nur nach den anderen Hunden, tanzte an der Leine jaulend um sein Frauchen, zog und zerrte. Woche für Woche das gleiche Spiel mit steigender Tendenz. Frauchen war langsam aber sicher völlig entnervt, die anderen Hundebesitzer in der Gruppe samt Hunden nicht minder. Ohne Anwesenheit von Artgenossen verhielt sich Lammy wie früher, doch alles war vorbei, wenn er einen anderen Hund sah oder auch nur roch. Als in etlicher Entfernung zum Zuhause auch noch eine Hündin läufig wurde, war es gänzlich um Lammy geschehen. Er fraß über einen Zeitraum von fast vier Wochen so gut wie nichts mehr, jaulte und bellte den ganzen Tag und magerte massiv ab. Spaziergänge rund ums eigene Haus wurden zur Katastrophe, sodass die Besitzer mit ihm regelmäßig weit entfernt in den Wald fuhren, damit Lammy wenigstens daran denken konnte, seine Geschäfte zu verrichten. Häufig hatte er Durchfall in dieser Zeit, in seinem Fell bildeten sich Schuppen und es sah spröde aus. Lammy zitterte fast ununterbrochen und hatte eine auffallend erhöhte Atemfrequenz.

Hier war deutlich, dass der Hund aufgrund seines übersteigerten Hormonhaushaltes keine echte Freude am Leben haben konnte und unter permanentem Stress stand, der ihn systematisch krank machte. Seine Umwelt konnte er gar nicht mehr real wahrnehmen, sie bestand für ihn nur noch aus verlockenden Sexualgerüchen und -reizen, auf die er unbedingt reagieren musste. Er war definitiv nicht mehr »Hund seiner selbst«.

Lammy wurde im Alter von acht Monaten kastriert und bereits kurze Zeit nach dieser Maßnahme war er wieder der lebendige, quirlige, energiegeladene Terrier, den er in der Welpengruppe verkörpert hatte. Ausgelassen spielte er mit den anderen Hunden, reagierte auf Frauchens Anweisungen prompt und zuverlässig, lernte begeistert und rasant alle möglichen Tricks mit dem Clicker und lebte sein Temperament in der Sportgruppe aus.

Verhaltensbiologische Anmerkungen

Lammy scheint der Schilderung nach tatsächlich einer derjenigen Fälle zu sein, in denen eine Kastration aus verhaltenstherapeutischer Sicht wohl angeraten war. Hintergrund ist, dass gerade bei kleineren Rassen, die für gefährliche Arbeitsaufgaben gezüchtet wurden, eine erhöhte Noradrenalinsteuerung eigentlich richtig ist. Nur wer »zu viel« Kampfhormon hat, legt sich freiwillig unter der Erde mit einem Fuchs oder gar Dachs an! Noradrenalin aber erhöht den Testosteronwert. Offenkundig waren bei Lammy die Konzentrationen des Sexualhormons Testosteron und des dadurch indirekt ebenfalls ansteigenden Kampfhormons Noradrenalin so stark, dass eine direkte Beeinflussung von außen unmöglich wurde. Wenn nach Abklärung aller möglichen gesundheitlichen Ursachen eines sehr nervösen und überdreht wirkenden Hundes die Hypersexualität immer noch ein Problem bleibt, was insgesamt gesehen eher selten der Fall ist, und wenn auch Ernährungsumstellungen und andere Maßnahmen keinen nachhaltigen Erfolg bringen, dann sollte mit Hilfe der GnRH-Implantation, im Volksmund kurz »Kastrations-Chip« genannt, abgeklärt werden, inwieweit eine Verringerung des Testosteronspiegels beim Hund die wünschenswerten Konsequenzen aufzeigt. Ist dies der Fall, kann auch die chirurgische Kastration durchgeführt werden. Vorsicht ist jedoch bei mittelgroßen/großen Rassen geboten. Implantat und Kastration stoppen die Reifung des Bewegungssystems. Deshalb dürfen beide Maßnahmen bei größeren Rassen erst angewandt werden, wenn die vollständige Reifung des Bewegungsapparates diagnostiziert wurde.

Der Kastrations-Chip – dringend notwendiger chemischer Probelauf

In den vergangenen Jahren hat sich zunehmend die Anwendung eines sogenannten Kastrations-Chips als chemischer Probelauf für die Auswirkungen einer chirurgischen Wegnahme der Geschlechtsorgane etabliert. Das genannte Implantat, das mit einem hormonellen Aktivator des Regelkreises der Sexualhormone arbeitet, wirkt im übertragenen Sinne ungefähr so wie ein offenes Holzfeuer in einem von einer Zentralheizung mit Thermostat geheizten Raum. Entzündet man in diesem Raum das zusätzliche Holzfeuer, so wird es kurzfristig sehr warm, da die gemeinsame Wärmeproduktion des offenen Feuers und der Wandheizkörper zusammenfallen. Der Thermostat in den Wandheizkörpern jedoch registriert dann sehr schnell, dass es zu warm wird, und regelt die Aktivität der Heizkörper zuverlässig herunter. Erlischt dann nach kurzem, aber heftigem Flackern das Holzfeuer, ist der Raum für einige Zeit unterkühlt, bis der Thermostat den Temperaturabfall registriert hat und wiederum die Aktivität der Heizkörper hochfährt. Auch wenn der genannte Zusammenhang im realen Leben des Kastrations-Chips etwas komplizierter und biochemisch verwickelter ist, kann er uns hier durchaus für einen laienhaften Vergleich mit der genannten Implantationswirkung dienen.

Auch beim Implantieren des Kastrations-Chips kommt es nämlich zunächst für einen Zeitraum von ca. sechs Wochen zu einem Hochfahren der Produktion an Sexualhormonen, erst danach wird dann zuverlässig, und zwar durch eine an oberer Stelle des Regelkreises gesetzte Blockade, die weitere Sexualhormonproduktion unterdrückt. Deshalb kann man auch die mögliche Wirkung einer chirurgischen Kastration erst anhand der Auswirkungen ca. zwei bis drei Monate nach der Implantation abschätzen.

In vielen Fällen zeigt sich dann nämlich, dass das unerwünschte oder störende Verhalten *nicht* auf die Aktivität von Sexualhormonen zurückzuführen ist, sondern unter Umständen beim Wegfall der Sexualhormone *verstärkt* wird. Dies entsteht vor allem durch die Wechselwirkungen zwischen den Sexualhormonen und den Stresshormonen des Cortisolsystems. Ein Abfall der Sexualhormone kann nämlich – vor allem bei stressanfälligen Hunden! – zu einem Anstieg der Cortisolproduktion führen und dadurch dann zu einer Verstärkung des unerwünschten Verhaltens. Besonders auffällig ist das dann, wenn der Hund beispielsweise in Form einer Übersprungsbewegung, die sich später zur Bewegungsstereotypie fixiert hat, unerwünschtes Aufreiten, unter Umständen auch Kopulationsbewegungen gegen alle möglichen Gegenstände oder eben auch gegen Menschen und Artgenossen zeigt. Viele Hunde, die diese stressbedingten Kopulationsbewegungen beispielsweise nach einem besonders aufregenden Spaziergang, nach einem Sportturnier oder anderen emotional aufwühlenden Ereignissen zeigen, tun dies nicht aus sexueller Übermotivation. Ganz im Gegenteil: Bei ihnen ist das eben eine Bewegungsstereotypie, so wie andere Hunde in vergleichbarer Situation ihren Schwanz jagen oder Menschen zum Joggen gehen oder das Stricken anfangen. Gerade Halter solcher aus Stressursachen heraus Kopulationsverhalten zeigender Hunde berichten dann auch regelmäßig von einer Zunahme des Verhaltens, wenn der Hund implantiert oder gar fälschlicherweise chirurgisch kastriert wurde.

Ein Migrant aus Griechenland | Larry

Larry ist ein ca. 1,5 Jahre alter schwarz-weißer Mischlingshund, der über den griechischen Auslandstierschutz nach Deutschland gebracht wurde. Nach zwei bis drei Monaten Eingewöhnungszeit bei der neuen Halterin begann er, sich beim Spaziergang gegenüber wenigen, besonders forsch und vorwärtsgerichtet auftretenden Rüden an der

Leine aggressiv zu gebärden. Die von der vermittelnden Tierschutzorganisation nicht weiter überprüfte Verdachtsdiagnose lautete »Dominanz«, und die daraus resultierende Empfehlung: »Sofortige Kastration!«. Der behandelnde Haustierarzt dagegen empfahl eine reversible Kastration mittels des Kastrations-Chips, wofür sich die Halterin dann auch entschied. Tatsächlich vermittelte Larry in den ersten Wochen nach der Implantation einen deutlich entspannteren Eindruck, er konnte nun an der Leine ohne Aggressionsverhalten auf Artgenossen treffen. Nach sechs Wochen allerdings wuchs die Unsicherheit und daraus resultierend die Aggressionsbereitschaft von Larry erneut an. Sie steigerte sich nun von Woche zu Woche, bis sich seine Attacken an der Leine gegen alle Hunde unabhängig von Alter, Größe, Geschlecht oder Kastrationsstatus richteten.

Im Gegensatz zur normal erwarteten Laufzeit von einem halben Jahr dauerte es auch ca. zehn Monate, bis die Wirkung des Implantats nachließ und die Hoden des Hundes langsam sichtbar wieder größer wurden. Erst ca. ein Jahr nach dem Einsetzen des Kastrations-Chips erreichten die Hoden die ursprüngliche Größe, parallel dazu veränderte sich auch wieder das Verhalten an der Leine. Nach dem vollständigen Abflauen der Wirkung des Implantats waren – wie auch vorher – wieder nur noch wenige, vorwärts forsch motiviert auftretende Rüden ein Problem für Larry. Die Halterin und der Hund hatten großes Glück, hier an einen, im Vorfeld der Kastration bedacht und überlegt agierenden Tierarzt geraten zu sein.

Verhaltensbiologische Anmerkungen

Die Wechselwirkungen zwischen den Hormonen des Nebennierenrindensystems, insbesondere eben des passiven Stresshormons Cortisol und der Sexualhormone, sind in vielen Labortierstudien eindeutig belegt. Im Gegensatz zu den vielfach immer noch geäußerten

Vermutungen, hat auch die sogenannte Dominanz bei Hunden sehr wenig mit dem Spiegel der Sexualhormone zu tun. Im Sozialsystem der Hundeartigen ist Dominanz, etwa im Gegensatz zu den Verhältnissen bei anderen Haustieren, nicht mit dem Fortpflanzungsstatus allein korreliert. Vielmehr ist es eine Erscheinung von Souveränität und Führkompetenz und tritt als Beziehung vorwiegend zwischen Individuen in einer stabilen Gruppensituation auf. Die häufig in älteren Publikationen als Dominanzaggression bezeichnete Verhaltensauffälligkeit ist nach einschlägigen Untersuchungen überwiegend mit Veränderungen im Serotoninhaushalt, also im Spiegel des Botenstoffes, der als natürliches Antidepressivum und natürlicher Stimmungsausgleicher bezeichnet wird, zu sehen.

Ein höherer Cortisolspiegel bedingt eine zusätzliche Reduktion des Serotoninspiegels, der höhere Cortisolspiegel wird durch den Wegfall der Sexualhormone gefördert. Die verlängerte Laufzeit der Wirkung des Implantats ist ebenfalls wahrscheinlich auf die genannten Wechselwirkungen zurückzuführen, ähnlich wie in vielen Erfahrungsberichten von stressanfälligen und unsicheren Hunden, die erst sehr viel später als erwartet in die Pubertät eintreten.

Schlussfolgerung

Bei offensichtlich aus Unsicherheit, insbesondere in Kombination mit der Herkunft aus unklaren und ungünstigen früheren Bedingungen auftretenden Verhaltensveränderungen, wird dringend von der chirurgischen Kastration abgeraten. Im Hinblick auf Labortierstudien, wonach eine verstärkte Cortisolproduktion auch zu nachhaltigen Veränderungen im Bereich des emotionalen Gehirns, beispielsweise des Mandelkerns, und daraus entstehender erlernter Hilflosigkeit führen kann, wird sogar bei extrem unsicheren oder schwer einschätzbaren Hunden dringend die vorherige Verhaltensabklärung vor dem Setzen des Implantats angeraten.

Medizinische Indikation

Eine massiv gestörte Unausgewogenheit des hormonellen Gleichgewichts kann einem Hund (und dessen Besitzern!) das Leben zur Hölle machen. Pauschale Empfehlungen zur Kastration sind grundsätzlich ungerechtfertigt und mit vielen Nachteilen behaftet. Doch wo eine medizinische Indikation gegeben ist, stellt sie eine sinnvolle Maßnahme dar. Dies gilt es aber sicher abzuklären! Die chemische Kastration mittels Chip bietet hier eine gute Möglichkeit der Überprüfung. Niemals merzt eine Kastration Erziehungsdefizite aus! Zudem muss nochmals auf die Rechtslage durch die Kommentare zum TierSchG hingewiesen werden, wonach eben eine Kastration stets einer durch Indikation begründeten Einzelfallentscheidung bedarf. Fortpflanzungsverhinderung ist nach diesen Kommentaren bei Hunden in Deutschland kein akzeptables Argument.

Es muss jedoch, wie auch viele Fallbeispiele verdeutlichen, ganz klar betont werden, dass eine Kastration kein Ersatz für Erziehungsmaßnahmen ist, und dass es auch nur nach medizinischer und verhaltenstherapeutischer Einzelfallabwägung erlaubt ist, einen Hund zu kastrieren. Pauschalkastrationen und Pauschalkastrationsempfehlungen stellen einen Verstoß gegen die einschlägigen Vorschriften dar. Es gibt auch seit ca. 20 Jahren eine klare Aussage im »Tierschutzbericht der Bundesregierung« (1999, Seite 45), wonach bei einem in geordneten Familienverhältnissen gehaltenen Haushund die Kastration wohl nicht zum Zweck der reinen Fortpflanzungskontrolle notwendig und damit erlaubt wäre.

Nervös und hyperaktiv | Joker

Joker war der Inbegriff eines mittelgroßen »Senfhundes«, viele Rassen und Mischlinge schienen bei seiner Entstehung ihren »Senf« dazugegeben zu haben, und es war kaum auszumachen, in welche Richtung

Hundetyp dieser Junghund zu gehen beabsichtigte. Er war über eine Tierschutzorganisation im Alter von vier Monaten an eine Familie vermittelt worden, über seine ursprüngliche Herkunft war aber nichts weiter bekannt. Joker war ausgesprochen menschenfreundlich und komplett unerzogen, als ich ihn das erste Mal im Alter von sieben Monaten sah. Die Besitzer erzählten, dass er auch im Haus über Tische und Bänke ging, dabei aber »total niedlich« aussehen würde. Nun sollte er »ein bisschen« gehorchen lernen. Leider hatten die berufstätigen Besitzer nicht die Gelegenheit, mit Joker regelmäßig zum Training zu kommen. Die Aufsicht über den Hund hatten alle verfügbaren Familienmitglieder irgendwie unter sich aufgeteilt, und jeder hatte offenbar andere Vorstellungen von Erziehung und vom Umgang mit dem Hund.

Im Training

Bei den Übungsstunden, welche Joker besuchte, verhielt er sich gleichbleibend freundlich zu Menschen und Artgenossen und ungestüm im Spiel, ein Power-Paket auf vier Beinen. Es gab keinen wirklichen Fortschritt. Anfangs schien die Begründung für die Situation in der unsteten Beziehungskonstellation und den differierenden Umgangsmethoden zu liegen, doch zeigte sich auch bald eine grundsätzliche Konzentrationsproblematik in Verbindung mit diversen Anfälligkeiten. Futter war ein Problem, da er es anfangs immer halbwegs gut vertrug, sich dann aber Durchfälle und Erbrechen einstellten. Nach einem Wechsel das gleiche Spiel. Selbst Schonkost bereitete nach einer Weile Probleme. Sein kurzes Fell war stumpf und schuppig, seine Krallen splissig und brüchig. Dann bemerkte ich eines Tages, dass die gesamte Unterseite des Hundes, vom Bauch bis in den Genitalbereich blutig aufgescheuert war. Die darauf angesprochenen Besitzer berichteten, dass ihnen das auch schon aufgefallen sei, und sie mit Salben versuchten, die Hautwunden zu behandeln, leider erfolglos. Und sie würden es auch irgendwie nicht schaffen, die Ursache für die Verletzungen abzustellen. Aber was war die Ursache?

Ich glaubte, meinen Ohren nicht zu trauen: Joker holte sich offenbar dicke Holzstümpfe aus dem Kaminholzlager im Garten und rieb sich ausdauernd und anhaltend auf den Holzscheiten! Ihm den Zugang zum Holzlager zu verwehren, erwies sich angeblich als recht schwierig, er fand immer irgendeinen Weg. Die gleiche Ambition zeigte er auch bei Spaziergängen, wenn ein Baumstamm am Wegrand lag. Er sprang darauf und rieb sich in Deckhaltung an dem Holz. Das geschah blitzschnell, sodass die Besitzer nicht immer Zeit hatten, um die Baumstämme einen Bogen zu machen. In der Wohnung rieb er sich alternativ an allem, was er erwischen und sich zwischen die Beine schieben konnte. Joker erhielt den Kastrations-Chip, weil die Besitzer nicht glauben wollten, dass das Verhalten auf einen hormonellen Überschuss zurückzuführen sei, für sie war es eine, zwar unangenehme, aber eben ausgeprägte Marotte des Hundes. So zauderten sie vor dem endgültigen Schritt, wollten die chemische Kastration aber wenigstens ausprobieren. Vier Wochen nach der Implantation legte sich Jokers auffällige »Holzliebe« und weitere vier Wochen später waren die Wunden unter dem Bauch abgeheilt. Die Erziehungsdefizite ließen sich leider nicht so schnell aufarbeiten …

Verhaltensbiologische Anmerkungen

Joker ist aufgrund seiner gesamten Verhaltenscharakteristik ein Hund, der zunächst eingehend und differenziert medizinisch untersucht werden sollte. Zum einen besteht die Möglichkeit, dass dieser Hund einer der zugegebenermaßen seltenen, aber in manchen Rassen durchaus vorkommenden Fälle von Schilddrüsenüberfunktion ist.

Sein gesamtes Verhalten der Nervosität, Hyperaktivität und daraus entstehender Sexualmotivation könnte auf einen erhöhten Spiegel an Schilddrüsenhormon und in Folge dessen auch auf einen erhöhten Spiegel des Kampf- und Fluchtsystems Noradrenalin-Adrenalin hindeuten. Noch wahrscheinlicher wären sogar Störungen des Hirnstoffwechsels durch eine Unterfunktion der Schilddrüse, wie sie gerade bei cortisolgestressten Tierschutzhunden durch eine Verknüpfung der Regelkreise vorkommen kann. Ist diese Problematik abgeklärt, so wäre als nächstes auch das Problem Hyperaktivität und/oder Aufmerksamkeitsdefizit anzugehen. Dieses Krankheitsbild ist besonders bei Hunden, die schon als Welpen einer permanenten Reizüberflutung und übermäßigen Zwangsbespaßung ausgesetzt wurden, bekannt.

Verschärfend ist jedoch auch hier wieder auf die mangelnde Führungskompetenz und auf die nicht vorhandene, Sicherheit gebende Einwirkung der Halter auf ihren Hund hinzuweisen. Wenn, was aus der Verhaltensbeschreibung sehr stark wahrscheinlich ist, Joker als sehr extrovertierter, evtl. auch emotional launenhafter Hund nicht die notwendige Sicherheit und die notwendige Umweltkontrolle durch den Menschen erfährt, muss er zwangsläufig hier selbst handeln, um seine Welt zurechtzurücken. Dies hat er ganz offensichtlich getan, wobei die spätere Problematik der sexuellen Verhaltensauffälligkeiten wahrscheinlich eher eine Folge seiner insgesamt aktiven bis extrovertiert/explosiven Grundpersönlichkeit darstellt. Die chirurgische Kastration sollte nicht das Ende dieses Falles sein, vielmehr müsste ein sinnvolles Trainings- und Erziehungsprogramm aufgestellt werden. Möglicherweise wäre nach dem erfolgreichen Absolvieren dieses Trainingsprogramms und nach dem Durchlaufen der schwierigsten Pubertätsphasen eine weitgehende Korrektur der anstehenden Verhaltensprobleme sogar ohne Kastration denkbar.

Klare Grenzen setzen | Milan

Milan ist ein acht Monate alter Australian-Cattle-Dog-Rüde. Er wuchs in einer Züchterfamilie mit Kindern und zwei weiteren erwachsenen Hunden auf. Seine Mutter war aufgeschlossen und freundlich Besuch gegenüber. Unter den fünf Welpen (zwei Rüden und drei Hündinnen) fiel der Rüde in keiner Weise auf. Er lag beim Spielen mal oben und mal unten, und wenn er unten lag, war das für ihn auch kein Problem.

Im neuen Zuhause

Die neuen Besitzer besuchten ihn dreimal beim Züchter und holten den kleinen Kerl dann im Alter von neun Wochen zu sich nach Hause. Nach kurzer Eingewöhnungszeit ging es in die Hundeschule. In der Welpengruppe fiel Milan niemals negativ auf. Er tobte und spielte mit den anderen Welpen. Neue Dinge zu lernen, schien ihm großen Spaß zu machen. Er war neugierig und hatte weder mit Menschen, noch mit Hunden ein Problem.

Milan in der Pubertät

Im Alter von sieben Monaten hob Milan das erste Mal das Bein, was von seinen Besitzern schmunzelnd zur Kenntnis genommen wurde. Zur gleichen Zeit begann er hin und wieder an der Leine zu pöbeln. Eigentlich war kein Schema zu erkennen. Egal, ob Männlein oder Weiblein (so glaubten Herrchen und Frauchen), groß oder klein, dick oder dünn – mal pöbelte er, mal ging er wie früher kommentarlos an Hunden vorbei. Das Beinheben gestaltete sich immer öfter zu einem akrobatischen Kraftakt, Milan fiel fast um beim Pipimachen, so hoch wurde das Bein in die Luft gestreckt, und er scharrte anschließend ausgiebig und heftig, dass die Grasbüschel nur so durch die Gegend flogen.

Das Verhalten an der Leine wurde in kürzester Zeit immer heftiger, aber immer noch konnten die Besitzer nicht erkennen, wen er denn nun mochte und wen nicht.

In der Junghundegruppe lief alles weiter wie immer. Hin und wieder kam es zwar zu einem Rempler, zu einem »Sich-Quer-Stellen« und auch mal zu einem Schnappen in die Seite, aber das schien nach Aussage des Trainers »noch im grünen Bereich«. »Na, der ist wohl in der Pubertät!«, war die allgemeine Meinung der Teilnehmer. Da die anderen Rüden in der Gruppe ähnlich reagierten, machte man sich keine großen Sorgen.

Milan ging regelmäßig außerhalb der Hundeschule mit sechs Hunden spazieren, drei davon waren kastrierte Hündinnen, zwei kastrierte großwüchsige Rüden und einer ein nicht kastrierter Schäferhund. Auch hier fing Milan an, die Bewegung Anderer einzuschränken, zu rempeln und auszutesten, was er sich erlauben konnte. Dieses Verhalten reduzierte sich aber ausschließlich auf den nicht kastrierten, ca. zwei Jahre alten Rüden. Dieser zeigte dem Jungspund gegenüber ausgesprochene Toleranz. Die regelmäßigen, gewohnten Spaziergänge wurden aber immer stressiger für die Hundehalter, da der Cattle Dog in kurzer Zeit nur noch den Schäferhund im Auge hatte, nicht mehr mit den anderen spielte und sein Austesten immer heftigere Formen annahm. Dann, rund acht Wochen nach Milans Verhaltensänderung, liefen die Spaziergänge nur noch nach dem gleichen Schema ab: Milan kümmerte sich nicht mehr um die anderen Hunde, mit denen er vorher noch lustvoll getobt hatte. Er war die ganze Zeit damit beschäftigt, den Schäferhund zu beobachten, ihm den Weg abzuschneiden, ihn zu rempeln und auch kurze Attacken gegen ihn zu führen. Der selbst noch nicht erwachsene Hund zeigte immer noch eine Engelsgeduld, wandte sich meist ab und ging.

Als Milan dann aber aus »heiterem Himmel« auf den Rüden losschoss, ihn an der Halsseite packte und auch nicht aufhörte, als der Schäferhund Abwehrreaktionen zeigte, sondern immer wieder in heftigster Art und Weise nachfasste, griffen die Besitzer ein, drückten ihn auf den Boden und ließen erst los, als Milan ruhig innehielt.

Die Hoffnung, der Junghund hätte jetzt seine Lektion gelernt, bestätigte sich leider nicht. Milan war weiterhin völlig unter Stress, er lief dem Schäferhund wie ein Schatten hinterher und beobachtete alle seine Bewegungen. Diese enorme Anspannung entlud sich immer wieder in Attacken auf den älteren Rüden. Begegneten Milan die kastrierten Rüden, zeigte er überhaupt kein Interesse an ihnen.

An ein entspanntes Spazierengehen wie zu früheren Zeiten war nicht mehr zu denken. Die Sorge, dass der Schäferhund irgendwann »die Nase voll« haben könnte, führte dazu, dass Milan an einen gut sitzenden Maulkorb gewöhnt wurde. Leider änderte sich sein Verhalten nicht, so dass die so geliebten gemeinsamen Unternehmungen mit der bekannten Hundetruppe unterbleiben mussten.

Der Besuch einer Hundeschule mit Einzeltraining brachte nicht den erhofften Erfolg. Milan schien beim Anblick nicht kastrierter Rüden regelrecht weggetreten zu sein. Seine Aggressionsbereitschaft steigerte sich immer mehr, sodass der Trainer den Besitzern riet, den Kastrations-Chip einsetzen zu lassen. Er hatte die Hoffnung, dass Milan (der ein nur mittelgroßer, also recht »frühreifer« Hund war) mit dem Chip über die schwierige Zeit der Pubertät hinweggeholfen werden könnte. Die Hoffnung war berechtigt. Milan wurde zusehends ruhiger durch den verringerten Hormonpegel, sein Sozialverhalten normalisierte sich und er wurde wieder ansprechbar in Situationen, in denen andere, nicht kastrierte Rüden zugegen waren.

Verhaltensbiologische Anmerkungen

Die Pubertät bei einem Hund ist nun einmal die Phase, in der, ausgelöst durch Schwankungen in einer Reihe wichtiger Hormonsysteme, Umbaumaßnahmen sowohl im Hirn als auch im Verhalten stattfinden. Maßgeblich für die Stimmungsschwankungen eines pubertierenden Tieres sind zunächst nicht nur die Sexualhormone. Auch Schilddrüsenhormon, Nervenwachstumsfaktor und das Stresshormon Cortisol durchlaufen heftige Konzentrationsänderungen in dieser Zeit. Die Pubertät dient aber auch als Zeitraum, in dem für das spätere Erwachsenenleben wichtige Prozesse gestartet und Entscheidungen über zukünftige Verhaltensweisen fixiert werden. In diesem Zeitraum wird daher auch häufig das bereits Gelernte nochmals infrage gestellt, und nur solche Lern- und Gedächtnisinhalte werden endgültig fixiert, die sich auch in dieser Übergangszeit noch als bedeutsam und für den Alltag relevant erweisen.

Gekoppelt mit diesen Umlernprozessen sind auch die bereits erwähnten Umbauprozesse, bei denen Nervenzellen und ganze Hirnregionen neu verknüpft oder sogar abgebaut werden. Neben diesen allgemeinen Bemerkungen zur Pubertät ist im Fall Milan noch zu erwähnen, dass er offensichtlich kein hundliches Gegenüber hatte, das ihm in dieser so entscheidenden Phase durch Abbruchsignale und Grenzen setzen auch aktiv eine Erziehung angedeihen ließ. Der weitgehend passive Schäferhund, der aufgrund seines Alters von ca. zwei Jahren auch noch nicht als Erwachsener und damit »Erziehungsberechtigter« gelten kann, war hier sowohl altersgemäß als auch psychisch offensichtlich der falsche Partner. Werden in diesem entscheidenden Entwicklungsabschnitt Grenzen aufgezeigt und durch Abbruchsignale und andere unmissverständliche Kommunikationsschritte die Handlungen des Pubertierenden eingeschränkt, so erfolgt sehr schnell eine gesellschaftsverträgliche Anpassung. Wichtig ist dabei jedoch, dass diese genannten Signalisierungen immer in einem positiven Zusammenhang, z. B. durch nachfolgende Spielhandlungen, bestärkt und betont werden müssen. Rein negative Abdressur durch Negativ-Einwirkungen oder auch Ignorieren ist hier der falsche Weg. Nicht umsonst wird der A-Typ in der älteren, verhaltensbiologischen Literatur oftmals als subdominant bezeichnet. Dies beschreibt eben eine Persönlichkeit, die sich auch bei Zurechtweisungen und Rangordnungsdemonstrationen eines Ranghöheren nicht einfach so widerspruchslos fügt, sondern immer wieder die Grenzen des Machbaren austestet und zu erweitern versucht. Das kann in manchen Fällen ausgesprochen lernbehindert erscheinen, ist jedoch nichts anderes als Teil dieses, insgesamt eben auch auf Erkundung, Neugierverhalten und Ausweitung individueller Vorteile gerichteten Persönlichkeitstyps.

Hinzu kommt noch die rassetypische Gestimmtheit von Milan, der als Hütehund sicher eine höhere Handlungsbereitschaft zum Zusammentreiben und Zusammenhalten anderer Tiere, seien es Hunde, Menschen oder Herdentiere, bei der Hütearbeit aufweist. Durch konsequentes Training und konsequente Setzung von eindeutigen und dann auch zu respektierenden Stopp- und Abbruchsignalen lassen sich jedoch erfahrungsgemäß solche Erziehungsfehler durchaus noch korrigieren. Allerdings ist es wesentlich einfacher, dies in den Pubertätsphasen selbst zu tun, weil in dieser Zeit noch mal die Möglichkeit zu generalisierendem, also verallgemeinertem Lernen vorliegt. Vielfach ist es nach dem Ende der Pubertät nur noch möglich, durch Versuch- und Irrtumslernen in sehr vielen Einzelfällen nachträglich noch eine verallgemeinerbare und damit auch zukunftsfähige Anpassungsstrategie zu entwickeln. Nicht vergessen werden darf auch, dass die Umorganisation des Gehirns in der Pubertät die eher emotionalen Teile des Gehirns an Bedeutung verlieren lässt, zugleich aber, zumindest zeitweise, die Risikobereitschaft steigt.

Ein Terrier wird missverstanden | Balou

Balou war ein neun Monate alter Jack-Russel-Terrier-Mischling, Pascha und Tyrann der Familie. Die Besitzerin beklagte den absolut mangelhaften Grundgehorsam und berichtete von Attacken in der eigenen Familie. Ihrer Beschreibung nach saß Balou abends regelmäßig mit Herrchen auf der Couch und schaute Fernsehen. Das entwickelte sich nun aber zu einem heftigen Problem, da Balou die Enkelkinder sogleich aggressiv anging, sobald auch diese ins Wohnzimmer und zu Opa auf die Couch wollten. Auf meine Frage, was in dieser Situation denn getan würde, entgegnete mir die Frau: »Wir schicken die Enkel raus! Schließlich soll ja nichts passieren!«

Die Besitzer überlegten, ob sie dem Rat des Tierarztes folgen und den Rüden kastrieren lassen sollten. Angeblich wären dann alle Probleme gelöst, da Balous Verhalten hormongesteuertes Dominanzverhalten sei. Hierzu wollten sie nun meine Meinung hören.

Erstes Treffen zu einer Einzelstunde

Nach Terminabsprache erschienen Frauchen und Balou zu einem Erstgespräch und zu einer Begutachtung des Mensch-Hund-Teams in meiner Hundeschule. Die Besitzerin wurde von einem kräftig ziehenden Muskelpaket zu mir hingeführt, und es war deutlich zu sehen, wer hier im Alltag die Richtung vorgab. Zuerst schien ich für den Hund uninteressant, doch wurde meine erste Bewegung bereits mit einem Beller und einem In-die-Luft-Schnappen quittiert. Auf dem eingezäunten Areal wurde Balou von der Leine gelassen und er ging sofort mit hoch erhobener Rute und durchgedrückten Gelenken daran, systematisch die Wiese zu erkunden und in 2-Meter-Abständen zu markieren. Ich bat die Besitzerin, ihrerseits auf der Wiese hin und her zu gehen und den Hund abwechselnd heranzurufen und wieder wegzuschicken. Sie setzte sich in Bewegung und rief: »Balou, hier! Balou, komm! Balou! Baaaaaalou! Balou, kommst Du her? Hierher! Du sollst hierherkommen! Balou, komm jetzt bitte hierher zu mir! Balou!« Nichts geschah, nicht einmal ein kurzer Blick des Hundes in Frauchens Richtung. Frauchen kam zu mir zurück, Balou streunte auf der Wiese kreuz und quer. Irgendwann erinnerte er sich offenbar daran, dass auch wir noch anwesend waren. Er drehte um und lief auf Frauchen zu. Ich forderte die Besitzerin auf, in dieser Situation nun nochmals den Hund anzusprechen und zum Kommen zu motivieren. Darauf Frauchen: »Balou, komm hierher. Los, hierher jetzt, sofort. Sitz! Komm! Platz! Nu' mach schon!« Die Stimme der Besitzerin wurde immer lauter, immer wütender. Der Oberkörper war deutlich vorgebeugt und der Zeigefinger der rechten Hand drohend erhoben. Balou setzte sich in 20 Meter Entfernung hin. Schimpfend stapfte die Frau zu ihrem Hund, packte ihn am Halsband und leinte ihn an. Balou schnappte kurz nach ihrer Hand, widersetzte sich dem Zug der Leine, markierte erst noch einige Grasbüschel – und dann Frauchens Bein! Das Anpinkeln hatte er auch zu Hause bei Besuchern gemacht, doch Balous Frauchen meinte, so etwas könnte bei einem Rüden schon mal passieren und wäre zwar peinlich, aber normal.

Im nächsten Durchgang wollte ich sehen, wie Balou Anweisungen wie »Sitz« und »Platz« befolgt, denn angeblich kannte er diese Kommandos. Frauchen stellte sich vor den Hund, zuckte mehrere Male wieder drohend mit dem Zeigefinger gen Hund und herrschte ihn an: »Sitz«. Balou schaute in eine andere Richtung. Ruck an der Leine und wütendere Wiederholung: »Sitz«! Balou zog es vor, auf Leinenlänge zu gehen. Mit vorgebeugtem Oberkörper, den Zeigefinger gegen den Hund schießend und fast brüllend verlangte Frauchen nochmals das »Sitz«. Balou legte sich hin, Hinterteil zum Frauchen, Blick in die Landschaft. Frauchen: »Na also, geht doch!« Mein Einwand, dass Balou ja nun nicht sitzt, sondern liegt, wurde mit einem eher gleichgültigen: »Naja, das stimmt eigentlich, aber wenigstens hat er etwas gemacht!« kommentiert. Ich sprach mit der Besitzerin über die Möglichkeiten einer Schleppleine und einem gezielten Rückruftraining mittels Leine und Futter. Zur Demonstration nahm ich den Hund an eine 5 Meter lange Arbeitsleine, sprach ihn an, zeigte ihm das Futter und sagte ruhig »Hier«, wenn er unmittelbar vor mir war, um sich das Futter zu holen. Bereits nach wenigen Wiederholungen reagierte Balou einwandfrei, kam auf Zuruf des Namens und des Kommandos freudig und erwartungsvoll herangelaufen. Nun bekam Frauchen die Leine in die Hand und sollte auf gleiche Art und Weise verfahren. Sie ging los, rief den Namen und das Kommando – und Balou kam. Doch bei Frauchen passierte nichts. Ich erinnerte sie an die Futtergabe. »Ach, ja, stimmt!« Neuer Versuch. Frauchen rief: »Balou! Leckerchen!« Balou schaute zum Frauchen, welches aber nur einfach dastand, sah kein Futter und blieb, wo er war. Nach einer Weile entschloss er sich dann doch, zu Frauchen zu gehen, da sein Radius durch die Leine beschränkt war und ihm offenbar langweilig wurde. Er stupste sie an – und erhielt Futter. »Warum haben Sie ihm jetzt Futter gegeben?« »Er ist doch gekommen?!« »Ja, irgendwann ist er gekommen, aber nicht auf Ihren Ruf, sondern einfach mal so.« »Ja, das stimmt, aber er wollte jetzt das Futter!« Abschließend versuchte ich noch Sitz- und Platzübungen mittels Futter, wie es mit einem Welpen aufgebaut wird. Auch hier machte Balou begeistert mit und setzte das Erlebte rasant schnell um. Nach wenigen Durchgängen reagierte er auf die Sichtzeichen, setzte und legte sich und schaute erwartungsvoll, ob er alles richtig machte und sich den begehrten Futterbrocken verdient hatte. Nach dieser Stunde konnte ich der Besitzerin nur mitteilen, dass der Grundgehorsam ihres Hundes gleich Null ist und sie erzieherische Basisarbeit leisten müsse. Ich sprach verschiedene Trainingsmöglichkeiten an. Gleichzeitig wies ich aber auch darauf hin, dass es nötig und unumgänglich sei, sich etwas mit Hundeverhalten und Körpersprache auseinanderzusetzen. Auch müssten die Hausstandsregeln verändert und eingehalten werden. Ich riet ihr eindringlich, sich in ihrer Region eine Hundeschule zu suchen und sich dort mit Balou zum regelmäßigen Training anzumelden. Deutlich brachte ich zum Ausdruck, dass die angedachte Kastration die Gesamtsituation sicherlich nicht ins Positive wenden könne und eigentlich keine Option sein sollte und dürfte. Statt der endgültigen Maßnahme ließe sich zur Überprüfung der möglichen Auswirkungen ein entsprechender Hormonchip implantieren. Jedoch ist ein Hund in diesem Alter sowieso noch nicht in einem ausgewogenen Hormonstand!

Das Ende vom Lied

Durch Zufall hörte ich einige Zeit später nochmals von Balou und von seinem weiteren Werdegang. Er wurde offenbar unmittelbar nach dem Treffen kastriert. Der Tierarzt hatte nochmals dringend dazu angeraten und behauptet, die erzieherischen Probleme würden sich danach von allein lösen. Rund zwei Monate nach der OP hatte Balou richtig zugebissen. Frauchen hatte ihn mittels Druck ins »Platz« legen wollen, der Hund war hochgesprungen und hatte sie massiv im Gesicht verletzt. Die Enkelkinder durften sich im Haus überhaupt nicht mehr frei bewegen, wurden ständig vom Hund attackiert, in Beine und Hände gezwickt. Die Couch hatte Balou komplett für sich allein, denn auch den früher noch akzeptierten Opa hatte er längst vom Familiensofa vertrieben. Die Familie war dann zu der Überzeugung gekommen, der Hund sei sicher krank im Kopf, und ließ ihn wegen unkalkulierbarer Gefährlichkeit einschläfern. Ein neuer Welpe wurde ins Haus geholt, mit dem sich aber bereits wieder erste Probleme abzeichneten. Vorsichtshalber wurde schon einmal ein Zwinger in den Garten gebaut …

Verhaltensbiologische Anmerkungen

Der Fall Balou lässt mehrere Probleme der Mensch-Hund-Beziehung erläutern. Da ist zum einen das Thema Pubertät. Die Pubertät eines Hundes beginnt etwa mit dem 6.–8. Monat und zieht sich sehr lange hin. Sie ist keineswegs mit der Erreichung der sexuellen Geschlechtsreife gleichzusetzen. Vielmehr kann davon ausgegangen werden, dass die Pubertät bei Hunden etwa bis zum vollständigen Durchlaufen des 3. Läufigkeitszyklus der Hündin (Rüden entwickeln sich ähnlich schnell, also kann dieser Richtwert auch für sie übernommen werden) andauert. In diesem Zeitraum werden nicht nur Sexualhormone produziert. Eine Vielzahl anderer hormoneller Umstellungen, seien es Schwankungen im Bereich der Stresshormone, der Schilddrüsenhormone, der Wachstumshormone und insbesondere des Nervenwachstumsfaktors sorgen dafür, dass im Gehirn eine Reihe von Umkonstruktionen vorgenommen werden. Diese betreffen zum einen die bessere und schnellere Reizleitung zwischen verschiedenen Teilen des Gehirns (die Verkabelung wird sozusagen effektiver gestaltet), zum anderen eine genauere und besser getrennte Aufgabenteilung zwischen verschiedenen Regionen des Gehirns, die zu einer Spezialisierung unterschiedlicher Gehirnteile für unterschiedliche Aufgaben führt. Außerdem erfolgt eine allgemeine Verlagerung der Hauptaktivitäten des Gehirns von den Regionen des Emotionszentrums im Limbischen System hin zu den mit mehr rationalen und kognitiven Leistungen versehenen Teilen des vorderen Stirnhirns.

Auch die Empfänglichkeit für Belohnungs- und Selbstbelohnungssysteme zwischen den genannten Gehirnregionen verändert sich. Insgesamt wird also das Gehirn in diesem Zeitraum erwachsener. Wird bereits vor oder während dieser Zeit kastriert, so fehlen die genannten chemischen Einflüsse der verschiedenen Hormonsysteme, und das Tier bleibt sein Leben lang jugendlich bis unkontrolliert kindsköpfig.

Während der Umbaumaßnahmen kommt es zu einer deutlich messbaren Verschlechterung der Leistungsfähigkeit. Reizleitung, Zugriff auf Erlerntes, Abspeicherung von neuen Lerninhalten, all dies dauert plötzlich länger oder ist situativ auch gar nicht möglich. In solchen Situationen von Dominanzverhalten, Aufsässigkeit oder gar Aggressivität auszugehen, geht völlig am Problem vorbei.

Die Kastration von Balou war also in der Tat keine Lösung für seine Verhaltensprobleme und hat in vielerlei Beziehung eher noch zu einer Steigerung seiner Verunsicherung und seiner mangelnden Verknüpfungsfähigkeit beigetragen. Bereits zu Beginn der 1980er-Jahre wurde übrigens in einer Vergleichsstudie eindeutig dargelegt, dass Kastration von Rüden mit sogenanntem Dominanzverhalten nichts zu tun hat. Die Kastration eines ranghohen Hundes lässt die Rangposition eben nicht automatisch sinken. Die Testosteronversorgung (durch Implantate) von rangtiefen Rüden lässt deren Rangposition nicht automatisch steigen. Für die sogenannte Dominanzaggression, ein zum Glück mittlerweile weitestgehend aus dem Sprachrepertoire von kompetenten Hundeleuten verschwundener Begriff, sind vielmehr Schwankungen des Serotoninspiegels verantwortlich, und diese hängen meist nicht mit dem Testosteronspiegel zusammen.

Kommunikation zwischen Mensch und Hund

Ein zweites, häufig anzutreffendes Problem ist die unklare Kommunikation des Menschen mit dem Hund. Kommunikation findet dann statt, wenn ein Sender ein Signal an einen Empfänger schickt, und der Empfänger mit einer messbaren und auf dieses Signal zurückführbaren Verhaltensänderung antwortet. Voraussetzung dafür ist jedoch, dass der Empfänger das Signal versteht. Dazu ist eine eindeutige Dekodierung nötig. Dekodiert werden kann etwas aber nur, wenn es vorher eindeutig kodiert wurde. Wird ein Befehl in unterschiedlicher Tonlage, unterschiedlicher Betonung oder gar mit verschiedenen Worten umschrieben wiederholt, führt dies nicht etwa zu einem besseren Verständnis dessen was immer passieren soll, sondern zu einer Verunsicherung. Letzten Endes versteht der Hund ja nicht immer die Worte, sondern nur die klaren, optischen und/oder akustischen Signale. Zwar haben neuere Untersuchungen, z. B. mithilfe von Hirnscanverfahren, belegen können, dass es auch in der Großhirnrinde des Hundes Regionen gibt, die dem Wortverständnis dienen, und dass Hunde die Worte der menschlichen Sprache zu entschlüsseln lernen können. In Kombination mit dem Beitrag emotionaler Zentren, kann dann zum Beispiel auch ein in freundlichem, gar lobendem Ton gesprochenes »Toll gemacht« wesentlich besser wirken als ein mit nahezu Roboterstimme vorgetragenes »Gut gemacht« ohne jede emotionale Beteiligung. Wichtig ist aber, wie die meisten dieser Untersuchungen zeigen, dass das Schlüsselwort für einen Befehl oder für ein Lob am Ende des Satzes steht. Komplizierte Satzkonstruktionen mit mehreren Nebensätzen, Kommas und sonstigen sprachlichen Feinheiten, versteht der Hund nicht. Oft reagiert er sogar ganz besonders auf die letzte Silbe. Sitz, Schmitz oder Blitz bedient also den gleichen Auslösemechanismus.

Versteht der Hund aber nicht, was gewollt wird, und wird anschließend für dieses Unverständnis gemaßregelt, so wird die Verunsicherung des Hundes noch weiter erhöht. Dies ist dann oft der Beginn von Verhaltensreaktionen hin zu einer erlernten Hilflosigkeit heraus, die schließlich mit der Einschätzung endet: »Wer nichts macht, macht nichts verkehrt und somit die wenigsten Fehler!« Balou war offensichtlich durch das unklare Verhalten seiner Halterin stark verunsichert, was dann, neben der ohnehin durch die Pubertät vorhandenen Unsicherheit, zu verstärkten aggressiven Abwehrmechanismen geführt hat.

Der Mensch, der sich nicht als klar agierendes und kompetentes Führungsindividuum darstellt, sondern als ein mehr oder weniger belangloser und inkonsequenter Umweltfaktor für den Hund auftritt, braucht sich nicht zu wundern, wenn er auch beim Hund keine erwünschten Reaktionen auslösen kann.

Letztlich ist auch rassebedingt zu beachten, dass gerade Kleinterrier, die ursprünglich dazu gezüchtet wurden, sich mit Tieren anzulegen, deren Größe und Gefährlichkeit ihrer eigenen mindestens entspricht, ohnehin eine sehr stark von Selbstbewusstsein und bisweilen eingebautem Größenwahn gesteuerte Persönlichkeit aufweisen. Werden diesen Hunden Privilegien und Statuseigenschaften erst einmal zugesprochen, werden sie diese sehr schnell erlernen und dann auch künftig in ihrer rassebedingt forschen Art einfordern. Es ist dann sehr schwer, wieder auf einen vernünftigen Weg zurückzufinden.

Erlerntes Verhalten ist nun einmal nicht mehr auslöschbar, sondern bestenfalls durch Alternativen im Verhalten zu ergänzen, um dann diese soweit wie möglich attraktiv zu machen, sodass das ursprüngliche und unerwünschte Verhalten immer seltener gezeigt wird. Auch dazu bedarf es einer klaren und konsequenten Kommunikation zwischen Mensch und Hund und vor allem auch einer konsequenten Umsetzung von Handlungsanweisungen und der Kommunikation von Regeln und Strukturen. Geschieht dies nicht, übernimmt der Hund selbstständig das Handeln, insbesondere dann, wenn er ohnehin einer Rasse angehört, die auf selbstständiges Handeln gezüchtet wurde. Jack Russel Terrier mussten sich allein im Bau mit Füchsen und Dachsen herumschlagen, ohne auf Anweisungen des Jägers von außen achten zu können. Da sind hilflos agierende Halterinnen zweifellos ein wesentlich weniger furchteinflößendes Geschehen.

Kein Allheilmittel!

Es kann nur nochmals betont werden: Kastration ist kein Allheilmittel, vor allem nicht bei Erziehungsfehlern! Kastration hat nicht nur Auswirkungen auf Reproduktionsverhalten, sondern greift umfassend in Stoffwechselprozesse des Körpers ein. Gehirn, Muskulatur, Haarkleid, Verdauung u. a. werden ebenso hormonell versorgt und in ihren Wirkmechanismen durch Kastration beeinflusst. Ohne reale medizinische oder Verhaltensindikation ist eine Kastration verboten. Zudem haben groß angelegte Studien, teilweise mit mehreren Tausend Hunden, in den letzten Jahren zunehmend eine immer größere Zahl von medizinischen Folgerisiken aufgezeigt. Eine ganze Reihe von Autoimmunerkrankungen, einschließlich Darmentzündung, Hautentzündung oder eben die bereits genannte Schilddrüsenunterfunktion, aber auch eine Reihe von Tumoren, Hüft- und Ellenbogengelenksstörungen u.a., sind eindeutig mittlerweile als Folgerisiken einer Kastration erkannt worden.

Verhalten und Auswirkungen der Kastration

Allgemeines Verhalten	Zu erwartendes Verhalten nach der Kastration
Jagdverhalten	Keine Besserung, in manchen Fällen sogar zunehmende Tendenz
Streunen	Gezeigt nur während der Läufigkeit: Besserung möglich, generell: keine Änderung
Aggression	Je nach Geschlecht, Gehirn und Hormonzusammenhängen unterschiedlich, Einzelanalyse nötig

Verhalten beim Rüden	Zu erwartendes Verhalten nach der Kastration
Futteraggression	= cortisolgesteuert, daher Steigerung des Verhaltens
Angstaggression	= cortisolgesteuert, daher Verschärfung der Problematik
Eifersucht (Partnerschutz etc.)	= vasopressinabhängig, eher keine Änderung
Jungtierverteidigung etc.	= prolaktin- & testosteron-abhängig: keine Verbesserung, evtl. Verschlimmerung
Statusaggression (inkl. Territorialaggression)	Kann sich je nach Rassezuge-hörigkeit verbessern, wenn das Verhalten nicht schon als erfolgreiche Strategie im Gehirn abgespeichert ist. Erziehungskorrekturen sind unerlässlich.
Angst, Panik	= übermäßige Cortisol-Produk-tion: Verschärfung der Proble-matik
Aufreiten etc.	Nur bei echtem Sexualver-halten: Besserung, wenn das Verhalten als vollständiges Bewegungsmuster noch nicht gespeichert ist.
Aufreiten etc. als Bewegungs-stereotopie	Je nach Stresstyp keine Än-derung oder Verstärkung
Aufreiten als Dominanz-verhalten	Keine oder wenig Änderung

Verhalten bei der Hündin	Zu erwartendes Verhalten nach der Kastration
Jungtierverteidigung	= prolaktinabhängig. Tritt es im Zyklus auf: Verbesserung möglich. Durch äußere Anlässe ausgelöst (schwangere Besitzerin etc.): kaum Änderung
Eifersucht (nicht sexuell)	Keine Änderung
Ständige Wettbewerbsaggression mit Hündinnen, Rüpelhaftigkeit	Keine Änderung oder Ansteigen, je nachdem, ob testosterongesteuert oder nicht
Zickigkeit in der Läufigkeit	Verbesserung
Futteraggression	Verschlimmerung des Verhaltens
Angst, Panik, Stressanfälligkeit, Angstaggression	= cortisolgesteuert, je nach Zyklusstand Verbesserung möglich oder gleichbleibend

Ein Hund wird seiner Bedürfnisse beraubt | Leo

Leo war ein kräftiger, bildschöner Leonberger-Mischling, der seinen Besitzern bereits in jungem Alter erhebliche Schwierigkeiten bereitete. Er war von einer Familie mit drei kleinen Kindern von einem Bauernhof übernommen worden. Seine Mutter war eine reinrassige Leonberger-Hündin, was Größe und Masse bei dem Hundekind in Aussicht stellte. Auf dem Hof hatte Leo mit seinen Geschwistern und seiner ausgesprochen freundlichen, umgänglichen Mutter ausgelassen gespielt und nachts im Stall geschlafen. Die Bauernfamilie war begeistert von dem Hundekindergarten und beschäftigte sich im Rahmen der zeitlichen Möglichkeiten viel mit den Kleinen. Sie durften den gesamten Hof erkunden und hatten auch Kontakt zu den anderen vierbeinigen Hofbewohnern. Leo war ein völlig unauffälliger, neugieriger, putzmunterer Welpe, der vertrauensvoll auf jegliche Besucher zutapste.

Im neuen Zuhause

Voller guter Vorsätze wurde der Familienzuwachs im Alter von neun Wochen abgeholt und sogleich in einer Hundeschule zur Welpengruppe angemeldet. Die Besitzer hatten kaum Hundeerfahrung, waren aber sehr bemüht – und äußerst gutgläubig. Sie wurden mit unbedingt einzuhaltenden Verhaltensregeln für den Alltag »versorgt«:

› Der Hund bekam sein Fressen ausschließlich aus einem Futterbeutel, z. B. wenn er draußen sein Geschäft verrichtet hatte, später dann auch für »Sitz«, »Platz« und Apportierversuche.
› Um die übergeordnete Stellung des Menschen zu demonstrieren, sollten die Hundebesitzer den Futterbeutel vor den Augen des Hundes mehrmals täglich in die Luft werfen und wieder auffangen. Außerdem sollte man so tun, als würde man aus dem Beutel essen. Auf diese Art und Weise sollte dem Hund klargemacht werden, dass dieser Beutel alleiniger Besitz des Menschen und nur zu bestimmten Gelegenheiten auch einmal für den Hund erreichbar sei.
› Leo durfte nur an bestimmten Stellen des Körpers gestreichelt werden, so z. B. nur am Kopf, aber nicht an den Ohren, unter der Schnauze und am Rücken.
› Mit dem Hund durfte nicht spazieren gegangen werden, und selbst auf dem eigenen Grundstück durfte er nur an der kurzen Leine geführt werden. Grund dafür war, dass er andernfalls territoriale Ansprüche entwickeln würde! Aus gleichem Grund durfte das Grundstück auch nicht eingezäunt und dem Hund zur Bewegung zur Verfügung gestellt werden. Zusätzlich wurde angemerkt, dass

man mit einem Hund wie diesem erst in einem Alter von 1,5 Jahren »normal« spazieren gehen sollte.

› Tat der Hund etwas Verbotenes, so sollte er einen kräftigen Nackenstoß erfahren, gelobt werden durfte er nur verbal, nicht über Körperkontakt in Form von Streicheleinheiten.
› Die Kinder der Familie und selbstverständlich jegliche Besucher hatten sich von Leo fernzuhalten.
› Innerhalb der Wohnung wurde ihm ein fester Platz zugewiesen, den er eigenständig nicht verlassen durfte. Von dieser Stelle aus durfte er auch keine Tür sehen können. Um ein dortiges Verbleiben, auch in Abwesenheit der Besitzer, zu gewährleisten, wurde der Hund (nochmals: ein Welpe!) mittels kurzer Leine fixiert.

Die Hundebesitzer fanden die Maßnahmen zwar etwas ungewöhnlich und drastisch, wähnten sich aber in kompetenten Fachhänden und verhielten sich, wie ihnen geraten wurde. Der Hund wurde von Tag zu Tag unerträglicher, zeigte aggressives Verhalten und begann einzukoten. Der Rat des Hundetrainers: Kastration und Einzeltraining. Geraten, befolgt! Das Verhalten des Tieres wurde immer massiver und für die Besitzer nervenaufreibend bis beängstigend. Bis es dann zu einem kurzen, dafür aber nicht gerade preiswerten Abschlussgespräch mit dem Trainer kam, in welchem es hieß: »Geben Sie den Hund ab, er stellt eine Gefahr für die Kinder dar!«

Grundbedürfnisse

Hunde sind soziale Lebewesen mit sozialbezogenen Grundbedürfnissen. Erkundungsverhalten ausleben zu können ist ebenso wichtig, wie sinnvolle (!) Regeln und Grenzen kennenzulernen. Agiert der Mensch gegen die biologischen Grundbedürfnisse des Hundes, so verliert er dessen Vertrauen und verstößt u. U. sogar gegen das Tierschutzgesetz. Aus dem Miteinander wird ein Nebeneinander, evt. ein riskantes Gegeneinander!

Trainingstipps

Ich sah den Hund das erste Mal mit neun Monaten, als er zu mir in die Junghundegruppe kam. Bis dahin hatte er keinen Kontakt zu Artgenossen und war stets nur an kurzer Leine geführt worden. Als er das erste Mal auf der großen, eingezäunten Hundeschulwiese frei laufen durfte, wusste er nicht, wie er welches Bein bewegen musste und konnte. Er stolperte über seine eigenen Läufe und war aufgrund mangelnder Kondition und durch seine unrhythmischen Bewegungsabläufe schnell erschöpft. Ich war zutiefst erschüttert bei diesem Anblick von unkoordinierter Bewegung auf Läufen, die weder straffe Bänder noch ausgebildete Muskeln hatten. Meine Kunden und ich waren sprach- und fassungslos, als wir die Berichte über das bisherige Leben des Hundes und die durch einen Hundetrainer gegebenen Anweisungen vernahmen, die den Tatbestand von Tierquälerei darstellten! Es war eine Wohltat mitzuerleben, wie der Hund seine Lebensfreude zurückerlangte, spielte, tobte und Runde um Runde mit den anderen Junghunden über die Wiese lief. Doch zeigte er anfangs eindeutig Probleme in seinem Verhalten, die ausschließlich auf seine gemachten Erfahrungen zurückzuführen waren und ihn und seine Besitzer im Alltag begleiteten.

Mit Geduld und Konsequenz wurde mit Leo das Training so aufgebaut, wie es ansonsten mit einem Welpen begonnen wird. Das erschütterte Vertrauen zu seinen Menschen konnte mittels zusätzlicher Handfütterung, häufigem, für den Hund angenehmen Körperkontakt und ruhigem Umgang langsam, aber sicher wieder aufgebaut werden. Über Übungen an der langen Leine wurden Rückruf und Befolgung von Kommandos etabliert, durch gezielte Trainingseinheiten, später auch unter Ablenkung und in der Stadt, wurde die angegriffene Psyche stabilisiert. Und Leo durfte bei jeder Gelegenheit ausgelassen mit Artgenossen spielen und rennen, sowie im Wald auf Wegen und auf der Wiese seinem Erkundungsdrang nachgehen.

Spielzeug kann für den Hund eine verteidigungswürdige Beute darstellen, die er Artgenossen, aber auch Menschen gegenüber für sich beansprucht.

Aufmerksamer, wacher Blick: „Was machen wir als nächstes?“

Blinzeln wird aktiv als kommunikatives Signal eingesetzt, z. B. um das Gegenüber zu beruhigen und/oder Konflikte zu vermeiden.

Züngeln und Maulwinkellecken sind häufig ein Indiz für einen Konflikt.

Kratzen ist häufig als Übersprungshandlung aufgrund von Konflikt /Stress beim Hund zu sehen.

Hütehunde haben erwiesenermaßen einen höheren Dopaminspiegel, was aus ihnen leicht Workaholics macht.

Hüteverhalten wurde aus Jagdverhalten züchterisch entwickelt.

Zu viel „action“ – vor allem bei jungen Hunden – ist manchmal ungesund und kann Probleme im Alltag schaffen.

Hüten und Treiben kann erzieherisch in kontrollierte Bahnen gelenkt werden.

Die meisten Tierschutzhunde aus dem südlichen Europa sind vom Windhundtyp. Ihre Erziehung ist meist sehr schwierig, denn ihr Lebensinhalt ist das Laufen.

Mischlinge sind „Wundertüten“! Welche typgebundenen Verhaltensweisen sich im Alltag zeigen werden, ist schwer vorhersagbar.

Welpen wollen und müssen die Welt entdecken. Angebotene Reize sollen fördern, dürfen aber nicht überfordern.

Spiel mit der Mama oder „erziehungsberechtigten“ Althunden ist ein wichtiger, mit Lerninhalten gefüllter Sozialkontakt.

Zu den Pflichten eines Hundebesitzers gehört es, seinen Welpen auf das Leben in menschlicher Umgebung vorzubereiten und zu erziehen.

Kontakt zu gleichaltrigen Welpen trainiert und formt innerartliches Sozialverhalten. Pubertierende Junghunde haben in Welpengruppen nichts zu suchen!

Welpen sind lebhaft, brauchen aber noch viel Schlaf. Die Bedeutung von Ruhe darf gerade für das junge Tier nicht unterschätzt werden.

Vertrautheit und Vertrauen sind grundsätzliche Bedingungen, um Spielverhalten zeigen zu können.

Und wer sich kennt, vermag auch vermeintlich „gefährliche“ Signale korrekt zu deuten.

Spielrempeln und -raufen per se zu unterbinden, verhindert wichtige Lernelemente, die sich in der Persönlichkeitsentwicklung bemerkbar machen.

Rollenwechsel und eher lockere Körperhaltung kennzeichnen spielerische Interaktionen.

Wird Respekt eingefordert, so erfolgt dies situativ angepasst und ohne Diskussion.

Dem Welpen einen guten Start ins Leben zu verschaffen, darum ist wohl jeder frischgebackene Hundebesitzer bemüht!

Lernt man als Welpe die unterschiedlichsten Hundetypen kennen und verstehen, klappt die Verständigung meist auch später ganz gut.

Schnauzenrangeleien sind beliebt und dienen unter anderem der Etablierung der Beißhemmung.

Auch innerhalb des gleichen Wurfes wachsen unterschiedliche Hundepersönlichkeiten heran. Die einen sind wagemutiger, andere sind vorsichtiger.

Gruppendynamische Prozesse sind vielschichtig und filigran. Nicht jeder Hund kommt in einer Gruppe klar, andere wiederum sind reine Partyfans.

Einander vertraute Kumpane zeigen gern auch Aktionen der sozialen Körperpflege und Schnauzenzärtlichkeiten.

Wenn Zwei sich streiten, mischt sich gern der Dritte mit ein. In das Raufspiel wie in einen Ernstkampf.

Sie kennen sich, sie mögen sich, sie vertrauen sich. Echte Freunde teilen auch das Stöckchen!

Bei Hundesenioren lassen wie beim älteren Menschen die Sinnesleistungen und die Reizübertragungen im Gehirn nach.

Maulwinkellecken und -stupsen entwickelt sich aus dem Futterbettelverhalten von Welpen und gilt als Demuts- und Respektgeste.

Das Leben ist schön! Glückliche, entspannte, zufrieden Hunde zu erleben, öffnet auch dem Menschen das Herz.

Eine glückliche und beglückende Mensch-Hund-Beziehung und ein entspanntes Miteinander erhofft sich jeder Hundehalter.

Hundesport im weitesten Sinne ist für alle Vierbeiner geeignet, doch muss auf die gesundheitliche Belastbarkeit geachtet werden.

Vor allem bei großwüchsigen Rassen werden Vor- und Hinterhand bei Sprüngen eventuell stark beansprucht.

Das Einsetzen der Nase muss kein Hund lernen. Suchspiele und Beschäftigungen, die die Nase beanspruchen, sind beliebt und im Trend.

Körpersprachliches Agieren und das Aussenden von klaren Signalen bauen Missverständnissen vor und verhindern Eskalation.

Nicht immer, wenn Zähne zu sehen sind, ist es gefährlich.

Das Senden wie Verstehen von Signalen müssen im sozialen Miteinander erlernt werden können.

Wer bist Du und wie bist Du drauf?

Souveränes Agieren erfolgt in Ruhe und authentisch.

Leinenpöbelei ist ein häufiges Problem für Hundehalter

Kräftemessen mit typischer T-Stellung.

Gerade in der Pubertät sind „tough & rumble“-Aktionen wichtig.

Manchmal möchte einer einfach seine Ruhe, der andere aber gern ein wenig Selbstdarstellung.

Manche „Stänkerer“ begnügen sich mit viel Gebrüll, andere agieren aber im Überschuss der Gefühle auch sehr heftig.

Kinder und Hunde können ein gutes Team bilden. Doch Eltern haben eine große Verantwortung und müssen auch den Kindern Regeln und Grenzen vermitteln.

Miteinander Zeit und Nähe zu genießen, einander zu fühlen und zu erleben, das ist ein Gewinn für alle Beteiligten.

Kind und Hund können ein unschlagbares Team bilden und einander guttun. Aus rechtlichen Gründen ist aber das alleinige Ausführen eines Hundes von Kindern unter 14 Jahren nicht gestattet!

Zur Unterstützung des Muskelaufbaus erhielt er physikalische Anwendungen, die auch Bänder und Sehnen kräftigten. Nach einem Jahr absolvierte Leo mit Bravour die Begleithundeprüfung, und Mensch wie Hund fanden ihren Freizeitspaß im Turnierhundsport.

Verhaltensbiologische Anmerkungen

Leo zeigt eine ganze Reihe von Fehlentwicklungen auf, die überwiegend durch einen biologisch völlig falschen und unbegründeten sogenannten Trainingsansatz zu erklären sind. Die grundlegende Fehleinschätzung der Bedeutung von Nahrungsaufnahme- und Rangordnungsverhalten, insbesondere bei Welpen und Junghunden, liegt an der Basis des hier falsch geplanten Trainings. Untersuchungen an einer Vielzahl von Hunde-, Wolf- und anderen Canidengruppen haben den Zusammenhang zwischen Rangordnung und Futterzuteilung massivst ins Schwanken gebracht bzw. deutlich gezeigt, dass dies nur in Zeiten von sehr starkem Nahrungsmangel Bedeutung hat. Selbst in diesem Fall aber sind die Untersuchungen, z. B. von David Mech, zusammengefasst eindeutig: Auch in Zeiten starken Nahrungsmangels sorgen die Elterntiere dafür, dass die jüngsten Welpen in jedem Fall vor den anderen Rudelmitgliedern fressen dürfen. Es wird also immer dafür gesorgt, dass sie satt werden und versorgt sind. Gerade das kennzeichnet mit das Fürsorgeverhalten der Elterntiere, was den Welpen eine existenzielle Sicherheit und ein Urvertrauen vermittelt. Dieser wesentliche Beziehungsaspekt wird den Haltern von Leo durch den fragwürdigen Trainingsansatz vereitelt, was Hund und Menschen – aus unterschiedlichen Gründen – in tiefe Verunsicherung stürzt. Auch der Aufbau von einem Bindungs- und Vertrauensverhältnis vom Hund zum Menschen wird hierdurch extrem erschwert bis gänzlich unmöglich gemacht. Ebenso wenig biologisch begründbar ist das Verbot des Streichelns. Einerseits ist es bei Hundeartigen, im Gegensatz etwa zu unserer äffischen Verwandtschaft, keineswegs unüblich, dass auch rang- bzw. statusniedrigere Gruppenmitglieder von Ranghöheren mit sozialer Körperpflege bedacht werden. Von Elterntieren zu den Jungtieren gilt das ganz besonders. Beobachtungen von Mehrhundehaltern decken sich mit den Ausführungen von Dorit Feddersen-Petersen und Günther Bloch, dass gerade bei einander sehr eng verbundenen Tieren, also bei Eltern-Kind-Beziehungen, aber auch bei zusammenlebenden, sich »sympathischen« Vierbeinern, ausgesprochen viel sozial-positive Körperkontakte vorkommen! So ist z. B. zu erleben, dass eine Mutterhündin auch den erwachsenen Kindern gegenüber (und auch umgekehrt) ausdauernd die Ohren, die Nase, die Schnauze, sogar den Gaumen beleckt, was Feddersen-Petersen unter dem Stichwort »Schnauzenzärtlichkeiten« zusammenfasst! Von Dalmatinern ist bekannt, dass sie in entspannter, sozio-positiver Stimmung zum »Beknibbeln« des Sozialpartners, auch des Menschen, neigen. Dabei wird mit den Schneidezähnen vorsichtig und sanft das Fell des Gegenübers »durchgearbeitet«. Ein Vertrauens- und Sympathiebeweis, und keinesfalls ein Akt von Aggression oder vermeintlichem »Dominanzstreben«, wie gelegentlich, leider sogar von Hundetrainern, suggeriert wird!

Andererseits wird gerade durch die Berührungsreize bei sozialer Körperpflege das »Bindungshormon« Oxytocin bei dem Gekraulten abgegeben. Und dieses ist sowohl kurzfristig, als auch für die Zukunft eine massive Stressbremse!

Leo wurde diesen merkwürdigen Trainingsmethoden zu einer Zeit unterworfen, in der er normalerweise noch unter dem Schutz der Elterntiere gegen die anderen Rudelmitglieder sein Futter hätte aufnehmen können. Stattdessen wurde ihm bereits zu diesem Zeitpunkt simulierter Nahrungsmangel vorgegaukelt, der so stark wäre, dass die Eltern sogar gegen ihren eigenen, jüngsten Welpen vorgehen würden. Zusätzlich wird auch hier wieder das Thema Kontrollverlust relevant, da gerade solche Verhaltensweisen und Erfahrungen zu einer sehr starken Überaktivierung des Cortisolsystems führen. Tiere, die unter unzureichenden, unübersichtlichen oder anderweitig ungünstigen Nahrungsbedingungen ihre früheste Kindheit und Jugend durchmachen müssen, bekommen ein anfälligeres Stresssystem, da sich mehrere, für Stressreaktionen verantwortliche Zentren im Gehirn vergrößern. Größere Stresszentren im Gehirn aber bewirken wiederum, dass auch schon leichte Stressreize zu einer massiven Verhaltensantwort des Stresssystems führen, das Tier insgesamt stressanfälliger wird. Eine erhöhte Neigung zu cortisolbedingten Verhaltensäußerungen wie etwa Futteraggression und Angst- bzw. Unsicherheitsverhalten, Trennungsängste, Zerstörungswut usw. sind die Folge.

Dass der Hund nur an der Leine geführt werden darf, hat, wie auch die Beobachtungen nach Überführung in sinnvolle Trainingsbedingungen in den ersten Junghundestunden zeigten, den Bewegungsapparat, Knochen, Bänder, Sehnen, Muskeln und Nervensystem weitestgehend verkümmern lassen. Es ist ein Wunder, dass dieser Hund überhaupt noch so stark rehabilitierbar war. Untersuchungen an vielen Säugetierarten einschließlich des Menschen lassen annehmen, dass hier bereits Schädigungen im Bereich sowohl der Muskelsinnesorgane (Muskel- und Sehnenspindeln, Dehnungs- und Streckrezeptoren des Bewegungsapparates) wie auch des Kleinhirns (Steuerungszentrum, frühmotorische Bewegungen) und der motorischen Teile des Großhirns (im übergeordneten, für Bewegung, Orientierung im Raum, räumliches Lernen etc. verantwortlichen Teil des Gehirns) stattgefunden haben. Solche Schäden können, wie ja auch die Junghundestunden gezeigt haben, nur durch sehr mühsame Physio- und Ergotherapie wieder korrigiert werden. Je nachdem, wie lange die Defizite angedauert haben, sind sie auch irreparabel.

Eine Kastration mit negativen Folgen

Ein extrem negatives Ereignis in der weiteren Entwicklung von Leo war sicherlich die Kastration. Generell ist zu sagen, dass ein operativer Eingriff, und schon gar einer mit solcher Tragweite wie das Entfernen von Organen, laut Tierschutzgesetz nur mit eindeutiger medizinischer Indikation erlaubt ist. Die Kastration als »Verhaltenstherapie« ist grundsätzlich kritisch zu sehen. Kastration vor oder kurz nach der Geschlechtsreife kann vor allem bei unsicheren Hunden sehr nachteilige Folgen haben und Angstaggressionen fördern. Bei Hunden, die sehr früh (vor dem Erreichen eines hormonellen Gleichgewichts) kastriert werden, kann man einen Stillstand ihrer Entwicklung auf einem sehr »unreifen«, juvenilen Stadium beobachten. Man nimmt den Tieren die Möglichkeit des Erwachsenwerdens, Heranreifens, ein souveränes Alttier zu werden. Bei Rüden, die zu Hypersexualität neigen und sehr statusbezogen agieren, kann eine Kastration sicher eine Verhaltensverbesserung ergeben. Ein solcher Tatbestand kann aber erst mit voller Klarheit im Zustand der hormonellen Reife, wenn sie geistig wie körperlich ausgewachsen sind, eindeutig beurteilt werden. Im Fall von Leo waren seine Verhaltensauffälligkeiten mit großer Wahrscheinlichkeit auf die Haltungsfehler und nicht auf seine, noch nicht in vollem Maße erkennbare Veranlagung zurückzuführen. Generell sollte vor dem operativen und endgültigen Eingriff immer eine chemische Kastration mittels Kastrations-Chip durchgeführt werden. Dieser Chip regelt die Hormonproduktion der Sexualhormone gen Null und imitiert somit eine »echte« Kastration. Die zu erzielenden Auswirkungen im Einzelfall ließen sich damit bereits vor einem operativen Eingriff abschätzen.

Die Wirkung dieses Hormonimplantats ist – wie Seite 118 erwähnt – mit einem Eingriff in den Regelkreis der Sexualhormonproduktion erklärbar. Vergleichen lässt sich der Vorgang mit einem zentralheizungsgewärmten Raum, in welchem ein großes, offenes Feuer angezündet wird. Die Temperatursensoren vermelden dann einen Anstieg der Raumtemperatur und stellen die Heizradiatoren aus. Danach wird es im Raum erst einmal kalt. Das Kastrationsimplantat führt in ähnlicher Weise ca. 2–4 Wochen zunächst zu einem massiven Anstieg, danach aber zuverlässig ca. 5–6 Monate zum völligen Ausbleiben der Sexualhormonproduktion. Somit ist eine anfängliche Verschlimmerung der Problematik eigentlich schon die Regel. Je nach Stoffwechselintensität der Rasse kann es auch über einen Monat dauern, bis das zuverlässige Abklingen einsetzt. Dann aber hält es mindestens fünf Monate an. Manchmal gibt es auch danach noch mal ein Überschießen, bevor der Normalzustand wieder erreicht wird. Daher bitte Geduld und gute Beobachtungsgabe, bevor womöglich voreilige Schlüsse über die Wirkung getroffen werden!

Die Sozialisierung von Leo beinhaltete des Weiteren noch eine Reihe von nachteiligen Effekten, die sich dadurch äußerten, dass in den wichtigen, sensiblen Phasen des Lernens der sozialen Umgangsformen (dies beginnt bei Hunden etwa im 2. bis 3. Lebensmonat und zieht sich eigentlich bis zur Pubertät), keine sinnvollen Artgenossenkontakte stattgefunden haben. Untersuchungen von Bekoff an Kojoten und Haushunden, aber auch anderer Arbeitsgruppen bei verschiedenen Caniden, zeigen deutlich, dass in diesem Zeitraum durch eine Vielzahl von spielerischen Kontakten soziale Umgangsformen trainiert werden müssen. Balgereien und andere heftigere, körperbetonte Interaktionen mit gleich- oder ähnlich alten Artgenossen schulen die körperliche Geschicklichkeit und vermitteln Konsequenzen des Sozialverhaltens. Der sinnvolle und situationsgerechte Einsatz von Verständigungsmitteln, also Mimik und Körperhaltung, und auch von körperlichen Akten muss geübt und erlebt werden können.

Hunde, die in dieser Zeit viele und positive Sozial- und Spielkontakte mit anderen gleich- und ähnlich alten Artgenossen haben, entwickeln insgesamt eine bessere Bindungs- und Beziehungsfähigkeit, sind später besser in der Lage, sich in gegebene Sozialsysteme und Beziehungsnetze einzupassen. Dadurch werden sie weniger aggressiv und zeigen mehr freundlich-positives Sozialverhalten.

Alle diese Erfahrungen, die höchstwahrscheinlich auch über einschlägige Sinnesorgane wieder an das Gehirn gemeldet und dort zu neuen Entwicklungsschüben genutzt werden, sind Leo vorenthalten worden. Stattdessen wurde er einseitig nur durch aversive Konditionierung und Bestrafung angeleitet. Wenngleich die Anwendung von situationsangepassten aversiven Reizen seitens der Eltern und anderen sozialisierenden Artgenossen, auch des Menschen, in der Gesamtsozialisation von Hunden durchaus sinnvoll ist, darf dies nie ohne entsprechenden Gegenpol in Form von soziopositivem Verhalten geschehen. Insbesondere muss nach einer Negativkonditionierung (»Strafe«) ein anschließendes Versöhnungsverhalten erfolgen, am besten durch Fortsetzen der ursprünglichen Situation, in der die Korrektur erfolgen musste. Untersuchungen über die Bedeutung von Abbruchsignalen in unseren eigenen Studien haben eindeutig gezeigt, dass Abbruchsignale, die meist nur in milder, nicht körperlich aggressiver Form gesendet werden, sehr wohl Erfolg haben, dass sie auch nicht zu einer Belastung der sozialen Beziehung führen (eher im Gegenteil!), und dass oft auch hinterher weiter gespielt wird, ohne nachteilige Auswirkungen bei den Beteiligten zu hinterlassen. Jedoch ist das nachfolgende erneute Annäherungsspiel oder Versöhnungsverhalten des Zurechtweisenden eine wichtige Voraussetzung für diese Funktion. Dieser Teil der Kombination von Strafaktionen und anschließender, erneuter Bestätigung des sozialen Kontakts fehlte im Fall von Leo ebenso, wie die insgesamt positive Grundstimmung durch vorangehendes Spielen und die damit im Gehirn vorhandene freudige Erwartung, durch die das Dopamin-System in spielerischen Kontakten eben das Lernen erleichtert.

Bei Hunden, die einseitig nur durch aversive Konditionierung und Bestrafung erzogen werden, besteht zudem die Gefahr, dass das Tier sich dann von Jugend an an körperlich härtere Einsätze gewöhnt, diese zunehmend immer mehr ignoriert, selbst aber entsprechend auch härteren Körpereinsatz in seinem Sozialverhalten zeigen wird. Die mangelnden Umwelterfahrungen, die letztlich zu einem Defizit im Anpassungsverhalten geführt haben, sind nicht nur auf die sozialen Reize beschränkt geblieben. Auch im nicht sozialen Bereich, durch fehlende Erfahrungen mit vielerlei Sinneseindrücken, ist Leo erheblich zurückgeblieben, in der Wissenschaft benutzt man hierzu den Begriff der Deprivation.

Letztlich ist auch aus neurochemischer Sicht belegt, dass zwar eine Kombination aus Dopamin und Cortisol, also aus freudig-erwartungsvoller Grundstimmung und Lernerfolg einerseits, dem Bestreben des Vermeidens von unangenehmen Konsequenzen anderseits, die optimale Lernkombination darstellt. Eine rein negative Dauersituation, die nur mit den Stressoren von Bestrafung und damit nur im Cortisolsystem allein arbeitet, führt dagegen zu zunehmendem Kontrollverlust und im Endeffekt zu erlernter Hilflosigkeit. Eine ordnungsgemäße Sozialisierung kann auf diese Art und Weise nicht stattfinden. Leo muss ein robustes Gemüt gehabt haben, um nach diesen langen Fehleinschätzungen noch eine so positive Entwicklung durchlaufen zu können.

Geschwisterliebe | Geschwisterhass

Pedro und Paul sind zwei silberne Pudelbrüder, die vom Züchter als Welpen im Alter von zwölf Wochen an ein pudelbegeistertes Paar verkauft wurden. Ursprünglich wollten die neuen Besitzer nur einen Welpen kaufen, waren aber derart begeistert von der lebhaften Hundekinderschar und deren ausgelassenem Spiel miteinander, dass sie plötzlich den Züchter mit der Idee konfrontierten, gleich zwei Hunde zu sich zu nehmen. Leider waren keine zwei Hündinnen mehr frei und ein gemischtes Pärchen wollten sie nicht, denn sie konnten weder die Hunde bei einer Läufigkeit der Hündin trennen, noch wollten sie einen der beiden kastrieren lassen. So entschieden sie sich für zwei Rüden. Der Züchter freute sich, mit einem Schlag für zwei Hunde nette Besitzer gefunden zu haben, und ermunterte die beiden noch in ihrem Unterfangen. Pedro und Paul waren zwei Brüder, die bereits im Welpenalter viel miteinander rangelten und sich gegenseitig nichts gönnten. »Wie zwei Menschenkinder« amüsierten sich die stolzen Besitzer, »immer am Zanken und am Streiten! Na ja, das wird sich mit der Zeit schon geben!«

Kommt Zeit, kommen (eventuell) Probleme

Im Verlauf der nächsten Wochen spitzten sich die Situationen merklich zu. War Pedro beim Frauchen, drängelte Paul sich dazwischen, knurrte und schnappte nach Pedro. Der wollte sich nicht beeindrucken lassen und konterte. Schnell entwickelte sich eine Rauferei, die anfangs noch von lautem Knurren und wildem Getöse begleitet wurde. Im Prinzip kriegten sich die beiden Brüder bei jeder Gelegenheit ins Fell, es wurde sich um Spielzeug, Futter, Liegeplätze gestritten und selbst um das Recht, wer wann wo zuerst hingehen durfte oder eben nicht.

Die Streitereien wurden aber immer leiser, sodass die Besitzer der »Kampfhähne« sich auf dem Weg der Besserung wähnten. Doch leider war es ganz anders: Je stiller die Auseinandersetzungen verliefen, desto schwerer waren die Verletzungen, die die Hunde davontrugen. Aus kleinen Schrammen und Blessuren wurden klaffende Wunden, die tierärztlich versorgt werden mussten.

Das Ende vom Lied

Als Pedro und Paul acht Monate alt waren, entbrannte ein Streit, der scheinbar aus dem Nichts entstanden war. Die Hunde waren zusammen im Garten, wo vorsorglich schon lange kein Spielzeug oder Fressbares mehr herumlag. Nur durch Zufall bemerkte das Frauchen der beiden beim Blick durchs Küchenfenster, dass die Hunde sich wieder in der sprichwörtlichen Wolle hatten. Kein Ton war zu hören, doch hatten sich die Hunde bereits heftig ineinander verbissen. Das Fell beider Tiere war in der Kopf- und Halsregion speichelnass und blutverschmiert. Vermutlich ging der Kampf auch schon eine ganze Weile, denn die Hunde waren offensichtlich bereits äußerst erschöpft, was sie aber nicht daran hinderte, immer wieder die Kampfhandlung aufzunehmen. Keiner gab auch nur einen Millimeter nach oder signalisierte die Bereitschaft, klein beizugeben.

Nur einem glücklichen Umstand war es zu verdanken, dass in einer minimal kurzen Verschnaufpause die Trennung der beiden Kontrahenten gelang. Beide Hunde trugen massive Verletzungen davon, und es war den Besitzern auch vor dem eindringlichen Gespräch mit dem Tierarzt klar, dass es so nicht würde weitergehen können und dass die Brüder getrennt werden mussten.

Viele Tierärzte raten in solcher oder vergleichbarer Situation zur Kastration, natürlich des ranghöheren Tieres von beiden! Für einen Laien ist es aber schier unmöglich festzustellen, wie die Rangsituation in einem derartigen Gefüge überhaupt ist! Meist kann dies nur ein Fachmann beurteilen, nachdem er über einige Tage und in unterschiedlichsten Alltagssituationen beobachten konnte, wie die Interaktionen zwischen den Hunden verlaufen und wie sich der jeweilige Status im Alltag darstellt. Gerade bei gleichgeschlechtlichen Geschwistern aus einem Wurf bringt eine Kastration so gut wie nie den erwünschten Erfolg.

Vollgeschwister

Es ist aus verschiedenen Gründen nicht ratsam, gleichaltrige Geschwistertiere zu halten. Wenn auch die Rivalität zwischen gemischtgeschlechtlichen Geschwistern nicht so ausgeprägt zum Tragen kommt, so bleibt die Problematik, dass sich die Hunde sehr leicht mehr aufeinander konzentrieren, als auf ihren Menschen. Welpen und Junghunde beanspruchen im ersten Lebensjahr sehr viel Zeit und individuelle Förderung durch den Menschen – oft sogar noch länger. Das im erforderlichen Umfang zu leisten, ist zumindest sehr schwierig und aufwendig, wenn Geschwister übernommen wurden. Die meisten Erziehungsübungen und Trainingseinheiten müssten einzeln absolviert und Spaziergänge individuell auf den jeweiligen Hund abgestimmt werden, um sinnvolle Inhalte setzen, Grenzen und Regeln klar verständlich vermitteln zu können.

Muss die Kastration eines Partners von zwei zusammenlebenden Tieren doch erfolgen, so sollte der rangniedrigere oder der emotional stabilere kastriert werden, um den Status des ranghöheren noch zu bestärken.

Heute lebt Pedro bei Freunden der Familie in einer anderen Stadt. Mit anderen Hunden hat er keine Probleme, spielt ausgelassen und verhält sich völlig unauffällig. Mit Paul, der in der Familie verblieb, verhält es sich genauso. Nur die Brüder untereinander möchten definitiv nichts mehr miteinander zu tun haben, was sie aufgrund der veränderten Lebenssituation aber auch nicht mehr müssen.

Verhaltensbiologische Anmerkungen

Die gleichzeitige Anwesenheit von gleichalten Rüden als Vollgeschwister innerhalb einer Familiengruppe ist normalerweise bei verwilderten Haushunden – wie auch bei Wölfen – nicht mit einer stabilen Beziehung lösbar. Wolfsrudel, wie auch die Verbände von verwilderten Haushunden, haben in der Regel eine Alterspyramide aufzuweisen, wobei die älteren Tiere meist auch die ranghöheren sind. Gleichalte Geschwister versuchen daher, diese Rangordnungsbeziehung untereinander herzustellen. Da sie aber in der Regel kräftemäßig und auch sonst einander ebenbürtig sind, sind stabile Beziehungen unter ihnen ausgesprochen selten. Viel häufiger kommt es dann irgendwann zum Abwandern von einem der beiden, der dann sein Schicksal in einer anderen Rudelgruppe sucht. Insbesondere Angehörige von extrovertierten Rassen, die auch eher durch das aktive Hormonsystem von Adrenalin und Noradrenalin gesteuert sind, sind hier nochmals gefährdeter für solche Probleme. Zu beachten ist, dass diese Rivalitäten eben durchaus einen ernsthaften biologischen Hintergrund haben, denn unter natürlichen Lebensbedingungen, auch bei verwilderten Haushunden nachgewiesen, ist eben der Fortpflanzungserfolg (als einziges echtes Rangprivileg!) sehr deutlich mit der Rangposition gekoppelt. Dominanzbeziehungen entstehen dann dadurch, dass einer der beiden akzeptiert, dem anderen Privilegien einzuräumen und sich selbst um den Preis dieser Unterwerfung seinen Verbleib im Schutz des Rudels und bei dessen gemeinsamen Aktivitäten sichern kann.

In der Pubertät werden, wie wir auch schon an anderen Fallbeispielen gesehen haben, vielfach die sozialen Beziehungen eines Hundes neu bewertet und neu aufgemischt. Durch gleichzeitigen Anstieg der Sexualhormone und auch einiger Stresshormone sowie des Schilddrüsenhormons kommt es zu einem äußerst explosiven und auch instabilen Hormoncocktail. In dieser Zeit werden Grenzen nochmals neu getestet, alte Beziehungen werden auf den Prüfstand gestellt. Und sowohl soziale Erfahrungen als auch Umwelterfahrungen werden sozusagen auf ihre weitere Gültigkeit auch im Leben eines erwachsenen Hundes getestet. Dies kann nicht erfolgen, ohne dass man auch Dinge, die man bereits gelernt und als Handlungsanweisung akzeptiert hat, nochmals infrage stellt und ausprobiert.

Die Frage, ob das noch gilt, was man in der Welpen- und Junghundezeit nahezu selbstverständlich akzeptiert hat, drängt sich auf.

Beide Phänomene, das Überprüfen des bisher Gelernten wie auch die Unsicherheit, haben ihre biologische Bedeutung. In diese Zeit fällt zunächst der Beginn des weiteren Herumstreifens im Revier, später oft auch die Abwanderung in unbekannte Gebiete. Da ist es eben nicht mehr selbstverständlich, dass bisher gesicherte und vorhersagbare Strukturen noch weiter gelten.

Ähnlich wie bei pubertierenden Jugendlichen unserer eigenen Art, kommen zu diesen Schwankungen des Statusverhaltens und zu der erhöhten Bereitschaft, Beziehungen infrage zu stellen, noch einige andere Randerscheinungen des Verhaltens hinzu. So wird durch eine Veränderung der Reaktionsfähigkeit verschiedener Teile des emotionalen Gehirns die Risikobereitschaft in der Pubertät erhöht. Biologisch gesehen hat dies auch Sinn, denn nur wer risikobereit ist, wird beispielsweise auch die bekannte Umgebung der Familie und des Reviers verlassen und sich in die unbekannte und möglicherweise gefährliche ferne Fremde wagen. Wer aber mit erhöhter Risikobereitschaft ausgestattet ist, wird auch Auseinandersetzungen heftiger führen, ohne Rücksicht auf Verletzungen oder andere Gefahren. Zudem sind durch die Umkonstruktionen des Gehirns während der Pubertät Lern- und Merkvorgänge erschwert, der Zugriff auf bereits erlerntes Wissen ist ebenso erschwert und die Konzentration nimmt ab. Auch soziales Lernen ist sicher von diesen Erscheinungen mit betroffen. Und das bedeutet, wie schon gesagt, dass zwar einerseits in dieser Zeit soziale Regeln und Grenzen besonders wichtig sind, wenn sie aber nicht sofort kapiert werden, es eben nicht immer Aufsässigkeit oder »Dominanzstreben« ist, sondern oft die sprichwörtlich »längere Leitung« sein kann!

Kommt zu diesen allgemeinen, aber normalen Verhaltensproblemen der Pubertät dann noch die Sondersituation einer ungelösten und, wie hier dargelegt, auch biologisch normalerweise selten auftretenden Rivalität zwischen gleichaltrigen Vollgeschwistern hinzu, entsteht in der Art eine Mischung aus inneren Handlungsbereitschaften und äußeren auslösenden Situationen, die dann auch bis zum Beschädigungskampf führen kann. Beim Beschädigungskampf trifft jedes Tier als Beteiligter zwei Abwägungsentscheidungen. Zum einen die Frage, ob das Ergebnis dieser Auseinandersetzung es wert ist, sich dafür möglicherweise gefährliche Verletzungen einzuhandeln. Zum anderen die Frage, ob die Situation es Wert ist, einen möglichen oder auch schon vorhandenen Beziehungspartner im Rudel zu verlieren, indem man ihn vergrault oder gar Schlimmeres. Die letztgenannte Überlegung fällt bei der Auseinandersetzung zwischen Geschwistern weg. Der gleichalte Bruder ist ohnehin kein verlässlicher Beziehungspartner. Die erstgenannte Überlegung wird unter dem Einfluss der oben genannten Änderungen in der Risikobewertungsinstanz des Gehirns ebenfalls eher zur Gefahr, also zum Ernstkampf hin entschieden werden. Aus all diesen allgemeinen Entwicklungsprozessen des pubertierenden Gehirns ist also verständlich, warum es gerade in dieser Situation zwischen Paul und Pedro zu den schweren Beißereien kam. Die Trennung war sicher die beste Lösung.

Auch das Alter bringt Veränderungen

Ähnliche Ausführungen, wie für den tierischen Teenager gemacht, gelten auch für den Senior. Das englischsprachige Sprichwort: »You can't teach an old dog new tricks« (Einem alten Hund kann man keine neuen Tricks mehr beibringen), ist das Pendant zu unserem: »Was Hänschen nicht lernt, lernt Hans nimmermehr«. Bereits die Frage, ab wann ein Hund als alt gilt, ist nicht allgemein zu beantworten. Während manche Hunde bereits im Alter von fünf oder sechs Jahren die ersten kognitiven Einschränkungen erfahren, sind andere mit zehn noch absolut frisch im Kopf und können neue Aufgaben problemlos lösen.

Tatsächlich zeigen eine Reihe von Untersuchungen, dass auch alte Hunde, ähnlich wie unsere Artgenossen, in unterschiedlich starker Art und Weise geistig und kognitiv oder auch sozial eingeschränkt sind. Eine Vielzahl von Untersuchungen nimmt sich aber auch gerade deswegen den Hund als Modell für die menschliche Altersforschung, weil er eben, beispielsweise im Gegensatz zu den häufig verwendeten Labortieren, ein oft mehrjähriges Seniorenstadium aufweist. Alte Hunde haben in der freien Natur durchaus noch ihre Aufgaben, sei es als Babysitter, als Wächter oder eben auch einfach als erfahrene Informationsquelle, beispielsweise zum Auffinden von längst nicht mehr regelmäßig genutzten Wanderwegen. Die Veränderungen im Gehirn des alten Hundes aber sind die Gleichen, die auch bei unseren menschlichen Artgenossen zu alzheimerartigen Demenzerkrankungen und anderen Störungen führen.

Und genau wie beim Menschen ist eben nicht nur die Rasse, sondern auch der Lebensstil, die Ernährung und vieles andere hierfür mit entscheidend. Mehrere Untersuchungen verschiedener Arbeitsgruppen zeigten, dass eine besonders ausgewogene und noch zusätzlich mit Antioxidantien und ähnlichen Nährstoffzusätzen versehene Ernährung bei Hunden eine deutliche Verlangsamung der altersbedingten Veränderungen bewirkt. Und das führt zu einer größeren geistigen Leistungsbereitschaft im Alter. Regelmäßige Spaziergänge, immer wieder einmal ein neu angebotenes Spielzeug und wiederkehrende Denksportaufgaben, konnten bei Hunden den Alterungsprozess deutlich verlangsamen.

Genau wie beim Menschen, so sind auch bei den Hunden nicht alle Gehirnregionen gleichermaßen betroffen. Bei manchen Hunden ist beispielsweise die Raum-/Zeit-Orientierung zuerst beeinträchtigt. Diese Hunde stecken dann, wie oft geschildert wird, in Zimmerecken fest und wissen dort nicht sich umzudrehen oder wegzubewegen, stehen an der falschen Seite der Terrassentür, wenn sie in den Garten wollen. Oder sie kommen mitten in der Nacht an, und zwar nicht, weil sie nun plötzlich ihren Harndrang nicht mehr halten können, sondern weil sie fest davon überzeugt sind, nun wäre es doch Zeit zum Spazierengehen.

Bei anderen Hunden ist die soziale Erkennung, vor allem die Gesichtserkennung, beeinträchtigt. Sie begrüßen dann plötzlich wildfremde Personen wie längst verlorene Freunde – und kennen die eigene Familie nicht mehr.

Wiederum andere Hunde sind einfach vergesslich und können sich an den Namen von vertrauten Gegenständen oder auch Wortkommandos nicht mehr erinnern.

Insbesondere Gehör und Augen, teilweise aber auch der Geruchssinn lassen im höheren Alter nach. Gerade im Bereich des Gehörs ist diese nachlassende Leistungsfähigkeit bei Hunden, ähnlich wie bei älteren Artgenossen unserer Spezies, z. B. mit einer verminderten Fähigkeit zum Richtungshören und einer verminderten Fähigkeit zum Erkennen individueller Stimm- und Stimmungsunterschiede in der Tonlage gekoppelt. Der Halter, der seinen Hund in diesem Zustand ruft, stößt dann manchmal auf Nichtbeachtung, die aber nicht auf Altersstarrsinn beruht, sondern auf mangelnde Übertragung des Signals auf den Hund durch Hörschwäche.

Die Veränderungen im Gehirn, die bis zum Absterben von ganzen Zellregionen führen können, gehen übrigens auch auf die gleichen biochemischen Vorgänge zurück, wie auch beim Menschen. Wie diffizil die altersbedingten Veränderungen im Gehirn sind, zeigt ein Versuch der Wiener Arbeitsgruppe: Während es auch für alte Hunde genauso gut und genauso lange möglich war, konzentriert einem auf und ab hüpfenden Jojoball mit den Augen zu folgen und diesen im Blick zu behalten, war es für viele alte Hunde ein großes Problem, sich längere Zeit auf einen Menschen zu konzentrieren, der mit einem großen Pinsel in der Hand eine imaginäre Wand anzustreichen schien. Obwohl die Auf-und-ab-Bewegungen des Pinsels in der Hand des Mannes denen des hüpfenden Jojoballs doch scheinbar so ähnlich waren, waren es ganz andere geistige Leistungen, die vollbracht werden mussten. Erklärlich ist dies möglicherweise dadurch, dass soziale Informationen in anderen Gehirnregionen verarbeitet werden als reines Bewegungsgeschehen. Und erstere gehören zu denen, die besonders oft und früh von altersbedingten Funktionsstörungen betroffen sind.

Andererseits sind auch bei älteren Hunden manche Funktionen im Gehirn durchaus verstärkt. So waren, ebenfalls in der Wiener Arbeitsgruppe getestet, ältere Hunde durchaus besser in der Lage, nach dem Ausschlussprinzip neue, bisher unbekannte Bilder von alten, bisher bedeutungslos bis negativ eingestuften Bildern, zu unterscheiden.

Der Versuchsaufbau bestand darin, dass die Hunde auf einem Touchscreen ursprünglich zwei Symbole, beispielsweise ein Dreieck und einen Kreis sahen. Sie mussten dann lernen, den Kreis zu berühren, um eine Belohnung zu erhalten, das Dreieck dagegen lieferte nichts. Die Generalisierung bestand nun darin, das Dreieck z. B. mit einem Stern oder einer geraden Linie zu vergleichen. Nun war die Aufgabe des Hundes zu entscheiden, dass wohl in dieser neuen Gegenüberstellung das unbekannte Symbol die positive Bedeutung hätte, denn die negative Bedeutung des Dreiecks kannte man ja schon. Alte Hunde brauchten zwar länger, um diese Aufgabe auf dem Touchscreen zu verstehen, waren dann aber besser in der Lage, die Kombination eines unbekannten Bildes mit einem bisher nicht belohnten (also negativ belegten) richtig zu verstehen (»Das Unbekannte muss ja wohl belohnt werden, wenn es mit einem bekannten Negativen zusammen auftritt«).

Fähigkeiten, Objekte zu unterscheiden oder Handlungsabläufe neu zu lernen oder auch sich an frühere Handlungsabläufe zu erinnern (das prozedurale Gedächtnis), sind bei alten Hunden wenig bis gar nicht beeinträchtigt. Räumliches Erinnerungsvermögen, Objekterkennung, räumliches Lernen und Orientierung im Raum dagegen stark. Es wird vermutet, dass auch hier wieder Schädigungen des Hippocampus, ein für räumliche Orientierung, aber auch für Gedächtnisbildung entscheidendes Gebiet im Gehirn, mit eine Rolle spielen. Das Umkehrlernen, das heißt, kapieren zu können, dass etwas, was vorher gut war, nun plötzlich nicht mehr gut ist, wird bei älteren Hunden massiv beeinträchtigt. Wurde also bisher der Kreis belohnt und das Dreieck nicht, wandelte sich die Bedeutung, nachdem diese Aufgabe vollständig verinnerlicht worden war. Nunmehr gab es plötzlich beim Dreieck die Belohnung und beim Kreis nicht mehr. Diese Form des Umkehrlernens ist ein gängiger Test, um einerseits den Persönlichkeitsfaktor Beharrlichkeit (= Persistenz) zu erforschen. Andererseits ist genau das wieder eine Übung, die durchschnittlich älteren Hunden schwerer fällt und längere Lernzeiten bedingt als bei jüngeren Artgenossen. Auch die Benutzung von sogenannten Landmarken (markante optische Punkte in der Landschaft) zur Orientierung, ist stark eingeschränkt.

Unabhängig von den durch Abbau oder Umbaumaßnahmen im Gehirn verursachten Verhaltensveränderungen, wirken sich im Alter auch die Veränderungen im Hormonsystem aus. Nicht nur die Sexualhormone, auch einige andere Botenstoffe im Körper, nehmen im Laufe des Älterwerdens deutlich ab. So tritt beispielsweise auch bei älteren Hunden sehr oft eine Schilddrüsenunterfunktion auf.

Demgegenüber steigt die Konzentration des Stresshormons Cortisol an. Diese Erhöhung ist offensichtlich mit vielen Erscheinungen der verhaltensbiologischen Alterung bis hin zur Demenzerkrankung gekoppelt. Etliche Begleiterscheinungen der Demenz, Lern- und Konzentrationsschwäche, Unfähigkeit zum Gedächtniszugriff, die nächtliche Unruhe und leichtere Anfälligkeit für Panik- und Angstreaktionen einschließlich Angstaggression sind mit diesem, im Alter erfolgenden Cortisolanstieg gekoppelt.

Auch die Fähigkeit zur Selbstbeherrschung, um vor der Ausführung einer Handlung sozusagen noch einmal auf die Bremse zu treten und nachzudenken, ist im Alter deutlich eingeschränkt. So sollten z. B. Hunde in einem Versuch lernen, dass man eine Umwegaufgabe lösen kann, wenn man um eine transparente Barriere herumläuft. Anstatt einfach direkt mit dem Kopf gegen die durchsichtige Scheibe zu donnern, fiel es jungen Hunden sehr viel einfacher, um diese Barriere herumzugehen, wenn dahinter beispielsweise Futter aufgestellt war. Ältere Hunde hatten viel mehr Schwierigkeiten, die Sichtscheibe zu umgehen, und folgten vermehrt dem ersten Impuls des Geradeauslaufens.

Der Cortisolanstieg scheint bei älteren Tieren, wie man auch von uns Menschen und von Labortieren weiß, ein allgemeines Phänomen zu sein. Individuell unterschiedlich ist jedoch die Geschwindigkeit dieses Anstiegs. Wer einen langsamen und vergleichsweise konstanten Cortisolanstieg im Alter erlebt, bleibt auch lange geistig fit. Bei wem dieser Cortisolanstieg plötzlich erfolgt, der ist anfällig für altersbedingte Ausfallerscheinungen in der gesamten Verhaltenssteuerung. Wird dann im Alter noch eine äußere Traumatisierung, etwa durch Partnerverlust, Trennung, Abgabe des Hundes ins Tierheim o. Ä. ausgelöst, ist meist die daraus entstehende Reaktion ein regelrechter Demenzschub. Auch hier bedarf es der Feinfühligkeit und des sensiblen Umgangs mit dem Hund und seinen altersbedingt zunehmenden Problemen.

Plötzlich eine »Gefahr« | Biene

Biene war eine Hündin, die seit dem Welpenalter in der Familie gelebt hatte. Sie war das, was man als »normalen Familienhund« bezeichnen würde, in das Familiengeschehen integriert, keine sonderlichen Probleme machend, für den Hausgebrauch ausreichend erzogen und im Alltag umgänglich und angenehm. Die eine oder andere Marotte, die Biene im Laufe ihres Hundelebens an den Tag legte, bereitete ihren Menschen kein Kopfzerbrechen. Sie nahmen es als gegeben hin und arrangierten sich damit. So war Biene recht futterneidisch, weswegen sie nicht im Beisein anderer Hunde gefüttert wurde, akzeptierte ab Erwachsenenalter keine anderen Hündinnen im Haus, auf dem Grundstück oder im oder um das Familienauto, sodass Ausflüge mit Hündinnen haltenden Freunden eben mit zwei Fahrzeugen organisiert wurden. Alles erklärbare Verhaltensweisen, die auch für die Familie keine Absonderlichkeiten darstellten.

Insgesamt bereitete Biene ihren Menschen viel Freude und für die Kinder war sie während deren gesamter Kindheit ein treuer Spielgefährte und hingebungsvoller Seelentröster in der Zeit der pubertären Stimmungsschwankungen. Das gegenseitige Vertrauen war tief verwurzelt und schien unerschütterlich – bis zu einem Abend in Bienes 14. Lebensjahr.

Der Vorfall

Biene schlief nach einem erfüllten Tag mit Spiel, ausgiebigem Spaziergang und nach erfolgtem Abendessen tief und fest auf ihrer Decke im Schlafzimmer. Es war bereits dunkel und alles still im Haus, auch die Menschen wollten sich zur wohlverdienten Nachtruhe ins Bett begeben. Als Bienes Herrchen das Schlafzimmer betrat und dicht an ihr vorbeiging, ohne sie dabei jedoch zu berühren oder womöglich im Dunklen zu treten, sprang die Hunde-Oma mit einer unvermuteten Wendigkeit auf, bellte und knurrte massiv auf eine bislang unbekannte Weise und schnappte nach dem Hausherrn. Erschrocken sprang dieser zurück, sprach den Hund an und machte Licht. Biene schaute völlig irritiert, verharrte augenblicklich still und kam vorsichtig wedelnd auf ihr Herrchen zu. Sie schien selbst völlig überrascht über ihr Tun und vermittelte den Eindruck, als wolle sie sich »entschuldigen«. Die Menschen verstanden diese bislang nicht vorgekommene Situation nicht, maßen ihr aber vorerst keine weitere Bedeutung zu. Eine Woche später allerdings ergab sich ein fast identischer Ablauf, diesmal des Nachts, als die Tochter des Hauses zur Toilette gehen wollte und an der im Flur schlafenden Biene vorbeigehen musste. Und diesmal landeten Bienes Zähne in der Fessel des jungen Mädchens und verursachten eine blutende Wunde. Und wieder schien Biene nach Ansprache verwirrt und selbst verunsichert und suchte vorsichtig und wie um Verzeihung bittend den Kontakt zu der jungen Frau.

Problem erkannt, Problem gelöst

Zuerst war die Familie über diese merkwürdigen Aussetzer des Hundes sehr erschrocken und verunsichert. Dann aber überlegten sie gemeinsam, wann und wie Biene diese Ausfälle an den Tag gelegt hatte. Immer war es abends oder nachts, also im Dunkeln, wenn Biene fest schlief und man sich ihr näherte. Sollte der in die Jahre gekommene Hund Probleme mit der Wahrnehmung bekommen haben? Lassen auch beim Hund vielleicht nicht nur die Sinnesleistungen im Alter nach? War es möglich, dass der fest schlafende Hund nicht mehr so leicht und schnell erfassen konnte, wer sich ihm da näherte, und dass er mit Abwehrmechanismen reagierte, wenn er die Situation nicht gleich einschätzen konnte?

Man wollte diese Möglichkeiten ins Kalkül ziehen und dem weiteren Zusammenleben mit Biene eine Chance geben. Die Familie überlegte sich eine Verhaltensstrategie, wie künftig mit der vierbeinigen Seniorin umgegangen werden sollte. Musste jemand an der schlafenden Hunde-Oma vorbei, sollte er sie ansprechen und wecken. So konnte sie sich auf den an ihr Vorbeilaufenden einstellen.

Alterungsprozesse

Auch alternden Hunden bleiben Verschleißprozesse nicht erspart. Sinnesleistungen und physikalisches Vermögen lassen nach und erschweren unter Umständen das Alltagsleben. Manch einem Vierbeiner kann man das Leben eventuell durch die Gabe spezieller Naturheilmittel etwas erleichtern, ein entsprechend geschulter Tierarzt berät den Hundehalter gern. Die Empfehlung zu einer altersangepassten Ernährung ist nicht nur als industrielle Vermarktungsmethode zu sehen, sondern sicherlich begründet. Auch sollte berücksichtigt werden, dass durch zunehmende Bänderschwäche das Risiko einer Magendrehung manchmal erhöht wird.

Mag sein, dass Biene manches Mal bedauerte, wenn sie geweckt und damit ein schöner Traum, in welchem sie wie ein junger Hund über die Wiesen tobte oder genüsslich einen dicken Knochen verspeiste, unterbrochen wurde, aber auf diese Art und Weise gab es nie mehr einen Aussetzer oder einen Beißvorfall zu beklagen. Glücklich konnte man noch zwei gute gemeinsame Jahre miteinander verbringen.

Verhaltensbiologische Anmerkungen

Die Veränderungen eines alternden Hundes sind den unseren in vielen Bereichen ähnlich. Dazu gehört zunächst ein nachlassendes Gehör. Dabei werden genau wie bei uns vorwiegend die hohen Töne ausgefiltert, was u. a. das Richtungshören, aber auch das Erkennen individueller Stimmfärbungen, das Herausfiltern von interessanten Stimmen aus allgemeinem Hintergrundlärm (»Cocktailparty-Effekt«) und damit die Orientierung und Individualerkennung erschwert. Außerdem steigt im Alter die Konzentration des Stresshormons Cortisol, von dem Biene offenbar ohnehin etwas viel abbekam, wenn man ihren Futterneid und ihr soziales Verhalten berücksichtigt. Dieser Anstieg bedingt ein Gefühl unspezifischer Gefahr, das nicht zuzuordnen ist, der Verunsicherung und damit Alarmbereitschaft. Des Weiteren sind durch altersbedingte Veränderungen im Gehirn Gedächtnis und Erinnerungsprozesse beeinträchtigt, was wiederum zusammen mit der eingeschränkten Wahrnehmung das Erkennen des gewohnten Trittmusters der bekannten Menschen erschwert.

Eine Seniorin auf Abwegen | Effie

Effie war eine 15 Jahre alte Cairn-Terrier-Seniorin, die – ihrem Alter entsprechend – noch durchaus rüstig, aber mit einigen Zipperlein ausgestattet war. Im 13. Lebensjahr begann eine auffallende Stubenunreinheit, vor allem in der Nacht, später aber durch den gesamten Tagesverlauf vorkommend. Effie begann auch vermehrt zu trinken und schien ständig hungrig. Sie wurde tierärztlich durchgecheckt und auf Gebärmutterentzündung, Morbus Cushing, Diabetes Insipidus und Altersdiabetes untersucht. Letzteres schien es zu sein, entsprechende Medikamente brachten ruhigere Nächte, trockene Tage und ein Normalmaß an Wasseraufnahme. Nur der »Hunger« blieb, schien aber eher eine kleine Marotte der ausdrücklich nicht übergewichtigen Seniorin zu sein, der die Halter durch gelegentliche Leckerchengaben auch gern nachkamen. Beide Seiten hatten ihren Spaß daran, den »Vierbeiner mit Leidensblick« vor dem »sicheren Hungertod« zu retten!

Effie begleitete ihre Halter stets gern auf ausgiebige Spaziergänge und Wanderungen. Die gut erzogene Hundedame lief frei ihres Weges und liebte es, nach Terriermanier hier und da herumzuwühlen, verlockenden Gerüchen im Laub nachzuspüren und mit Vehemenz und Ausdauer Löcher in den Lehm der Waldböden oder Wiesen zu buddeln. Stets blieb sie aber abrufbar und nie lief sie selbstständig in die Wälder, um dort eigenmächtig zu verschwinden. Diese tollen Eigenschaften, die die Besitzer von ihrer Effie über viele Jahre kannten und erlebten, ließen Frauchen und Herrchen dann letztlich auch im weiteren Alterungsprozess erkennen, dass die Sinnesorgane offenbar nicht mehr so funktionierten, wie es früher der Fall war. Effie reagierte immer öfter verzögert oder gar nicht auf Rufen und Pfiff – weil sie es einfach nicht mehr oder nicht mehr gut hörte. Die Fähigkeit des Hörens schien sogar von einem zum anderen Tag zu variieren, mal gut, mal besser, mal gar nicht gegeben zu sein.

Und Effie erschien oft desorientiert, wenn doch eine Reaktion auf das menschliche Rufen erfolgte. Auch mit dem Sehen schien es nicht mehr ganz so gut, speziell dann nicht, wenn die Menschen schon weiter weg waren oder alternativ sich nicht mehr bewegten. Bei genauem Blick in die Hundeaugen war eine Trübung der Linsen auch bereits mit bloßem Auge zu erkennen. Die Anzahl der Lebensjahre zollte ihren Tribut …

Vor diesem Hintergrund erklärt sich die Katastrophe, die eines Tages passierte: Die Halterin war mit einer Freundin, Effie und deren vierbeiniger Seniorenfreundin Tess spazieren. Ein schöner Tag, eine schöne Landschaft, eine entspannte Stimmung. Die beiden Frauen unterhielten sich, die Hunde tappelten mal vor, mal hinterher. Plötzlich fiel es den Frauen auf, dass sie nur noch von Tess begleitet wurden. Wo war Effie? Nicht mehr zu sehen, nicht zu hören. Trotz intensiver Suche, Rufen, kreuz und quer den Weg zurückverfolgend – Effie war verschwunden! Warum nur wurde sie frei laufen gelassen? Warum nur hatte man sie nicht im Auge behalten? Warum? Warum? Warum? Die Frauen machten sich bittere Vorwürfe, doch hatten sie sich nichts dabei gedacht, den Hunden die Freiheit und den Bewegungsraum zu bieten, den sie immer genießen durften. Der Spaziergang sollte doch allen Spaß machen! Und nun so etwas …

Nachdem die Frauen mit Tess den gesamten Weg vergeblich abgesucht hatten, hofften sie auf ein Wiedersehen am Parkplatz. Vielleicht war Effie zum Auto gelaufen?! Doch auch dort war sie nicht. Die Halterin informierte die Polizei und das ortsansässige Tierheim. Vielleicht liefen dort ja Hinweise ein. Nach drei schrecklich langen Stunden klingelte das Handy und eine Männerstimme fragte: »Vermissen Sie einen kleinen Hund?« Und wie ein kleiner Hund vermisst wurde!

Effie war von einem Autofahrer aufgegriffen worden, als sie mit völliger Selbstverständlichkeit neben einer viel befahrenen Bundesstraße entlangtrottete. Sie ließ sich ansprechen, kam freudestrahlend auf den fremden Mann zu und sprang auf dessen »Hopp« in das unbekannte Auto. Dort saß sie im Beifahrerfußraum, als wäre sie ihren Lebtag hier und nie anders Auto gefahren. Dank der Adresshülse am Halsband war ihre Herkunft schnell ausfindig gemacht – und Effie kam mit dem »Taxi« wieder heim!

Alles schien also ein Happy End zu haben. Doch nach zwei Tagen fiel Effie immer wieder mal um, konnte sich selbst kaum »hochrappeln«, schwankte viel beim Laufen und Stehen, erbrach recht häufig und bekam Durchfall. Der Tierarzt mutmaßte ein geriatrisches Vestibularsyndrom, schloss aber auch schwerwiegende Tumorerkrankungen nicht aus und verwies auf das recht hohe Alter des Hundes. Ein baldiger Abschied stand im Raum, doch letztlich ergab sich keine klare Diagnose. Effie bekam eine Aufbauspritze, ein Medikament gegen Durchfall und Erbrechen und sollte zu Hause Wärme und Ruhe bekommen. Beides bekam sie, gern und ausgiebig. Effie genoss es – und erholte sich wieder. Kein Erbrechen und kein Durchfall mehr und der Gang wurde auch wieder stabiler. Aufatmen bei den Menschen!

Einige Wochen später befanden sich Mensch und Hund wieder auf einem Spaziergang. Effie wurde nun stets gut im Auge behalten, damit sie nicht verloren gehen konnte. Um etwas Abwechslung in die Runden zu bringen, fuhr die Halterin gern zu verschiedenen Wanderparkplätzen und startete ihre Runden in immer mal wieder unbekannteren Gegenden. So auch dieses Mal. Hier war man früher ab und zu gegangen, aber gut kannte sie sich nicht aus. So passierte es, dass sie sich verlief. Aus der geplanten Dreiviertelstunde wurden 2,5 Stunden zügiger, strammer Marsch. Dann gelangten Mensch und Hund erleichtert wieder zum Auto. Glück gehabt! Aber nur bedingt: Zwei Tage nach diesem Ausflug traten bei Effie wieder die Symptome auf: schwankender Gang und Umfallen, Durchfall und Erbrechen!

Tierarzt, Halterin und Trainerin waren sich einig: Effie hatte sich überanstrengt! Physisch und psychisch. Und das führte in ihrem Fall zu den Auffälligkeiten. In der Zukunft wurde sie ruhiger gehalten. Sie bekam kürzere, dafür etwas häufigere Runden, diese dann auch eher im bekannten und vertrauten Terrain. Auch der Tagesablauf wurde klarer geregelt, mit Routinen versehen und vorhersehbar(er) gestaltet. Feste(re) Zeiten für Essensaufnahme und Spaziergang, ungestörte und längere Ruhezeiten in warmer, weicher Umgebung, mehrere und kleinere Mahlzeiten und Gassirunden, qualitativ hochwertige Zeit miteinander mit Kuscheln, sanften Massagen und kurzen, seniorengeeigneten Spieleinlagen nach Effies Geschmack. Quasi ein geriatrisches Wohlfühlpaket, welches optimal auf die Möglichkeiten der Familie und deren Tagesablauf und die Belange von Effie abgestimmt wurde. Und damit gab es vorerst wirklich ein Happy End, denn Vorkommnisse wurden nicht mehr vermeldet. Effie darf einen behüteten Lebensabend verbringen.

Verhaltensbiologische Anmerkungen

Wie im Kapitel über altersbedingte Veränderungen (siehe ab Seite 157) schon dargelegt, haben alte Hunde oft mehrere, unabhängig voneinander entstehende Probleme. Gerade die Veränderung der Hörleistung bei Effie wird besonders deutlich – die wegfallenden Obertöne vermögen eben auch das individuelle Erkennen der Halterin und das Erkennen der Richtung, aus der sie ruft, nicht mehr zu leisten.

Und dass Senioren zum Teil noch mehr als die im allgemeinen Teil angegebenen 70 % des Tages schlafen bzw. ruhen, berichten gerade Freilandstudien über sogenannte Straßenhunde immer wieder, ebenso wie Halter und Halterinnen von Haushundesenioren.

Eine gute Alltagshilfe kann eben auch bei Hundesenioren nur ein völlig planbarer und wiedererkennbarer, gut durchstrukturierter Tagesablauf bieten. Zusätzliche Erleichterungen bieten Rituale und räumliche Orientierungshilfen im Zuhause. Hier können akustische wie olfaktorische Signale hilfreich sein, aber natürlich auch visuelle. Am besten in Blau, denn das sehen Hunde am deutlichsten.

Zwei Senioren arrangieren sich | Labby und Hunter

Labby ist ein gut zehn Jahre alter Labrador Retriever. Als Welpe kam er zu Familie Moritz und nie gab es irgendwelche Probleme mit ihm. Er war stets fröhlich und gut gelaunt, liebte alle Menschen und Tiere, die ihm im Laufe seines Lebens begegneten, war immer temperamentvoll und spielfreudig und liebte vor allem Wasser über alles. Familie

Moritz besaß ein schönes Einfamilienhaus mit großem Garten, zu welchem Labby durch eine Hundeklappe freien Zugang hatte. Er liebte den Garten und den extra für ihn dort aufgestellten Swimmingpool, sodass sich sein Leben überwiegend im Freien abspielte. Selbst wenn sich Familie Moritz im Haus aufhielt, legte er sich lieber in sein Hundeiglu auf der Terrasse, wo ihn weder Regen, Sturm noch Schnee im Winter störten. Er war ein echter Outdoorfreak – und Familie Moritz hatte nichts dagegen, denn er verhielt sich ruhig und schien glücklich und zufrieden. Oft wurde die Anschaffung eines Zweithundes erwogen, denn Labby war sehr sozial, umgänglich und freundlich und freute sich auch über jeden Besucherhund, mit dem er wild im Garten spielte und tobte.

Hunter war ein zwölf Jahre alter Jagdhund, der im Jägerhaushalt Schulz lebte und von Herrn Schulz nach »alter Schule« erzogen und jagdlich geführt wurde. Früher hatte er sich im Zwinger aufzuhalten, wenn er nicht »im Dienst« war, nach dem Tod von Jäger Schulz vor fünf Jahren wurde Hunter ins Haus geholt, wo die Witwe Schulz ihm in der Diele zwischen Wohnhaus und Stall einen Platz zuwies. Ab und zu wurde er noch von früheren Jagdkollegen mit auf die Pirsch genommen, was ihm immer gut gefiel und wobei er sich als nützlich und zuverlässig erwies. Die Jagd war seine Welt. In die Jahre gekommen, verbrachte er seinen Alltag mehr und mehr relativ unbeachtet in der Diele. Zweimal am Tag wurde er kurz ausgeführt und erhielt sein Fressen, das war auch schon alles. Als auch Frau Schulz sich nicht mehr weiter um den Hund kümmern wollte und konnte, sollte der Tierarzt ihn einschläfern. Hunter war unnütz und überflüssig geworden, eigentlich nur eine Last. Der Tierarzt verweigerte die Tötung des zwar alten, aber ansonsten gesunden Tieres. Ein lautes Wortgemenge entstand und letztlich einigte man sich darauf, dass der Hund vorerst bei dem Tierarzt blieb und zur Vermittlung freigegeben werden sollte.

Hunters zweite Chance

Als Familie Moritz mit Labby zum jährlichen Impfen zum Tierarzt kam, trafen sie dort auf Hunter. Beide Hunde verstanden sich auf Anhieb, und das Schicksal des pensionierten Jägers rührte Familie Moritz das Herz. Schnell war klar: Hunter kommt mit! Im neuen Zuhause gab es mit den beiden Hunden zuerst überhaupt keine Probleme. Beide tollten durch den Garten und liefen auch im Haus friedlich miteinander umher. Da Labby es gewohnt war, tagsüber draußen zu sein, sollte Hunter ihm fortan im Garten Gesellschaft leisten. Familie Moritz war sich sicher, dass er, bei seiner Vorgeschichte, nun die Weitläufigkeit des Gartens und den Aufenthalt im Freien so richtig genießen würde und seine neue Lebenssituation zu schätzen wusste. In den ersten Tagen fiel auf, dass Hunter draußen sehr unruhig war, ständig auf und ab lief und die meiste Zeit vor der Terrassentür stand und ins Haus schaute. Vorsichtig »klopfte« er mit der Pfote an, als wolle er um Einlass bitten. Eingewöhnungsphase, so dachte Familie Moritz. Hunter wollte draußen nicht fressen, nicht trinken, legte sich auch nicht hin. Ruhe fand er nur nachts im Haus, wo er sich völlig unauffällig verhielt. Spielen und Rennen mit Labby war nur angesagt, wenn sich jemand von Familie Moritz ebenfalls draußen aufhielt. Nach zwei Wochen begann Hunter im Garten massiv zu bellen. Er reagierte auf alles und jeden, selbst flatternde Schmetterlinge wurden von ihm lautstark kommentiert. Es kam, wie es kommen musste – die Nachbarn beschwerten sich und verlangten die Abschaffung des Hundes.

Familie Moritz hielt Hunter nun im Haus, wo er der liebste und unauffälligste Hund der Welt war. Wie man es von einem Hundesenior erwarten kann, döste er fast die ganze Zeit auf seiner Decke, freute sich, wenn von der Familie jemand mit ihm in den Garten ging, wo er mit Labby spielte, aber sofort wieder mit ins Haus drängte, wenn der Mensch den Garten verließ. Jetzt tat Familie Moritz der alte Labby leid, denn sie empfanden es als unfair, dass der neue Hausgenosse mit ihnen im Haus leben durfte, während Labby draußen im Garten residierte. Also wurde Labby mit ins Innere genommen, worauf sich fast das gleiche Spiel umgekehrt wiederholte: Labby tigerte ruhelos im Haus umher, hechelte auffallend viel, bellte und quietschte und entwischte bei jeder erdenklichen Gelegenheit durch die Hundeklappe nach draußen! So hatten die Menschen sich die Zusammenführung der Senioren nicht vorgestellt. Was sollten sie tun? Hunter müsste doch froh und dankbar sein, nun einen Spielkameraden zu haben, mit dem er den ganzen Tag an der frischen Luft zusammensein konnte?! War der Hund vielleicht unterfordert, und wie konnte man ihm gerecht werden? Musste der vierbeinige Opa wieder abgegeben werden?

Vom Tierarzt erhielt Familie Moritz die Telefonnummer eines Verhaltensberaters, dort sollten sie einmal anrufen und sich erkundigen. Besorgt, aber bemüht taten sie dies auch und schilderten den Fall. Erstaunt hörten sie die Mutmaßung, dass Hunter eher mit dieser neuen Situation überfordert sei, als dass Unterforderung ihn zu seiner Unruhe und dem massiven Bellverhalten im Garten antrieb. Hunter hatte Zeit seines Lebens relativ abgeschottet von Außenreizen sein Leben verbracht, kannte nur den Zwinger, die Diele und seine klar strukturierten Jagdeinsätze.

Die Vielzahl der neuen und unbekannten Eindrücke im weitläufigen Garten, der auch noch an einen Kindergarten grenzte, irritierten ihn offenbar, wobei seine jagdliche Passion erschwerend hinzukam, denn letztlich war es für ihn ja normal, auf Bewegungsreize unterschiedlicher Art zu reagieren. Da er sich im Haus ruhig, zufrieden und entspannt verhielt, wurde empfohlen, ihn einfach im Haus zu halten und ihn Stück für Stück mit Ruhe, Geduld und Zeit an den Garten und die Möglichkeiten dort zu gewöhnen. Für ihn war es ja ähnlich wie für einen Menschen, der jahrzehntelang auf einer einsamen Insel gelebt hatte und nun plötzlich in die pulsierende Mitte einer Großstadt verfrachtet wird. Auch in einem solchen Fall kann nicht argumentiert werden, dass der Mensch als soziales Lebewesen nun froh sein müsse, wenn er plötzlich so viel Leben um sich hat! Der Mensch würde eher in Panik geraten, Fluchttendenzen entwickeln und eventuell bald stressbedingte Krankheitssymptome aufweisen.

Blieb die Frage, was zukünftig mit Labby geschehen solle, denn für ihn wäre es doch »unfair«, wenn er im Alter »abgeschoben« würde und der neu dazugekommene Hund das Haus mit den Menschen teilen dürfe. Auch hierzu wurde erklärt, dass Labby nicht abgeschoben wird, sondern er es gewohnt ist und selbst wünscht, sein Leben überwiegend draußen zu verbringen. Für ihn wäre es unverständlich, warum er plötzlich seinen Lebensraum verändern muss und tagsüber »eingesperrt« wird. Hunter und Labby haben völlig verschiedene Lebensgeschichten und bisher konträre Lebensumstände und -weisen. Eine Angleichung mag möglich sein, benötigt aber Zeit und Geduld für die Gewöhnung.

Drei Monate später meldet sich Familie Moritz wieder. Die Stimme am Telefon klingt heiter und unbeschwert. Die vier- und zweibeinige Patchworkfamilie hat offenbar zusammengefunden, der Alltag gestaltet sich konfliktfrei. Auf Spaziergängen laufen beide Hunde dank ihrer guten Erziehung frei, spielen miteinander und mit anderen Vierbeinern. Zeitweise ist Hunter nun auch mit Labby im Garten, hat aber gelernt, die Hundeklappe zu nutzen und kommt nach relativ kurzer Zeit ins Haus, wo er sich ruhig auf seine Decke legt. Er bellt kaum noch grundlos. Labby wiederum scheint sich über die Besuche von Hunter im Garten zu freuen, ist aber ebenso zufrieden, wenn der Kumpan wieder hineingeht.

Verhaltensbiologische Anmerkung

Insgesamt ist dieser Fall ein typisches Beispiel dafür, dass Hunde sich mit vielen Situationen problemlos arrangieren können, und die Menschen nur verschlimmernd eingreifen. Zur Erklärung des Geschehenen muss kurz auf den Begriff der Lebensraumprägung eingegangen werden. Hunde gehören zu den Tierarten, bei denen sich in der gesamten Jugendzeit bis zum Ende der Pubertät, möglicherweise unter bestimmten Umständen auch später, bei massiven Umstellungen der Lebensgewohnheiten ein prägungsartiges Erlernen von Umweltstrukturen und -situationen zeigt. Das bedeutet, dass ein Hund beispielsweise sehr wohl im Garten bzw. im Außenbereich einer Wohnung seine bevorzugten Aufenthaltsorte haben kann, wenn er dies im Laufe der Zeit immer so gelernt hat.

Eine plötzliche Änderung dieser gewohnten Lebensumstände kann, insbesondere bei einem älteren Tier, nur durch eine langsame Gewöhnung im Sinne einer Desensibilisierung erfolgen, das bedeutet, dass man dem Tier die evtl. belastenden und störenden Reize nur in niedriger Dosierung und langsam schrittweise erhöhend präsentieren darf. Außerdem muss beachtet werden, dass auch Hunde, wie bereits im Fall »Oma Biene« geschildert, im Alter ähnliche Einschränkungen sowohl ihrer geistigen Fähigkeiten, ihrer Orientierung und Sinnesleistung erfahren wie wir. Dass Hunde im Alter nicht mehr so flexibel sind und sich nicht mehr so leicht an neue Lebensumstände anpassen können, liegt an ihren eingeschränkten kognitiven Fähigkeiten, an den eingeschränkten Leistungen der Sinnesorgane und an dem im Alter ohnehin erhöhten Spiegel des Stresshormons Cortisol. Aus diesem erhöhten Cortisolspiegel heraus, kommt es zu einer leichteren Anfälligkeit für Panik, bestimmte Formen der Aggression, Desorientierung, Lern- und Gedächtnisschwäche.

Die beiden Hunde haben ohne Zutun des Menschen eine verhaltensbiologisch sehr effektive Form des Konfliktmanagements und der Konfliktlösung durch Aufteilung des Lebensraums gefunden. Solche Lebensraumaufteilungen finden sich zum Teil auch bei Hunderudeln oder Gruppen im Freiland, wo mehrere Tiere gemeinsam ein Gebiet nutzen, jedoch bei entsprechend verteilter Futter- und anderer Ressourcenlage jeweils ihre getrennten Wohnbereiche innerhalb des Rudelgebiets haben. Das friedliche Zusammenleben der beiden, nachdem die Familie beschloss, hier nicht mehr verschlimmbessernd einzugreifen, zeigt, dass es sich wirklich um eine für beide Hunde verhaltensgerechte Lösung handelt. Es zeigt aber auch, dass der Mensch die Bedürfnisse des Hundes durch genaue Beobachtung und Feststellung seiner momentanen Bevorzugungen berücksichtigen und nicht aus vermenschlichender Sicht anderweitig regelnd eingreifen sollte.

KAPITEL 6

Soziales Lebewesen Hund

Ein Hund ist ein soziales Lebewesen mit physischen wie psychischen, artspezifischen Grundbedürfnissen und Ansprüchen. Die Struktur seines Gruppenlebens ähnelt sehr stark der des Menschen, was sicher eine der grundlegenden Ursachen ist, warum gerade der Hund sich so bereitwillig und weitestgehend unproblematisch dem Menschen anschließt.

Wie für alle in Gruppen lebenden Lebewesen bietet das gesellige Zusammenleben nicht nur Gemeinschaft im kommunikativen Sinn. Die Gruppe ermöglicht und sichert das individuelle Überleben: Gemeinschaftlich werden Territorien erstritten und verteidigt, gemeinschaftlich sorgt man für die Nahrungsbeschaffung und innerhalb der Gemeinschaft wird reproduziert und der Nachwuchs behütet aufgezogen. Innerhalb der Gruppe sind Aufgaben und Zuständigkeiten nach Geschlecht und Fähigkeiten klar strukturiert verteilt, sodass die jeweilige Beziehungsstruktur für jedes Gruppenmitglied mehr Vorteile als Nachteile bringt. Ist diese gruppennotwendige

Rollenverteilung auch innerhalb der menschlichen Gesellschaft heutzutage etwas verschoben, so ist in unseren Hunden das Streben nach diesen klaren Strukturen noch intuitiv verankert. Nichts ist so problembelastet und folgenträchtig, wie der demokratische Umgang mit dem Lebewesen Familienhund bei gleichzeitig völligem Fehlen von Richtungsweisung und Grenzsetzung, Führung und Anleitung.

Bedenkt man, dass eine soziale Beziehung ohne eigene Investition nicht möglich ist, so darf diese Voraussetzung auch auf die Mensch-Hund-Beziehung übertragen werden. Viele Hundebesitzer tun dies auch, allerdings mit »vertauschten Rollen«. Sie investieren Geld, Freizeit, Tagesrhythmus und -routinen und vieles mehr, um es dem Tier so bequem wie möglich zu machen. Verwundert stellen sie dann (vielleicht) irgendwann fest, dass der vermeintlich undankbare Hund ihnen auf dem Kopf herumtanzt, die Familie tyrannisiert, vom Gehorsam so weit entfernt ist wie das schottische Hochlandrind vom Äquator. Wie konnte das passieren? Ganz leicht – und schneller als man denkt, wenn die hundlichen biologischen Grundbedürfnisse nach einer klar definierten Gruppenstruktur mit dem Vierbeiner auf niedrigstem Rang nicht berücksichtigt wurden. Sobald der Hund den Eindruck gewinnt, dass die Gruppensituation ihn dazu befähigt oder sogar zwingt, eigenständige Regelungen und Handlungen zu vollziehen, so wird er das tun. Somit stellt sich die grundsätzliche Frage: Was kennzeichnet die Basis der gruppendynamischen Beziehung? Und weiter: Welche »Umgangsformen« resultieren daraus? Letztlich ist auch im Umgang mit Hunden, gerade in der Pubertät und im Welpenalter, von einem ähnlichen Erziehungskonzept auszugehen wie auch in der modernen menschlichen Pädagogik und Jugendpsychologie. Erziehung ist ein Prozess auf Gegenseitigkeit: Beide Beteiligten, der Erfahrenere, Erziehende, und der Unerfahrenere, zu Erziehende, müssen im gemeinsamen Interesse aneinander und miteinander die Regeln, Strukturen und Gepflogenheiten des jeweiligen Sozialsystems verinnerlichen. Die Spielregeln der Gruppe, in der der Jüngere verbleiben möchte, müssen verstanden werden (können). Im Gegensatz zu den menschlichen Jugendlichen endet jedoch der Erziehungsprozess des Hundes eben nie. Durch den bereits erwähnten Vorgang der Neotenie, der permanenten Verjugendlichung, sind Haushunde, etwa im Gegensatz zu ihren wölfischen Vorfahren, sozusagen Berufsjugendliche. Sie werden zwar im Laufe der Jahre etwas ruhiger und stabiler, jedoch kann es immer wieder, auch bei Unkastrierten, zu pubertären Rückfällen und Höhenflügen kommen. Rassen und Individuen, die der ebenfalls bereits erwähnten subdominanten A-Typ-Persönlichkeit angehören, tendieren dazu noch mehr.

Ein Hund mit Stimmungsschwankungen | Lou

Lou wurde als gut zweijähriger Hund aus dem Tierheim übernommen. Angeblich sollte er ein Golden-Retriever-Mischling sein, eventuell mit einem schwarzen Labrador oder Flatcoated Retriever. Seiner äußeren Erscheinung nach war er aber mehr ein Hovawartmischling, auch seine Verhaltensweisen sprachen eher für diese Richtung. Seine neuen Besitzer waren ein junges, sehr bemühtes Ehepaar, die vor Lou zwölf Jahre einen Husky problemlos in ihrer Familie gehalten hatten. Von Lous Vorgeschichte war vieles bekannt, doch inwiefern die Schilderungen der Vorbesitzer der Wahrheit entsprachen und vollständig waren, ist bei Tierheimhunden meist mit einem Fragezeichen versehen. Lou war als Welpe angeblich bei einer Familie mit mehreren kleinen Kindern. Dieser ist er offenbar über den Kopf gewachsen. Als eine berufliche Änderung und ein Wohnungswechsel anstanden, wurde er zu einem älteren Herrn gegeben. Dieser hat den Hund abends stets in den Keller gesperrt, was Lou nicht sehr gefallen hat und wogegen er sich immer vehementer zur Wehr setzte. Irgendwann dann wurde es dem älteren Herrn zu »unheimlich« mit dem Abwehrverhalten des Hundes und Lou landete im Tierheim. Dort verhielt er sich weitestgehend unauffällig, war freundlich zu allen Menschen und verstand sich auch gut mit den anderen Hunden, auch Rüden, obwohl er nicht kastriert war. Sogar die Grundkommandos beherrschte und befolgte er. Einer erfolgreichen Vermittlung schien nichts im Weg zu stehen.

Die Problematik im Alltag

Die jungen Besitzer meldeten sich kurz nach Übernahme des Hundes. Im Großen und Ganzen hatte er sich gut eingelebt, verstand sich problemlos mit den Katzen im Haushalt und verhielt sich im Alltag für den Anfang relativ angenehm, bis auf wenige, dafür aber massive Ausnahmen: Sobald es Abend wurde, schien der Hund wie ausgewechselt. Er legte sich in den Flur und knurrte, sobald einer der Besitzer auch nur in seine Richtung ging. Lockte man ihn aus dem Flur heraus in ein anderes Zimmer, so war er freundlich und zeigte keinerlei Auffälligkeiten. Ging er aber wieder zurück in den Flur, verhielt er sich dort recht abweisend. Dieses Szenario spielte sich ausschließlich abends ab, tagsüber war der Flur ein Raum wie jeder andere in der Wohnung. Die jungen Leute waren verunsichert. Was hatten diese merkwürdigen und völlig konträren Verhaltensweisen nur zu bedeuten? Wie konnte Lou so unvermittelt vom »Engel« zum »Bengel« mutieren? Das Vertrauen der Besitzer in ihren Hund und der unbeschwerte Umgang mit ihm wurden schwer erschüttert. Verständlicherweise entstand auch Angst bei ihnen. Weiter zeigte Lou ein extremes Besitzanspruchsverhalten. Wurde ihm ein Ball geworfen, so lief er begeistert hinterher, war aber unter keinen Umständen bereit, das Ergatterte wieder herauszugeben. Futter wiederum verteidigte er überhaupt nicht, ließ selbst die Katzen kommentarlos mit aus seinem Napf fressen.

Beim Besuch im häuslichen Umfeld und nach Kenntnisnahme von Lous bekannter Vorgeschichte, fiel mir auf, dass der Hund sich abends taktisch und strategisch im Flur vor die Garderobe legte, wo seine Leine und das Halsband hingen. Offenbar erinnerte sich Lou an das frühere Wegsperren und versuchte durch sein Verhalten, dieses zu vermeiden. Nachdem Leine und Halsband an einem für Lou nicht bekannten Ort im Wohnzimmer deponiert wurden, er auch dort angeleint und zum Abendspaziergang durch den Flur zur Haustür geführt wurde, stellte sich sein Verhalten im Flur nach kurzer Zeit komplett ein. Ballspiele wurden für eine Übergangszeit vollständig eingestellt, dann neu aufgebaut und im Sinne von Tauschhandel Ball gegen Ball, Ball gegen Futter eingeübt. Auch das funktionierte relativ schnell und gut. Lou lernte, Dinge an seine Besitzer abzugeben und erhielt im Gegenzug stets etwas anderes, mindestens ebenso für ihn interessantes. Versuchte er dennoch zwischendurch Duelle mit seinen Menschen, so ließen diese ihn allein zurück, ignorierten ihn und wendeten sich von ihm ab. Das gefiel Lou überhaupt nicht, denn er wünschte und genoss das Miteinander mit seinen Leuten.

Erste Trainingsschritte

Lou kam regelmäßig in die Hundeschule und es wurde schnell deutlich, dass sein Frauchen die Hauptbezugsperson war, die auch die meiste Zeit mit ihm verbrachte und korrekt und klar mit ihm kommunizierte. Herrchen war eigentlich nur für die abendlichen Spaziergänge zuständig, wo Lou meistens machen konnte, was er wollte. Und das tat er auch. Lou war sehr lernwillig, machte in den Übungsstunden deutliche Fortschritte und verstand sich auch im Freilauf mit allen

Hunden. Besonderen Spaß hatte er am Hundesport, wo er sich richtig austoben konnte und Frauchen aus der Puste brachte. Alles schien auf dem besten Weg, keiner ahnte, was die nahe Zukunft bringen würde.

Nach gut einem Jahr waren Rückschläge festzustellen. Es entstanden Situationen im Alltag, in denen es schien, als sei beim Hund ein Schalter umgelegt worden. In diesen Augenblicken war er nicht mehr ansprechbar, lehnte sich gegen Frauchen auf und widersetzte sich jeder Anordnung. Er schien dann unkonzentriert und überfordert, als wären ihm Dinge völlig unbekannt, die er sonst gar nicht beachtet hatte. Kommandos schien er zum ersten Mal zu hören, obwohl er sie eigentlich sicher beherrschte. Wir hielten es anfangs für eine Phase, für ein neuerliches Austesten seiner Grenzen. Diese Augenblicke kamen aber immer öfter und immer massiver, völlig unvorhersehbar von jetzt auf gleich. Bald war die Veränderung für jedermann, der ihn nur einmal in der Woche sah, deutlich bemerkbar.

Er begann, nicht nur unkonzentriert und ungehorsam zu reagieren, sondern auch massiv aggressiv. Weiterhin entstanden diese Situationen schier aus dem Nichts, dauerten immer länger an, verschwanden aber ebenso abrupt wieder. Nach derartigen Vorkommnissen war Lou völlig irritiert, erst recht verunsichert und verhielt sich übermäßig anhänglich und devot. Er fiel buchstäblich von einem Extrem in das andere. Tierärztliche Untersuchungen ergaben auf den ersten Blick keine Hinweise auf eine Erkrankung. Dann kam der Tag, als Frauchen von der Arbeit kommend sich mit einer wild tobenden Furie konfrontiert sah. Lou fletschte die Zähne und sprang gegen die nur einen Spalt geöffnete Tür. Ein Betreten der eigenen Wohnung war für die junge Frau nicht möglich. Frustriert und völlig am Ende ihrer psychischen Kräfte stand nun für sie fest: Lou musste weg – doch wohin? Das Tierheim weigerte sich, den Hund wieder aufzunehmen, sie stuften ihn als unvermittelbar ein. Wir trafen uns gemeinsam in einer Tierklinik und wollten eingehend mit einer medizinischen Fachkraft nochmals die Situation durchsprechen, letztlich schien die Einschläferung des Hundes für alle Beteiligten die beste Entscheidung zu sein. Die anschließende Obduktion des Hundes bestätigte den Verdacht, den wir mittlerweile schon eine Zeit lang hatten: Lou litt an einem schnell wachsenden Gehirntumor.

Verhaltensbiologische Anmerkung

Zunächst zeigt der Fall Lou sehr deutlich, wie die verhaltensbiologischen Zusammenhänge in einer gut strukturierten sozialen Umgebung ablaufen können. Zum einen ist deutlich geworden, dass die typische Situation eines starken und souveränen Hundes, der mit einem Menschen des entgegengesetzten Geschlechts in enger und stabiler Beziehung lebt, auch im Mensch-Hund-Team oftmals die Voraussetzung für ein sehr erfolgreiches Zusammenleben ist. Verantwortlich dafür ist die soziale Beziehungsfähigkeit von Hunden, die eben ähnlich wie beim Menschen mit Sozialpartner entgegengesetzten Geschlechts zu einer dauerhaften Paarbindung führt. Verantwortlich dafür sind nicht die Sexualhormone, sondern die Hormone des sozialen Netzwerks, hier speziell Oxytocin und Vasopressin. Da die Halterin offensichtlich sehr umsichtig und souverän agierte, war eine stabile und stressarme soziale Situation für Lou gegeben.

Ebenso zeigt die recht problemlose Korrektur seines vorherigen auffälligen Verhaltens bei Besitzerwechsel bzw. bei vergleichsweise geringen Änderungen des Umfeldes in der Wohnung der neuen Halter, dass Lernen, insbesondere bei erwachsenen oder älteren Tieren, zunächst eben situationsbezogen stattfindet. Erfahrungen werden mit dem Umfeld verknüpft, in dem sie gemacht werden, und ein Besitzerwechsel, der neue Bezugspersonen in das Leben des Hundes bringt, kann bereits ausreichen, um vorher fixierte und stabilisierte Verhaltensroutinen aufzubrechen. Ebenso ist es möglich, durch eine

Änderung des Umfelds, etwa hier die Verlagerung von Halsband und Leine an einen anderen, unauffälligen Ort, auch die daraus vorher entstandene störende Verhaltensroutine des Hundes zu verändern. Diese situationsspezifischen Lernvorgänge sind jedoch trotzdem nicht ausgelöscht, wenn durch die Veränderung des Umfeldes eine neue Situation eintritt. Man muss stets damit rechnen, dass z. B. bei sehr starker bis übermäßiger Reizqualität, diese Verhaltensweisen plötzlich irgendwann wieder auftreten. Gemachte Erfahrungen, wenn sie erst einmal im Langzeitgedächtnis fixiert sind, lassen sich nicht löschen. Ebenso besteht die Gefahr, wenn ähnliche Erfahrungen in mehreren unterschiedlichen Situationen, an mehreren unterschiedlichen Orten oder sonst bei unterschiedlichen Randbedingungen gemacht werden, dass dann auch bei erwachsenen Hunden eine *Generalisierung*, eine Verallgemeinerung, eintritt und das Verhalten letztlich doch irgendwann unabhängig von den Randbedingungen nur noch durch die konkrete auslösende Situation, also den auslösenden Reiz, gesteuert wird. Gerade bei unerwünschtem Verhalten ist es also wichtig darauf zu achten, dass dies nicht an verschiedenen Orten und mit unterschiedlichen Randbedingungen gleichermaßen zum Erfolg führen darf. Wie meist bei Tierheimhunden ist die Vorgeschichte von Lou ein Rätsel. Allein dies setzt auch einer vertieften Verhaltensanalyse enge Grenzen. Traumatisierungen, Fehlsozialisierungen oder mangelnde Erfahrungen in der Welpen- und frühen Junghundezeit sind oftmals dauerhaft und lassen auch das Verhalten des erwachsenen Hundes bisweilen nicht vorhersagbar und nicht planbar erscheinen.

Ausdrücklich muss noch betont werden, dass die häufigere Ursache für plötzlich auftretende, unkontrollierbar erscheinende Verhaltensschwankungen *nicht* in einem Gehirntumor liegt. Auch Störungen des Hirnstoffwechsels, die zum Teil genetisch bedingt sind, aber in den meisten Fällen Störungen im Schilddrüsenhormonhaushalt oder der Nebennierenfunktion sind, können zu solchen plötzlichen, anfallsartigen Verhaltensänderungen führen. Da die Interpretation von Schilddrüsenprofilen im Zusammenhang mit Verhaltens- und anderen Auffälligkeiten nicht bei allen niedergelassenen Tiermedizinern gleichermaßen kompetent erfolgt, ist es sinnvoll, sich hier mit Spezialisten zu beraten, wenn eine solche plötzliche und unvorhersagbare Stimmungsschwankung bei einem Hund auffällig wird.

Es ist bedauerlich und nicht zu verstehen, dass viele Tierärzte dem Wunsch von Hundetrainern auf Untersuchung der Schilddrüsenfunktion bei Hunden mit Verhaltensauffälligkeiten nicht nachkommen und manchmal die Trainer sogar als »Spinner« betiteln.

Letztlich sind medizinische Ursachen für Verhaltensänderungen, seien es schmerzbedingte Aggressionen, seien es hormon- oder botenstoffbedingte oder eben durch Tumore ausgelöste Verhaltensänderungen, auch nur bedingt steuerbar und beeinflussbar. Hier erreicht der Hund dann die Grenzen seiner Trainier- und Erziehbarkeit.

In den nicht medizinisch begründeten Fällen muss aber das menschliche Verhalten als Auslöser mit berücksichtigt werden. Hier verhilft manchmal allein ein Umgebungs- und Beziehungspersonenwechsel zu einer deutlichen Besserung des Hundeverhaltens, da erlernte Routinen unterbrochen werden.

Plötzlich auftretende Aggression

Wir möchten (und müssen!) ausdrücklich davor warnen, jegliches aggressive Verhalten sofort mit einem vermuteten »Gehirntumor« zu begründen und zu entschuldigen; dies ist in letzter Zeit leider stark in Mode gekommen. Besteht ein solcher Verdacht, so bieten die medizinischen Diagnostikverfahren heutzutage auch beim Hund die – durchaus bezahlbaren – Möglichkeiten, den Verdacht zu bestätigen – oder eben nicht. Gerade bei plötzlich einsetzender, nicht erklärbarer Aggression ist eine umfassende tierärztliche Abklärung immer und unbedingt erforderlich.

Zwei Kumpel für einen Terrier | Eddy

Eddy ist ein kleiner Terriermischling, der als Junghund offenbar auf der Straße ausgesetzt und in einer Tierklinik aufgenommen wurde. Dort stellte sich heraus, dass der Hund eine Form von Anfallsleiden hat, sehr schreckhaft und ängstlich ist. Die Tierärztin zog in Erwägung, den kleinen Kerl selbst zu behalten, um ihn so auch langfristig beobachten zu können. Dann ergab sich aber die Vermittlungsmöglichkeit an Bekannte, die sich sehr liebevoll und ausgiebig um ihn kümmern konnten. So zog Eddy in einen Haushalt mit einem weiteren, deutlich größeren Hund namens Tim und etlichen Katzen.

Sehr langsam, aber immerhin, macht Eddy Fortschritte. Die beiden gleichgeschlechtlichen, nicht kastrierten Hunde verstehen sich sehr gut. Der große Tim scheint Eddy regelrecht zu beschützen und zu bewachen und meldet sogar zuverlässig, wenn sich bei Eddy ein Anfall ankündigt. Mit den Katzen schläft Eddy im Körbchen oder auf der Couch eng aneinandergeschmiegt. Die Anfälle kommen immer seltener, Eddys körperliche Koordinationsschwierigkeiten verschwinden nicht gänzlich, reduzieren sich aber merklich. Durch die permanente Sorge um den kränkelnden Vierbeiner ermöglichen die Besitzer Eddy das Leben eines kleinen Paschas. Amüsiert und fast stolz registrieren sie, dass Eddy immer »selbstbewusster« wird und gern knurrend durch die Gegend stolziert. Der große Tim ignoriert dies einfach, die Katzen reagieren eh nicht, die Menschen betrachten sich das Szenario schmunzelnd. So scheint doch alles in Ordnung.

Eddy braucht einen Spielkamerad – meint der Mensch

Da Eddy als gehandycapter Kleinterrier mit dem gut 50 Kilo schweren Tim nicht wirklich »spielen« kann, setzt sich im Kopf der Besitzer die Idee fest, für den kleinen Zausel einen passenden Spielkameraden zu suchen. Im Internet werden sie fündig: Eine italienische Tierschutzorganisation bietet Sweety und Pike an, zwei Kleinterrier, Brüder, knapp ein Jahr alt. Eddys Frauchen schmilzt dahin und sieht nur die niedlichen Hunde auf dem Bildschirm. Die sollen es sein! Da die Tierschutzorganisation im E-Mail-Kontakt versichert, beide Hunde seien »total lieb und unkompliziert und sollten zusammen vermittelt werden«, fällt die Entscheidung schnell. Bereits nach kurzer Zeit werden beide Hunde am Flughafen abgeholt.

Begeisterung bei den einen, Unverständnis bei den anderen
Eddys Besitzer sind völlig aus dem Häuschen und begeistert von den beiden Brüdern, die den Flug unbeschadet überstanden haben. Die Zusammenführung der Hunde gestaltet sich auch relativ einfach und unproblematisch. Die Familie ist sich sicher, genau das Richtige getan zu haben und in eine beglückende Zukunft zu blicken. Freunde und Bekannte reagieren skeptisch und mit einem gewissen Unbehagen. Wenn Eddy schon einen Spielkameraden erhalten sollte, ist es dann nicht ratsamer, nur einen Hund zu ihm ins Haus zu nehmen, statt gleich zwei Brüder, die Zeit ihres Lebens gemeinsam verbracht haben? Ist das erhöhte Stressaufkommen im Haus für den gesundheitlich angeschlagenen Eddy nicht vielleicht mehr Risiko als Chance? Und sollte ein Hund für so eine spezielle Gruppenkonstellation nicht besser aus einem heimischen Tierheim ausgewählt werden, statt ihn, wie eine Waschmaschine, nur nach äußeren Gesichtspunkten aus dem Internet zu »bestellen«?

Noch ist alles »frisch« und »neu«, doch sind nicht womöglich ernsthafte Folgeprobleme für die Zukunft zu befürchten, vielleicht sogar wahrscheinlicher, als ein harmonisches Zusammenleben und die Erfüllung der menschlichen Vorstellungen? Fragen über Fragen aber die »Kleinen« sind ja so »niedlich«.

Verhaltensbiologische Anmerkungen

Die Konstellation im Haushalt der Familie wird sich möglicherweise in den nächsten Jahren dramatisch ändern. Zum einen sind, wie bereits zum Fall »Geschwisterliebe« (siehe ab Seite 151) dargelegt, zwei gleichaltrige Brüder in der Pubertät eine ohnehin sozial sehr instabile Mischung. Handelt es sich dabei noch um Terrier oder andere, eher den aktiven und nach vorne gehenden Persönlichkeiten zuzuordnenden Hunden, so ist bereits ohne weitere Hunde im Haushalt ein mögliches Problem zu erwarten. Die Auseinandersetzungen, die im Fall »Geschwisterliebe« geschildert und auch erklärt wurden, könnten hier also durchaus ebenfalls zwischen den beiden neu erworbenen Hunden auftreten. Zudem ist die Situation mit den bereits im Haushalt vorhandenen Hunden nicht leicht abzuschätzen. Verhältnismäßig problemlos wird sich wohl das Zusammenleben der beiden Neuen mit Tim darstellen. Tim dürfte sich, ähnlich wie Eddy gegenüber, als eher geduldiger und souveräner Hund verhalten, der sich relativ wenig von den beiden Kleinen beeindrucken lässt. Zu beachten ist möglicherweise, dass Tim als Senior mit den hektischen und herumwuselnden Kleinhunden Probleme bekommen könnte. Absolut nicht einschätzbar dagegen ist das Verhalten von Eddy zu den beiden Neuen. Einerseits ist Eddy, nicht zuletzt durch seine Vorgeschichte und seine neurologische Erkrankung, ein sehr stressanfälliger Hund. Es besteht die Gefahr, dass er das Auftauchen der neuen Hunde als massive Belastung empfindet. In diesem Fall könnten sich sogar seine neurologischen Ausfälle wieder verstärken. Fast alle neurologischen Anfallsleiden werden bei einem erhöhten Stresspegel, vermittelt durch die Verhinderung ausgleichender Botenstoffe im Gehirn, erhöht.

Zusätzlich kommt die konkrete Problematik der Revierverteidigung und gegebenenfalls auch der Partnerverteidigung hinzu. Eddy hat bisher in dieser Familie offensichtlich einen privilegierten Status innegehabt, den er gegen die beiden Neuen durchaus aggressiv verteidigen kann. Auch hier ist Eddy als Terriermischling besonders anfällig für das betreffende Verhalten, da das sogenannte Eifersuchtshormon Vasopressin seine Partnerverteidigungswirkung durch Wechselwirkung mit dem Kampfhormon Noradrenalin ausübt. Und Noradrenalin ist ohnehin bei Terriern und anderen, eher zum A-Typ neigenden Hunden, in höherem Maße vorhanden bzw. leichter zu produzieren.

Letztlich ist aber die Situation nicht vorhersagbar. Es wird auch an der Sozialkompetenz der Menschen und der Sozialkompetenz von Tim liegen, inwieweit sich die Beziehung zwischen den drei Kleinhunden stabilisieren oder eskalieren wird. Die geringste Wahrscheinlichkeit hat eine weiterhin stabile Beziehung zwischen den beiden Terrierbrüdern. Alles andere kann nach wie vor in jede Richtung gehen. Insgesamt ist jedoch eine Konstellation, wie die hier geschilderte, keineswegs empfehlenswert, der Nutzen nicht gegeben, die Kosten hoch.

Bandenkrieg | Kiss, Me und Kate

Kiss, Me und Kate sind drei Mischlingshündinnen, die alle zu unterschiedlichen Zeiten als jugendliche Hunde von einer südländischen Tierschutzorganisation an Familie Berens vermittelt wurden. Kiss ist mit sechs Jahren die älteste der drei Hündinnen, Me ist gut drei Jahre alt und Kate ein knappes Jahr. Alle Tiere wurden kastriert übergeben.

Familie Berens hat immer mehrere Hunde gleichzeitig gehalten und widmet den vierbeinigen Hausgenossen viel Zeit. Sie sind relativ gut erzogen, werden ihren Interessen entsprechend gefördert und verstehen sich untereinander sehr gut. Kiss ist unter den Hunden zweifelsohne der ruhende Pol, die Selbstständigste und Souveränste des Trios. Die beiden Jüngeren akzeptieren sie in allen Belangen, zollen Respekt, wenn es angezeigt ist und überlassen ihr Fressen und Spielzeug, wenn dies situativ von ihr eingefordert wird.

Insgesamt ist Familie Berens weitestgehend zufrieden mit ihrem Drei-Mädel-Haus. Dennoch suchen sie die Hilfestellung eines Hundetrainers, da sie bei Spaziergängen immer wieder Situationen erleben, die sie verunsichern und in denen sie nicht wissen, wie sie damit umgehen sollen.

Gemeinsam sind wir stark – und unausstehlich

Familie Berens geht gern in Gesellschaft von anderen Hundefreunden spazieren. Sind Herr oder Frau Berens mit den Freunden allein unterwegs, so nehmen sie auch nur einen Hund mit. Jeder Hund für sich ist absolut verträglich mit jedem anderen Hund, egal, ob fremder oder bekannter. Wenn gespielt werden kann, so wird gern und ausgelassen getobt und gerannt, es gibt auch nie Streit um Bälle. Geht Familie Berens aber gemeinsam und mit allen drei Hunden, so sieht das Geschehen häufig ganz anders aus. Mit manchen Hunden wird ebenso unbelastet gespielt, wie sonst im Einzelkontakt. Manchmal spielen auch nur Kiss, Me und Kate miteinander und lassen andere Hunde um sie herumtanzen und -springen, ohne sich um diese zu kümmern. Familie Berens schmunzelt und erklärt im Gespräch mit dem Hundetrainer, dass die drei die anderen Vierbeiner dann regelrecht »abblitzen« lassen, bis diese sich irgendwann frustriert »schleichen«. Die drei würden eben eine eingeschworene Gemeinschaft bilden, in die ein Fremder nicht eingelassen wird, sie sind dann offensichtlich eine »geschlossene Gesellschaft«!

Leider gibt es aber auch die andere Variante, und dabei »spielen« die Hunde irgendwie heftiger. In einer solchen Spielsituation kam es nun auch zu einer richtigen Beißerei, bei der der andere Hund massiv verletzt wurde. Familie Berens berichtet weiter, dass es meist bei jüngeren und etwas ängstlichen Hunden mit Kiss, Me und Kate nur zu »Rennspielen« kommt, wobei der Fremde die Rolle des zu jagenden Hasen einnehmen muss. Kreuz und quer geht es dann über Wiesen und Felder. Im Gegensatz zu anderen Spielsituationen, sind die Berens-Hunde auch nicht mehr abrufbar. Manchmal bellen sie sogar und geben richtige »Jiff-Jiff-Laute« von sich, was sie sonst nur bei der Jagd nach Nachbars Katze machen. Voller Stolz berichtet Herr Berens, dass seine Hunde immer den Gejagten stellen, denn irgendwann gehen Kate, Me und vor allem Kiss regelrecht taktisch vor, teilen sich auf und planen den Angriff von verschiedenen Seiten. Dann wird der Gefangene überrollt, zu Fall gebracht und muss sich ergeben. »Bestimmt spielen die dann Wir-Fangen-das-Reh!«, folgert Frau Berens und setzt noch hinzu: »Und dabei stellen sich die drei richtig geschickt an!« Bei einer derartigen Situation war es zu dem Beißvorfall gekommen, denn der immer wieder angerempelte und über den Haufen gerannte Hund begann sich plötzlich zu wehren und schnappte nach seinen Häschern, die sich im Dreieck um ihn herum postiert hatten und die Distanz immer weiter verringerten. Plötzlich, und für Familie Berens so überraschend wie unerwartet, brachten ihre drei Hunde den Kontrahenten zu Fall und begannen ihn zu beißen.

Interaktionen

Häufig betrachten Hundebesitzer Interaktionen zwischen Hunden als Spielsituation, die in keinerlei Weise als Spiel zu bezeichnen sind! Gerade da, wo mehrere Hunde sich gut kennen, sei es, weil sie zusammenleben oder sich immer wieder auf Spaziergängen begegnen, werden fremd hinzukommende Hunde regelrecht schikaniert. Daher ist es wichtig zu wissen, was echtes Spiel ist, wie es erkannt wird und wie es verläuft. Denn für die schikanierten Hunde bestehen ernsthafte Risiken, psychische und/oder physische Schäden davonzutragen. Doch auch die Schikanierer lernen ungünstige Schlüsse, die sie aus diesen Situationen ziehen!

Verhaltensbiologische Anmerkungen

Bevor auf die »negativen« Aspekte dieser Teambildung eingegangen wird, erscheint der Fall aber auch geeignet, einige allgemeine Bemerkungen zum Hundeverhalten abzuleiten:

Zum einen ist deutlich erkennbar, dass Rudelbildung und koordinierte Zusammenarbeit bei Haushunden noch in einer durchaus den Vorfahren sehr ähnlichen Art und Weise stattfinden kann. Insbesondere das Übernehmen von unterschiedlichen Rollen bei der Überwältigung des Opfers zeigt eine ausgesprochen hohe Kompetenz und auch die Tatsache, dass eine jüngere, rangniedrigere Hündin hier sehr wohl situative Anführerschaft übernehmen kann. Zugleich ist die Persönlichkeit der Ranghöchsten, nämlich Kiss als ausgesprochenes A-Typ-Tier, an vielen Eigenschaften ihres Verhaltens deutlich erkennbar. Zum anderen wird deutlich, dass das Märchen von der angeblich so guten Verträglichkeit der Südhunde mit vierbeinigen Artgenossen nicht stimmt. Auch hier handelt es sich immer um situationsbezogenes Verhalten, das nicht verallgemeinert werden darf. Auch erste Voruntersuchungen über Persönlichkeitseigenschaften von sogenannten Auslandshunden, die in unserer Arbeitsgruppe von Britta Strüwe durchgeführt wurden, bestätigen dies: Der Persönlichkeitsfaktor »Geselligkeit mit Artgenossen« ist keineswegs im Durchschnitt mit höheren Punktzahlen belegt als bei Tierschutzhunden aus dem Inland oder auch bei Rassehunden.

Nun aber zu den verhaltensbiologischen Anmerkungen zum Fall: Von entscheidender Bedeutung in diesem Zusammenhang ist es, die wichtigsten Merkmale von *echtem Spiel* im Unterschied zu anderen Verhaltensweisen nochmals deutlich aufzuzeigen:

› Im Spielverhalten finden *regelmäßige Rollenwechsel* statt, Jäger und Gejagter bzw. bei Balgereien oben und unten Liegender werden regelmäßig gewechselt.

- Im Spiel werden *existierende Verhaltenssequenzen aufgelöst* und *Verhaltensweisen aus verschiedenen Funktionskreisen* werden vermischt. Das bedeutet z. B., dass Elemente des Jagens, der sozialen Körperpflege, des innerartlichen Kampfverhaltens und ggf. auch des Sexualverhaltens in einer wenig bis gar nicht zeitlich geordneten Reihenfolge aufeinanderfolgen.
- Spiel ist von *beiden Seiten lustbetont, freiwillig und entspannt*. Dies wird nicht nur durch entspannte Körperhaltung, sondern auch durch eindeutige *Spielsignale* und sogenannte luxurierende, also übertriebene und überschießende Bewegungsfreude dokumentiert. Daher ist beispielsweise für die Unterscheidung zwischen Spiel und anderen Verhaltenszusammenhängen auf die zeitliche Abfolge der nacheinander gezeigten Verhaltensweisen genauer zu achten.
- Ebenso erscheint es wichtig, dass nach einer Trennung durch den Menschen die Beteiligten, insbesondere auch diejenigen, die sich in einer unterlegenen Position befanden, *freiwillig wieder den Kontakt aufnehmen und das Spiel fortsetzen*. Es ist sehr zu bezweifeln, dass dies in dem hier genannten Fall der überwältigte Hund getan hätte.
- Das Auftreten der »Bell- und Jiff-Laute« während der Jagd zeigt bereits, ebenso wie die angewandten Taktiken, dass es sich bei den Verhaltensweisen der drei Hündinnen offensichtlich *nicht* um Spiel handelt. Auch wird keinerlei Verhalten aus anderen Funktionskreisen in diesem Zusammenhang geschildert.
- Selbstverständlich gilt auch für die Jagd in der Gruppe, was bereits anhand des Problems der Balljunkies und anderer Suchthunde geschildert wurde, nämlich die lawinenartig sich nach und nach selbstauslösende und selbstfördernde Wirkung der Verhaltensweisen der Jagdkette auf die jeweils folgende, und die Hemmung der vorangehenden. Daher ist es auch hier kein Wunder, dass die

Hündinnen eben nicht mehr abrufbar waren, wenn sie ein bestimmtes Stadium der Jagd erreicht haben. Auch die Wirkungen des Selbstbelohnungssystems sind bereits im Zusammenhang mit den Balljunkies und anderen Problemen geschildert worden.

Was versteht man unter Mobbing?

Das Problem des sogenannten Mobbings ist bei Hundebegegnungen sehr häufig problematisiert und thematisiert worden. In vielen Fällen wird der Begriff schon sprachlich falsch angewendet, denn ein Hund (oder auch Mensch!) kann einen anderen nicht mobben, schließlich bedeutet »Mob« im Englischen Meute oder Volksmenge, bzw. das Verb »to mob« bedeutet »über jemanden herfallen«. Es gehören also eher mehrere dazu, die gemeinschaftlich gegen einen agieren. In unserem Fall wäre diese Voraussetzung erfüllt. Trotzdem handelt es sich nicht um ein klassisches Mobbingverhalten, wie es aus sozialdynamischen Gründen stattfinden kann. Während bei sozialdynamisch motiviertem Mobbing die Angreifer, wenn auch aus unterschiedlichen Motivationen heraus, sich einen Vorteil im sozialen Zusammenleben mit dem gemobbten Opfer versprechen und/oder sich bei dem Angreifer als Koalitionspartner einzuschmeicheln versuchen, finden wir hier im geschilderten Fall das Opfer nur als Übungsobjekt für das Jagdverhalten wieder. Es wird bezweifelt, dass es sich hierbei um eine rudeldynamische, z. B. Rangordnungsauseinandersetzung handelt. Daher wäre der Mobbingbegriff hier aus sozio-/ethologischer Sicht fehl am Platz.

Werden die Hündinnen einzeln geführt, so zeigt sich deutlich, dass ohne den Rückhalt der Rollenverteilung im Rudel offensichtlich das Jagdverhalten nicht auslösbar ist. Hier spielen also Lernprozesse eine Rolle, offensichtlich ist die Erfahrung eindeutig gewesen, dass man nur im Verband in solchen Situationen erfolgversprechend handeln kann. Ähnliche Auswirkungen von Lernprozessen begegnen vielen Mehrhundehaltern im Alltag, wenn z. B. der einzeln geführte Hund völlig anders reagiert als in vergleichbarer Situation in Anwesenheit seiner vierbeinigen Mitbewohner.

Mangelnde Prägung auf Menschen | Bärli

Bärli ist ein großwüchsiger, stattlicher, üppig behaarter Mischling. Er wurde als vermeintlicher Rassehund verkauft, entspricht dem Typ der behaupteten Rasse aber nur annähernd. Die Besitzer hatten ihn im Alter von rund 3,5 Monaten von der »Züchterin« übernommen, wo er mit seiner Mutter, den Geschwistern und weiteren Alttieren im Zwinger lebte. Für das junge, eher unerfahrene Pärchen war das Entscheidungskriterium, dass Bärli der einzige der noch vorhandenen Welpen war, der überhaupt zu ihnen kam. Der niedliche Fellkumpan tat ihnen außerordentlich leid, wie er sich da so schmutzig und stinkend an sie schmiegte. Warum in dem Alter denn die Welpen überhaupt noch im Züchterhaushalt lebten, statt zu ihren neuen Besitzern umzuziehen, wurde von ihnen gefragt. Die Antwort lautete überzeugend, dass es für größere Hunde unbedingt ratsam sei, diese nicht vor Vollendung des 3., besser sogar erst nach dem 4. Monat abzugeben.

Bärli war in diesem Alter schon sehr groß und auch bereits recht kräftig. Das von den jungen Leuten bei einem Welpen erwartete neugierige und aufgeschlossene Verhalten war bei Bärli eigentlich nicht festzustellen. Bereits am Tag seiner Abholung knurrte er und schnappte nach den jungen Leuten, als diese ihn, zu Hause angekommen, aus dem Auto heben wollten. Erschrocken wichen sie vor dem kleinen Kerl zurück, wunderten sich und überlegten, ob sie ihm irgendwie wehgetan hätten. Bei einem anschließenden Gespräch mit der »Züchterin«, bei welchem über die Heimfahrt gesprochen wurde, erklärte diese, dass Bärli einfach nur territorial reagiert hätte, denn nach der gut einstündigen Autofahrt habe er das Auto als sein Territorium angesehen und entsprechend verteidigt. Seine neuen Menschen hingegen wären ihm noch zu fremd, das würde sich alles mit der Zeit geben.

Im neuen Zuhause

Bärli erwies sich von Anfang an als ein sehr ängstlicher Hund. In der ersten Zeit stand er ständig unter Spannung und erschrak bei jedem Geräusch, vom Radio bis hin zum Naseputzen. Auch als so junger Hund zeigte er schon teilweise massive Abwehrreaktionen wie Knurren und Schnappen. Die jungen Leute waren verunsichert, aber auch voller Verständnis und Mitleid für den armen, kleinen Kerl, der offenbar nichts kannte und sich vor allem fürchtete.

Unerfreuliches Erlebnis in der Hundeschule

Das größte Problem bei Bärli war sein aggressives Verhalten allem Fremden gegenüber. Da er sich besonders vor Männern ängstigte, hielten seine Besitzer es für eine gute Idee, ihn mit in die Hundeschule im Ort zu nehmen, wo der Trainer ein Mann ist. Sie verabredeten einen Termin und erzählten diesem »Hundetrainer« vorher, dass Bärli große Angst vor Männern hat und es deshalb schon mal zum Schnappen kommen kann. Als sie erstmalig in der Hundeschule ankamen, verhielt sich Bärli aber recht gut und ließ sich vom Trainer sogar füttern und streicheln. Dieser meinte dann, er müsse das aggressive Verhalten aber einmal sehen und provozierte Bärli, indem er mit seinen Armen vor Bärlis Kopf fuchtelte und ihm Angst machte. Es dauerte auch nicht lange und Bärli schnappte zu. Daraufhin warf der »Trainer« den jungen Hund auf den Rücken und legte sich auf ihn. Als Bärli sich nicht ergeben wollte, schüttelte der Mann ihn kräftig hin und her. Bärli war völlig panisch und es schien, dass er nur noch Angst um sein Leben hatte. Nach dieser Aktion war er voller Urin und Kot und hatte sogar einige seiner Milchzähne am Metallarmband des »Trainers« eingebüßt. Das Ganze ging so schnell und die Besitzer waren derart geschockt, dass sie gar nicht eingreifen konnten.

Die Probleme werden immer größer

Das alles ist jetzt etwa ein Jahr her. Immer mal wieder kommt es zu unangenehmen Zwischenfällen. Große Probleme haben die Besitzer, wenn Besuch ins Haus kommt. Dann ist Bärli immer »auf der Lauer«, und es ist auch da schon zum Schnappen gekommen. Wenn auch größere Blessuren bislang noch nicht vorgekommen sind, blaue Flecken und Kratzer hat es schon reichlich gegeben. Die Spaziergänge gestalten sich zu Spießrutenläufen, denn Bärli attackiert alles, was entgegenkommt oder ihn überholt. Er rastet bei Fahrrädern, Autos, Skatern, Spaziergängern mit und ohne Hund völlig aus. An Freispiel mit anderen Hunden ist gar nicht mehr zu denken, nachdem er nun auch begonnen hat, ihm bekannte und bislang gemochte Hunde im Freilauf anzugreifen.

Die Besitzer hören immer wieder, dass solches Verhalten mit zunehmendem Alter noch schlimmer wird. Was soll mit Bärli geschehen? Müssen sie sich von dem Hund trennen? Muss er womöglich eingeschläfert werden? Traurig und ziemlich verzweifelt melden sie sich bei einem auch in Verhaltenstherapie anerkannten kompetenten Hundetrainer zu einer Kompakttrainingswoche an.

Verhaltensbiologische Anmerkungen

Bärli ist aufgrund seiner Vorgeschichte sicher in mehrfacher Hinsicht vorbelastet. Die Lebensweise mit der Mutter und anderen Hunden im

Zwinger hat ihn zwar möglicherweise auf einen kompetenten Umgang mit Hunden und deren Sozialverhalten einigermaßen vorbereitet, jedoch ist zu vermuten, dass die ebenso wichtige Prägung auf den Menschen und die danach folgende Sozialisierung mit Menschen, d. h. die Vermittlung von Umgangsformen bei Begegnungen mit Menschen, vernachlässigt wurde oder überhaupt nicht stattgefunden hat. Im 3.–4. Lebensmonat schließt sich erfahrungsgemäß das Zeitfenster für diese Form von Früherfahrung. In anderer Weise dürfte das Leben im Zwinger ebenfalls relativ wenig Abwechslung geboten haben, was bedeutet, dass auch die Präsentation von Umweltreizen unterschiedlicher Art, insbesondere solcher, wie sie in einer dicht besiedelten Wohngegend auftreten können, nicht vermittelt wurde. Zu den Vorfällen bei der Übergabe des Hundes ist zu vermerken, dass ein vier Monate alter Hund kaum Territorialverhalten zeigt. Nach allen einschlägigen Erkenntnissen treten Formen der Territorialverteidigung und der Territorialaggression bei Wölfen und vergleichbar großen Hunderassen frühestens mit 24 Wochen, also nach Abschluss des 6. Lebensmonats auf. Vielmehr dürfte es sich um ein Abwehrverhalten gehandelt haben, das auch unter anderem auf die mangelnde Erfahrung mit Menschen allgemein zurückzuführen ist. Der Züchter allein ist als Vorbild für die Menschenprägung unzureichend, da eine Generalisierung des Menschenbildes nur bei Vermittlung von Erfahrungen mit möglichst unterschiedlichen Menschen verschiedener Herkunft, Größe, Alters etc. zu ermöglichen ist.

Stark traumatisierend hat sich das Erlebnis mit dem Trainer ausgewirkt, hier wurde ganz sicher die Selbstschutzaggression aktiviert. Anstatt einer Unterwerfung ging es für diesen Hund, der bisher keinerlei Erfahrung mit sinnvollem und problemangepasstem Sozialverhalten mit Menschen hatte, ums nackte Überleben. Erlebnisse in einer solch extrem emotionalen Situation sind in vielerlei Hinsicht programmierend für das spätere Verhalten, weil eine erfolgreiche

Strategie (und Erfolg bedeutet ja schon, eine solche lebensbedrohliche Situation überhaupt überlebt zu haben) sofort als zukunftsträchtig abgespeichert wird. Aus Labortierstudien und der menschlichen Jugendpsychologie ist bekannt, dass gerade im Zeitraum der Pubertät sogenannte Kontrollverlusterlebnisse, wie etwa die hier geschilderte massive Traumatisierung, auch zu dauerhaften Veränderungen bzw. Defiziten in der Gehirnentwicklung führen. Die als Exekutivfunktionen bezeichneten hemmenden, Bremsleitungen aus der Großhirnrinde nach unten in das emotionale Zentrum, vor allem dem Mandelkern, werden nicht freigeschaltet, sodass auch später emotional selten kontrollierbare Wutaggression nicht unter die Kontrolle der Großhirnrinde gestellt werden kann. Dadurch ist die Selbstverteidigungsaggression durch Lernen am Erfolg gekennzeichnet, die lernverstärkende Wirkung des Kampfhormons Noradrenalin sorgt für schnelle Abspeicherung. Das gleichzeitig aktivierte Cortisol wiederum ist dafür verantwortlich, die Begleitumstände einer solch extrem stressbeladenen Situation zu speichern und als Hinweis auf Gefahr für die Zukunft zu markieren. Diese Kombination vieler Einflussfaktoren hat bei Bärli, aufgrund seiner Lebensumstände, durchaus vorhersehbar zu dem problematischen Verhalten geführt.

Zu wenig Erfahrungen in einer wichtigen Zeit | Lukas

Wir sind eine vierköpfige Familie, aber unsere Kinder sind schon fast erwachsen. Wir besitzen einen Pyrenäenberghundrüden, der jetzt zwei Jahre alt und nicht kastriert ist. Außer ihm haben wir noch eine alte, völlig unkomplizierte Mischlingshündin. Irgendwas läuft schief mit dem Rüden, und ich würde Ihnen das gern mal erläutern: Lukas kam im Welpenalter von zwölf Wochen zu uns. Wir haben viel mit ihm unternommen und ihm Kontakt zu allem ermöglicht.

Er lernte Menschen, Fahrräder, Autos, die Stadt, den Park, Jogger, kleine Kinder und natürlich Artgenossen kennen. Der Rüde entwickelte sich prächtig, war freundlich zu allem und jedem, es war richtig schön mit ihm!

Leider wurde dann, als er fünf Monate alt war, OCD (*Osteochondrosis dissecans*) an beiden Schultern festgestellt. Das bedeutete nun, dass er in Narkose gelegt und eingehend per CT untersucht werden musste. Eine Woche später kam die zweite Narkose und die Operation der linken Schulter, dann drei Monate Schonzeit! Kein Spielen mit Artgenossen mehr, nur noch kurze Spaziergänge, er durfte so gut wie nichts tun und maximal 10–15 Minuten laufen. Nach den drei Monaten eine erneute Narkose und die Operation der rechten Schulter. Wieder Schonzeit …

In der Zwischenzeit ist unser Jungrüde pubertär geworden, und er fing an auszumustern, wen er leiden konnte und wen eben nicht. Gute Phasen und derbe Rückschläge sein Verhalten betreffend wechselten sich ebenso ab wie die Hundeschulen, die wir mit Lukas besuchten. Alles hörten wir, von »unheilbar aggressiv« bis zu »normal für diese Rasse«. Die einen meinten, nur durch »Teletakt« wäre dieser Hund hinzukriegen, die anderen rieten zum ausschließlichen Arbeiten mit »Leckerli«. Ersteres kommt für uns nicht infrage, und Leckerli funktionieren leider in brisanten Situationen überhaupt nicht.

Typisch für Hunde dieser Rasse halten wir durchaus, dass sie sich in fremder Umgebung ziemlich neutral verhalten, aber was das eigene Revier angeht, nicht mit sich spaßen lassen. Bei Lukas ist es eher so, dass er außerhalb des Grundstücks alles als seins betrachtet. Alles, was er überblicken kann, gehört ihm: sein Wald, seine Felder, seine Luft. Da hat niemand was zu suchen. Laufen wir z. B. einen

Feldweg entlang und er sieht von Weitem irgendwas, dann lässt er sich gut ablenken, aber wehe, uns begegnet ganz plötzlich etwas. Das können ein Fahrrad, ein Auto, unvermutet auftauchende Hunde sein, dann knallt es! Wenn es eng wird, dann wird er fuchsteufelswild, lässt sich nicht ablenken und läuft auch keinen Meter freiwillig weiter. Man kann sich bestimmt bildlich vorstellen, wie solche Konfrontationen verlaufen. Er steigt hoch wie ein Pferd und sieht absolut nicht freundlich aus. Das war doch alles sonst nicht so! Warum er Menschen nun gar nicht mehr mag, verstehen wir nicht. Okay, die Rasse ist misstrauisch und mag es nicht, wenn ihre Individualdistanz unterschritten wird, aber er mag uns begegnende Fremde generell nicht mehr. Fahrräder, Jogger usw. hatte er ja alles in seiner Jugend positiv kennengelernt, warum flippt er jetzt so aus, wenn er sie sieht?! Besuch bei uns Zuhause ist kein Problem, vor allem Kinder liebt er. Personen, die uns einmal besucht haben, vergisst er nicht mehr, und er freut sich jedes Mal, wenn sie wiederkommen. Doch durch sein Verhalten sind auch wir mittlerweile »ängstlich« geworden, unsicher, wenn sich etwas nähert. Er wird bestimmt genau spüren, dass wir gerade die Führung abgeben, wenn wir schon wieder nervös werden, nur weil eine Gruppe Leute auf uns zukommt. Aber es ist doch auch verständlich, dass es für uns unangenehm ist, wenn er so rumpöbelt und sich in die Leine schmeißt. Abgesehen davon, dass es jede Menge Kraft kostet, ihn zu bändigen. Ein Teufelskreis momentan.

Natürlich mache ich mir so meine Gedanken, wo die Ursache liegt. Waren es die vielen Narkosen, die ein Trauma bei ihm ausgelöst haben? Führte die lange Schonzeit und der daraus resultierende Abstand zu Artgenossen, gerade in der Pubertät, zu seiner Aversion? Innerhalb der Familie ist er lieb, lehnt sich nicht auf. Wir können ihm alles problemlos wegnehmen, er hat bisher weder geknurrt, noch sonst irgendwie gedroht. Ich wünsche mir so sehr entspannte

Spaziergänge. Ist er entspannt, hört er sehr gut, aber sobald er erregt ist, kennt er nichts und niemanden mehr! Wie kommt es nur zu dieser Veränderung? Wir sind völlig ratlos …

Verhaltensbiologische Anmerkungen

Lukas bringt aus seiner individuellen Vorgeschichte eine Reihe von Risikofaktoren für eine erheblich gesteigerte Stressanfälligkeit mit. Dazu gehört zum einen die Tatsache, dass durch die wiederholten Narkosen die Empfindlichkeit des passiven Stresssystems, also der Nebennierenrinde und ihrer Stresshormone aus der Glucocorticoid-Gruppe, gesteigert ist. Gerade in der Jugendzeit sind solche Einwirkungen oftmals auch nicht mehr völlig rückstandsfrei zu beseitigen, das heißt, eine erhöhte Reaktivität dieses Hormonsystems bleibt erhalten. Dazu kommt die Unterforderung, die durch seine lange Erholungsphase, gerade in der für Spielverhalten und heftige Bewegungen besonders wichtigen Zeit, verursacht wurde. Im Prinzip ist die nach den Operationen angeordnete Schonzeit ohne Möglichkeiten zu körperbetonten Aktivitäten für diesen Hund eine Katastrophe gewesen. Es ist nachweisbar, dass dadurch nicht nur eine verschlechterte Körperempfindung und verringerte Leistungsfähigkeit von Bewegungskoordination, Muskel- und Nervensystem entstehen, sondern auch eine Reihe von Hirnregionen, unter anderem die für Motivation, Neugier und Aufmerksamkeit verantwortliche Region des Hippocampus und auch etliche Regionen des Großhirns, Schaden nehmen. Untersuchungen an Labortieren haben eindeutig gezeigt, dass das Aufwachsen in einer reizarmen Umwelt, die nicht zur körperlichen und aktiven Erlebnis- und Erfolgsverschaffung geeignet ist, die Tiere nicht nur unsicherer, sondern auch aggressiver und weniger sozial positiv motiviert macht. Lukas ist offensichtlich genau durch diese Vorschädigungen beeinträchtigt. Seine Stressanfälligkeit, seine Aggression und seine geringe sozial positive Handlungsbereitschaft decken sich genau mit dem, was in Untersuchungen mit Labornagern zum Tragen kam, wenn diese, anstatt in einem abwechslungsreich gestalteten, zum Klettern, Schlüpfen, Erkunden und anderen Tätigkeiten ausgestatteten Superkäfig, in einem langweiligen Standard-Laborkäfig aufwachsen mussten.

Ein Herdenschutzhund ohne Erziehung | Pedro

Pedro ist ein gut drei Jahre alter Maremmanorüde, der im Alter von fünf Wochen von einem Schäfer im Ursprungsland abgekauft und deshalb nach Ansicht der neuen Besitzer »gerettet« wurde. Beide Elterntiere arbeiteten an der Herde und dieses »Schicksal« hätte auch Pedro ereilt, wäre er nicht nach Deutschland gekommen. Der kleine »Teddybär« wurde umsorgt und geliebt. Die menschlichen Zieheltern fanden die Trennung von der Hundemutter und den Geschwistern zwar etwas früh, versuchten aber alles, um dem Hundekind ein gutes Leben zu ermöglichen. Nur wenige Wochen nach der Übernahme wurde der Vierbeiner sehr krank. Er litt immer wieder an schweren, teils blutigen Durchfällen, deren Ursache zuerst nicht diagnostiziert werden konnte. Statt gründlicher Diagnostik wurden dauernde Antibiotikagaben verordnet, die aber zu keinerlei Besserung führten. Deshalb wechselten die Hundebesitzer den Tierarzt. Nun wurde die längst überfällige, gründliche Ursachenforschung betrieben und eine Kotprobe zur genaueren Untersuchung ins Labor eingeschickt. Festgestellt wurden Giardien, die bereits die Leber befallen hatten. Aufgrund der schlimmen Erkrankung und um eine Ansteckung auszuschließen, hatte der Kleine weder Welpen- noch Junghundegruppe besucht. Ihm wurde regelrecht »jeder Wunsch erfüllt«, da die Familie natürlich großes Mitleid mit dem immer wieder kranken Pedro hatte.

Der Hund zeigte sich von Anfang an sehr unsicher in Alltagssituationen. Dann wurde er von seinem Herrchen und Frauchen beruhigt, man versicherte ihm, dass er doch keine Angst haben müsse und dass Herrchen und Frauchen immer gut auf ihn aufpassen und ihn beschützen würden. Pedro schloss sich extrem eng seinen Besitzern an, die diese »Zuneigung« mit Freude genossen. Jede Aufforderung des Hundes nach Aufmerksamkeit wurde gern erwidert, da man sich von Pedro geliebt und akzeptiert fühlte.

Pedro wächst heran

Erst im Alter von zirka einem Jahr begann Pedro das Bein beim Urinieren zu heben, was die Besitzer als Zeichen seiner ausgesprochenen Sensibilität werteten. Fast zeitgleich zog sich der Rüde bei Konfrontation mit Menschen oder Hunden nicht mehr zurück, wie er es bisher getan hatte, sondern begann zu knurren und die Zähne zu zeigen.

In der Ansicht, der Hund wolle sie beschützen, baten die Besitzer die ihnen entgegenkommenden Menschen, auf Abstand zu bleiben und mit ihren Hunden auszuweichen. Eine normale Begrüßung mit Handschlag war in kurzer Zeit nicht mehr möglich, da Pedro nun nach vorne schoss und keinen Zweifel daran ließ, dass er bereit war, zuzubeißen. Immer wieder kam es zu brenzligen Situationen, in denen der Rüde z. B. vorbeigehende Passanten attackieren wollte, sobald diese eine gewisse Distanz unterschritten. Die Besitzer sahen ihre vorrangige Aufgabe darin, Pedros Leine kurz zu halten oder sie um einen Baum zu wickeln, um den mittlerweile sehr stattlichen Hund überhaupt noch halten zu können. So gestalteten sich die Spaziergänge zusehends stressiger. Nicht nur, dass der Rüde Menschen attackieren wollte und dann kaum zu halten war, sondern auch Hunde, egal ob Rüde oder Hündin, akzeptierte er nicht mehr in seiner Nähe, was er mit regelrechten »Tobsuchtsanfällen« überdeutlich demonstrierte.

Im eigenen Zuhause war es keinesfalls besser: In kürzester Zeit war es nicht mehr möglich, in Anwesenheit des Hundes Besuch zu empfangen. Mit hoher Aggressionsbereitschaft stellte der Vierbeiner nicht nur die Hereinkommenden, sondern ließ auch keinen Zweifel daran, dass er parat stand, um seine Zähne einzusetzen und den Besuch zu vertreiben. Dies führte dazu, dass niemand mehr bereit war, das Haus von Pedros Leuten zu betreten.

Grundkommandos führte Pedro, wenn überhaupt, nur widerwillig aus. Bei Recherchen im Internet fanden die mittlerweile völlig ratlosen Besitzer dann auch noch immer wieder die Aussage, die Herdenschutzhunde könnten nicht erzogen werden, weil diese in ihrer typischen Selbstständigkeit nicht bereit wären, Kommandos jeglicher Art anzunehmen und auszuführen. So verstrich die Zeit und Pedros Verhaltensweisen spitzten sich zu. Bis eines Tages der Leidensdruck übergroß wurde und die zutiefst verunsicherten Besitzer sich hilfesuchend an eine Hundetrainerin wandten.

Herdenschutzhunde

Herdenschutzhunde sind sicher sehr selbstständig agierende Hunde, wenn man ihnen diese Selbstständigkeit gewährt! Diese sollte sich jedoch auf die Arbeit an der Herde beziehen. Auch wenn dieser Hundetyp weniger »will to please« aufweist als manch anderer Hundetyp, so lassen sich auch Herdenschutzhunde sehr wohl und sehr gut erziehen! Die häufig zu hörende Aussage »Herdenschutzhunde sind so, deshalb kann man da nichts machen«, entspringt nicht selten einer mangelnden Auseinandersetzung mit deren Erziehung und einer bequemen Entschuldigung bei Versäumnissen.

Verhaltensbiologische Anmerkungen

Der Fall dieses Hundes ist durch die Kombination einer ganzen Reihe von Risikofaktoren sicherlich erschwert. Zum einen gehört dazu die rassetypische Territorialität, die sich in einer Verteidigung gegenüber Fremden äußert. Zum äußeren Territorium eines solchen Hundes gehören auch die bei regelmäßigen Spaziergängen immer wieder genommenen und damit sehr bekannten Wege. Ein lernbezogenes Modell der Territoriumsbildung, das bei Herdenschutzhunden besonders zutreffend scheint, geht davon aus, dass Erfolgserlebnisse in einem bestimmten Bereich diesen als Territorium positiv verankern und die Verteidigungsbereitschaft dieses betreffenden Ortes sehr schnell steigern. Umgekehrt würden leichte Misserfolgerlebnisse im Außenbereich zu einer Tendenz der gemeinsamen Nutzung führen können, starke Misserfolgerlebnisse aber, sei es durch verlorene Auseinandersetzungen, gezielte Strafaktionen oder andere unangenehme Erfahrungen, zu einem massiven Meiden des betreffenden Gebietes. Erfahrungen von Haltern von Herdenschutzhunden bestätigen diese lerntheoretische Überlegung: Wird ein Herdenschutzhund an bestimmten Orten massiv gemaßregelt, will er dort nicht mehr hin.

Neben diesen rassetypischen Eigenschaften sind jedoch bei Pedro noch drei individuelle Risikofaktoren zusammengekommen: Zum einen die durch die viel zu frühe Trennung von der Mutter erfolgte Traumatisierung des Cortisolsystems, also desjenigen Hormonsystems, dass für Angst, Unsicherheit, Panik und eben auch daraus resultierende Selbstverteidigungs- und Angstattacken verantwortlich ist. Eine Trennung von Mutter und Wurfgeschwistern vor der 10.–12. Woche führt bei großen Hunden erfahrungsgemäß immer zu einer stärkeren Empfindlichkeit dieses Nebenhirnrinden-Hormonsystems, die sich dann in einer ganzen Reihe von Angst und ähnlichen Problemen äußert. Verstärkt wird dies durch die Infektionskrankheit. Auch hierfür gibt es statistische Befunde aus mehreren Tierkliniken in unterschiedlichen Ländern: Hunde, die in den sensiblen Phasen der Welpen- oder Junghundzeit Infektionskrankheiten, Operationen, starke Verletzungen oder andere größere tiermedizinische Probleme hatten, sind oft ihr Leben lang mit einem reaktionsfähigeren und damit empfindlicheren Stresshormonsystem, vorwiegend im Bereich des passiven Systems, also des Cortisols, ausgestattet. Sie haben deshalb häufiger Probleme mit Angst, Panik, Unsicherheit, einschlägigen Aggressionsproblemen oder auch mit Trennungen, Lärm oder Kindern. Dazu kommt die sehr starke Fixierung des Hundes auf die Halter.

Hierdurch wird, noch dazu unterstützt durch den fehlenden Kontakt zu anderen Artgenossen, die Bindungsaktivierung sehr stark angestrengt. Zu den hormonellen Steuerungen des Bindungsverhaltens gehört neben dem sogenannten Vertrauenshormon Oxytocin auch das sogenannte Eifersuchts- oder Partnerschutzhormon Vasopressin. Dieses Hormon veranlasst ein Tier, Fremde und sonstige potentielle Störenfriede für eine Beziehung gar nicht erst in die gefährliche Nähe heranzulassen, sondern den Umkreis um den Beziehungspartner aktiv zu verteidigen.

Als dritter Risikofaktor ist schließlich das Verhalten der Halter zu nennen. Der Hund hat ganz offensichtlich durch die mangelnde Konsequenz und die nicht erfolgte Führungspersönlichkeit der beiden Menschen den Eindruck gewonnen, tatsächlich alles selbst regeln zu müssen. Jedoch führt dies möglicherweise noch zu stärkerer Verunsicherung seitens des Hundes und damit wiederum zu einer verstärkten Empfindlichkeit des Cortisolsystems. Gekoppelt mit den nicht vorhandenen Hundekontakten, die ihm letzten Endes keine Möglichkeiten boten, arttypisches Konfliktmanagement und Sozialverhalten zu trainieren und einzuüben, fehlt dem Hund jegliche Möglichkeit, durch selbstverantwortliches Handeln seine soziale Situation integrativ zu beeinflussen. Dieser Faktor ist wiederum eine weitere Verunsicherung für den Hund, die sich dann in der Folge durch die Aktivierung des Kontrollverlusthormonsystems, eben des Cortisols, äußert.

Abschließend kann betont werden, dass dieser Hund, auch wenn er sich scheinbar sehr sicher und verteidigungsbereit gibt, unter dieser Überlastung seines Kontrollsystems sicher nicht glücklich ist. Es ist zu erwarten, dass eine vernünftige Führung des Hundes durch Übernahme der Führungsrolle seitens der Menschen und eine vernünftige Sozialisierung mit anderen Zwei- und Vierbeinern eher zu einer Entspannung und Entlastung des Hundes als zu einem weiteren Anstieg seiner Stressphänomene führen dürfte.

Ein Hund im Dauerstress | Baschko

Baschko ist heute ein 15 Monate alter, nicht kastrierter Mischlingsrüde. Seine Besitzer sind, wie sie selbst sagen, absolute Hundeanfänger. Sie haben Baschko als zwölf Wochen alten Welpen von einer Familie übernommen, die ihn nur drei Wochen bei sich hatte und sich dann hilflos überfordert sah.

Im neuen Zuhause und im Alltag

Die neuen Besitzer meldeten Baschko in der Hundeschule zur Welpengruppe an. Dort zeigte er sich außergewöhnlich angriffsbereit. Er packte andere Welpen im Nacken, hob sie hoch und schüttelte sie kräftig durch. Als er dieses Verhalten auch einem kleinwüchsigen Welpen gegenüber zeigte, flog er aus der Welpengruppe. Die Besitzer stellten den Hundeschulbesuch daraufhin komplett ein, da Baschko offenbar nur am heftigen Raufen interessiert schien und sie deshalb lieber keinen weiteren Ärger riskieren wollten.

Baschko wuchs heran und zeigte sich zunehmend Menschen und Hunden gegenüber defensiv aggressiv. Verstärkt wurde dieses Verhalten vermutlich durch eine soziale Motivation. Im Haushalt forderte er permanent die Aufmerksamkeit seiner Menschen, was diesen aber in diesem Zusammenhang nicht bewusst war. Sie freuten sich über die Anhänglichkeit des Hundes, spielten mit ihm, ob es gerade zeitlich passte oder nicht, sobald Baschko mit irgendeinem Gegenstand aus dem reichhaltigen Fundus ankam, und streichelten ihn umgehend, wann immer er seinen dicken Kopf auf ihre Knie legte oder ihren Arm anstupste. Verrichtete Frauchen ihre Arbeit im Haus, so wurde sie auf Schritt und Tritt verfolgt, mit Begeisterung lag Baschko im Weg und versperrte die Durchgänge zwischen den Räumen. Stiegen Herrchen und Frauchen über ihn hinweg, so knurrte er gern und begann auch durch Scheinattacken zu signalisieren, dass er diese Störungen ungeheuerlich fand.

Bislang ging Baschko zweimal wöchentlich in eine Hundetagesstätte. Doch auch hier wurde er rausgeschmissen, nachdem er einen Pensionshund attackierte. Wieder zeigte er das gleiche Verhalten wie in der Welpengruppe: Er packte zu und schüttelte kräftig und war in diesem Augenblick auch nicht mehr ansprechbar.

Bei Begegnungen mit Hunden geriet er völlig außer sich und war nicht mehr zu kontrollieren. Die zwischenzeitlich immer wieder einmal kontaktierten Hundetrainer konnten sich dem Hund gar nicht erst nähern, er griff sofort an. An ein gemeinschaftliches Arbeiten in einer Hundegruppe war überhaupt nicht zu denken.

Der Erziehungsstand des Hundes war für dessen Alter völlig unzureichend. Ständig hob er eigenständig Kommandos auf, wurde zigmal von den Besitzern mit netter, schmeichelnder Stimme und unsicherer Körpersprache korrigiert, bis sie letztlich kapitulierten: »Er macht es ja doch nicht!« Der Erfolg der diversen Erziehungsversuche war daher gleich Null, auf Korrekturen reagierte er schon lang nicht mehr. Stattdessen zeigte der Hund alle möglichen Anzeichen von permanentem Stress wie z. B. auffallende Unruhe, häufiges Bekratzen des eigenen Körpers, Hecheln auch in eigentlichen Ruhesituationen.

Durch TV- und Zeitungsratschläge motiviert, nahm die Besitzerin dann eine Futtertube mit auf die Spaziergänge. Allerdings war ihr dabei nicht bewusst, dass sie das eigentlich unerwünschte Verhalten ihres Hobby-Rambos verstärkte. Durch Frauchens falsche Handhabung der Futtertube lernte Baschko nun: »Ich tobe und randaliere, dann höre ich auf und schaue Frauchen an und bekomme aus der Tube Lecker-Schmecker«. Der Erfolg eines Hilfsmittels ist immer abhängig vom sachgemäßen Gebrauch!

Während des Erstgesprächs mit den Besitzern im geschlossenen Raum behielt der Hund jede der anwesenden Personen im Auge und quittierte die kleinsten Bewegungen in seine Richtung mit Angriff. Das »Platz«-Kommando befolgte er widerwillig, und nur, um es nach kürzester Zeit wieder aufzuheben. Es entstand ein nervenraubendes Platz > Ablegen > Aufstehen > Platz > Ablegen > Aufstehen ...

Die energischere Zurechtweisung mittels körpersprachlicher Signale und Stimme führte dazu, dass der Rüde zwar liegen blieb, aber nun anfing, hektisch seine Füße zu belecken. Ein Verhalten, welches er nach Aussagen seiner Besitzerin auch in anderen Stresssituationen zeigte, z. B., wenn Besuch im Haus war.

Auf Anraten des Tierarztes wurde vor acht Wochen ein Kastrations-Chip implantiert. Die erhoffte Auswirkung auf das Verhalten des Rüden blieb aber (verständlicherweise in diesem Fall!) aus. Der Hund neigte zu Durchfällen und hatte häufig verschiedenste Magenprobleme, auch litt er unter einer Demodexerkrankung und seine Haut war sehr empfindlich. Besonders an der Nase wies er deutlich betroffene Stellen auf.

Um zu überprüfen, wie weit die sozialen Bindungsverhältnisse eine nach den Schilderungen vermutete Motivation für den Rüden darstellen, wurde er angebunden und die Besitzerin entfernte sich von ihm. Der Rüde schaute fast ausschließlich nach ihr und wollte folgen. Die Attacken in Richtung der sich annähernden Person nahmen ab. Die zusätzlich soziale Motivation war somit offensichtlich gegeben.

> **Stress**
>
> Stress kann Aggression, auch Selbstbeschädigung, auslösen! Im geschilderten Fall bedingen viele verschiedene Komponenten – mangelnde Grunderziehung, unzureichende Grenzsetzung, Inkonsequenz, fehlende Durchsetzung, falsche Verknüpfungen, soziale Motivation u. a. – die Verhaltensauffälligkeiten des Rüden und führen letztlich sogar zu körperlichen Erkrankungen, denn Stress reduziert die Immunfähigkeit!

Verhaltensbiologische Anmerkungen

Baschkos Auffälligkeiten und die Erkrankungen aufgrund des Parasitenbefalls, die letztlich durch ein geschwächtes Immunsystem gefördert werden, deuten in Richtung auf ein hormonell gesteuertes Grundproblem. Meine Empfehlung wäre, hier zunächst u. a. die Schilddrüsenwerte überprüfen zu lassen. Eine Unterfunktion der Schilddrüse führt nämlich zum Anstieg des Cortisols, was wiederum sowohl die Immunschwäche, als auch die Anfälligkeit für Überforderung und nachfolgende Stressantworten steigert. Ist ein Schilddrüsenproblem zuverlässig ausgeschlossen, so verbleiben trotzdem als Grundursache die mangelnden Sozialisationserfahrungen, die dann letzten Endes auch in einem gestörten Stresshormonsystem ihren Niederschlag finden. Die Verhaltensauffälligkeiten (Ursache unbekannt) als Welpe, hätten von einem fachkundigen Trainer durch das Setzen von Grenzen sicher recht schnell korrigiert und der Hund mit Artgenossen sozialisiert werden können. Wächst der Hund mit diesem (Fehl-)Verhalten auf, ist beim erwachsenen Hund viel schwerer darauf einzuwirken. Wir wissen mittlerweile aus Studien zur Auswirkung von bewältigbaren Stress- und Frustrationsereignissen in der frühen Jugendentwicklung, dass das aktive Stresssystem, also dasjenige, das mit den Hormonen Noradrenalin und Adrenalin arbeitet, aus bewältigten milden Stresserfahrungen und bewältigten und »überlebten« Frustrationen gestärkt hervorgeht. Die Gehirnregionen, die mit diesem Stresssystem in Verbindung stehen, werden verdickt, sowohl die Zellzahl als auch die Zahl der verbindenden Nervenfasern und der zugehörigen Versorgungszellen werden vermehrt. Damit ist dieses aktive Stressbewältigungssystem zukünftig leistungsfähiger und weniger anfällig für Überforderung. Geschieht dies nicht, wird dagegen das passive Stresssystem gefördert, denn eine Erfahrung, die man nicht bewältigen kann, führt zum Empfinden des Ausgeliefertseins und damit des Kontrollverlusts. Damit aktiviert sich das Cortisolsystem.

Viele Verhaltenseigenschaften von Baschko deuten darauf hin, dass ihm diese Erfahrungen einer sinnvollen Grenzensetzung, aber auch der danach folgenden erneuten positiven Kontaktaufnahme mit Eltern, Haltern und Artgenossen gefehlt haben. Ein Hund, der sich in der Welpengruppe als Rambo benimmt, hätte in eine Gruppe integriert werden müssen, in der sich ein souveräner Althund als Tutor oder Co-Trainer befindet und wo der gesamte Interaktionsverlauf durch einen fachkundigen Trainer beobachtet und kontrolliert wird. Ihn ganz aus der Gruppe zu nehmen, führte nur zu einer Verstärkung des Problems, ist letztlich aber auch Indiz für die Überforderung der Hundeschule selbst. Gerade solche Mensch-Hund-Teams brauchen die fachkundige Hilfe eines kompetenten Hundetrainers. Genau aus diesem Grund wenden sich viele Ratsuchende ja an solche.

Auch hier können wieder die Untersuchungen über die Wichtigkeit von Abbruchsignalen gerade bei Junghunden und Pubertierenden betont werden. Die einschlägigen Arbeiten (z. B. Sandra Fischer, Die Abbruchsignale der Hunde) haben gezeigt, dass solche Abbruchsignale letztlich auch in angedeuteter Form funktionieren, ohne eine Belastung für den betreffenden Zurechtgewiesenen darzustellen. Ihre Anwendung und angepasste Beantwortung aber ist eine Lernangelegenheit, die nur durch sinnvollen und regelmäßigen Artgenossenkontakt, einschließlich auch etwas körperbetonterer Spiel- und Balgereiszenen möglich ist.

Zur weiteren Verschärfung des Problems von Verunsicherung und Kontrollverlust hat bei Baschko sicher auch die mangelnde Anführerschaft durch den Halter beigetragen. Ein Hund, dessen Halter die notwendige Führungskompetenz nicht aufweist, wird zwangsläufig und notgedrungen selbst die Rolle des Gruppenanführers und möglicherweise des ranghohen Leittieres übernehmen müssen – mit allen Konsequenzen. Da bei Hunden ranghohe Leittiere aber überwiegend Pflichten und verhältnismäßig wenig Rechte im Alltag haben, führt auch diese Lage wiederum zu einer Verstärkung der Belastung. Es ist nachgewiesen, dass die ranghohen Leittiere bei Hunden eine höhere Stressbelastung, insbesondere mit Cortisol, haben. Auf diese zusätzliche Zuspitzung, gekoppelt mit der ohnehin vorhandenen Verunsicherung, hat Baschkos Organismus offensichtlich mit einer erhöhten Infektionsanfälligkeit reagiert.

Das von Baschko anderen Hunden gegenüber gezeigte Nackenschütteln gehört eindeutig zum Jagd- und Beutefang-, nicht zum Aggressionsverhalten. Es tritt vermehrt bei Angehörigen bestimmter Rassen schon beim Spiel unter Welpen auf. Jedoch ist auch hier die »Aufgabe« eines intensiven Sozialspiels, dass dieses Verhalten zwar geübt wird, schließlich braucht man es später beim »echten« Beutefang, aber es muss eben auch gelernt werden, dass Artgenossen nicht das richtige Ziel für dieses Verhalten darstellen. Wer solches Verhalten in der Spielgruppe zeigt, lernt auch, dass die Spielkameraden es entsprechend beantworten. Dadurch wiederum lernt er, dass man Artgenossen gegenüber kein Beutefang-, sondern bestenfalls Aggressionsverhalten im Konfliktfall zeigt.

Hunde, denen solche Sozialisationserfahrungen fehlen, werden später oft wegen angeblich übersteigerter Aggression und Beschädigungsbeißen auffällig und durchaus auch gefährlich. Aggressiv aber sind sie dabei eben nicht, denn Jagdverhalten ist kein Teil der Aggression! Für den Hundehalter ist dies vielleicht zuerst schwer zu verstehen, aber es muss deutlich zwischen Jagdverhalten (und den daraus resultierenden Verhaltenssequenzen) und dem Aggressionsverhalten (mit den dazugehörenden, die Aggression auslösenden Hintergründen wie Wettbewerb, Jungtierverteidigung, Selbstverteidigung/Selbstschutz) unterschieden werden!

»Eine Reihe von Verwirrungen und Problemen bei der Interpretation aggressiven Verhaltens entstehen (…) durch eine undifferenzierte Betrachtung, die die verschiedenen Aufgaben aggressiven Verhaltens im Leben eines Tieres nicht berücksichtigt. (Diese sind) weder mit den Methoden der Aggressionskontrolle im physiologischen Sinn, noch mit eventuellen aggressionsmindernden Therapieformen zu beeinflussen (…).«

(Gansloßer, 2007)

Genau das ist auch der Grund, warum Wissenschaftler und Verhaltensforscher die gesamte Kampfhund-/Listenhund-Diskussion vehement kritisieren: Gefährlichkeit hat mit Aggression eben nicht immer was zu tun …

Die Unsicherheit in Person | Kira

Kira ist eine sechs Jahre alte Hündin, ein Mix aus Border Collie und Berner Sennenhund. Sie wurde als neun Wochen alter Welpe auf einem Bauernhof gekauft, wo sie mit einer Schwester und fünf Brüdern im Stall aufgewachsen ist. Die Mutter der Welpen half dem Bauern tatkräftig beim Hüten und Treiben der Kühe und war deshalb tagsüber nicht ständig bei ihren Kleinen. Sie hatte die Welpen bis zu deren 4. Lebenswoche gesäugt, dann wurden die Hundekinder auf Fremdnahrung umgestellt, und die Mutter musste ihre Arbeit beim Nutztier wieder aufnehmen. Anfangs tat sie das äußerst widerwillig, büchste oftmals aus und lief eiligst und zielstrebig zu ihren Kindern zurück. Der Bauer nahm sie deshalb an die Leine und sperrte die Welpen für sie unzugänglich weg.

Kira war der kleinste und schmächtigste Welpe, der sich bereits innerhalb seiner Geschwisterschar dadurch auszeichnete, dass sie immer wieder versuchte, sich nicht »die Butter vom Brot« nehmen zu lassen. Mit Scheinattacken und Abwehrschnappen hielt sie sich ihre Geschwister vom Leib, gab andererseits aber schnell klein bei, wenn es im Kampf um Futter oder Spielzeug unter den Geschwistern ernst wurde und ihre eigenen Maßnahmen aussichtslos erschienen.

Im neuen Zuhause

Von Anfang an war es mit Kira für die Besitzer, die zum ersten Mal einen Hund zu sich genommen hatten und völlig unerfahren waren, schwierig. Nach der ersten Läufigkeit verstärkten sich die Auffälligkeiten noch. Kira neigte zum Schnappen und zum Attackieren, wenn ihr irgendetwas nicht passte, verkroch sich, wenn Besuch ins Haus kam, und reagierte sehr unfreundlich, wenn Fremde ihr zu nahekamen. Herrchen und Frauchen versuchten es mit gutem Zureden und besänftigendem Streicheln, doch wurde das Verhalten des Hundes immer schlimmer und richtete sich bald auch gegen die eigenen Menschen. Im Besuch einer Hundeschule sahen die Leute keinen Sinn, da Kira andere Hunde und fremde Menschen nicht mochte. Auch auf Besuch im eigenen Haus verzichteten sie zusehends, und gingen sie selbst einmal aus, so blieb Kira zu Hause.

Die Besitzer hatten sich offenbar die vergangenen Jahre mit Kiras Verhalten arrangiert. Zwar waren ihnen die diversen »Macken« des Hundes aufgefallen, doch fanden sie immer irgendwelche Entschuldigungen und (fatale!) Erklärungen: Der Hund muss sich ja nicht von jedem anfassen lassen, der Hund darf auch deutlich machen, wenn ihm etwas nicht gefällt, der Hund hat Frauchen so lieb, deshalb läuft er ihr ständig, selbst bis zur Toilette, hinterher, der Hund möchte auf der Couch seine Ruhe haben, deshalb knurrt er alle an, die ihn dort stören.

In der Wohnung residiert Kira auf dem Sofa, von dem sie einen günstigen Rundum-Blick hat und das gesamte Wohnzimmer samt angrenzendem Esszimmerbereich überblicken kann. Kommt ihr jemand zu nahe, wird geknurrt und geschnappt. Nachts schläft sie bei Frauchen im Bett. Klingelt es an der Tür, ist Kira die erste, die den Ankömmling »begrüßt«, reagiert allerdings mit Knurren und Schnappen, wenn sie angesprochen wird. Im Freilauf mit anderen Hunden geht sie weitestgehend ihrer eigenen Wege, überlässt Bälle kommentarlos, hält aber Artgenossen auf Distanz, wenn sie Frauchen und/oder Futter zu nahe kommen.

Die Besitzer berichten, dass die ihnen bekannten Geschwister von Kira ähnliches Verhalten zeigen und alles in allem sehr unsicher bis ängstlich sind. Auch Kira reagiert beim kleinsten Geräusch mit extremem Bellverhalten und vermittelt körpersprachlich einen eher unsicheren Eindruck. Kiras Menschen selbst sind stark verunsichert, vertrauen und trauen ihrem Hund überhaupt nicht und wissen sich auch nicht durchzusetzen. So spitzt sich die Situation nun zusehends zu. Kommandos wurden bereits früher vom Hund nicht oder erst auf massiven Tonfall der Besitzer hin widerwillig ausgeführt, doch nun scheint Kira überhaupt nicht mehr ansprechbar. Das Schnappen des Hundes wurde bislang toleriert, doch nachdem Kira nun massiv zugebissen hat, wurde es für die Besitzer bedenklich: »Schnappen war ja noch akzeptabel, aber jetzt beißt sie zu, dass Blut fließt!« Auch das Herrchen wurde nun vermehrt bedrohlich angeknurrt. Der von Anfang an etwas »komische« Hund wurde plötzlich immer seltsamer. Das auffällige Verhalten hatte sich nach einem Italienurlaub vor ca. drei Monaten zusehends verstärkt.

Hausbesuch bei Kira

Beim ersten Hausbesuch dort zeigten sich drei Situationen, die die verschobene Kommunikationsebene zwischen dem Hund und seinen Menschen klar demonstrierten:

Der Hund lag – wie gewohnt – auf dem Sofa. Auf die Frage, was der Hund machen würde, wenn sich nun jemand, womöglich noch eine fremde Person, dazusetzen wolle oder wenn Frauchen und Herrchen ihn dort »runterbitten« würden, kam die – erwartete – Antwort: »Knurren!« Gegenfrage: »Und was machen Sie dann?« »Wir lassen sie dort liegen, was sollen wir tun?!«

Der Hund hatte sich im Verlauf des Gesprächs mit den Besitzern unter den Tisch, an dem alle saßen, gelegt. Auf die Bitte, den Hund dort wegzuschicken, stellte Herrchen sich vor den Hund und sagte: »Kira? Komm da bitte raus!« Der Hund knurrte. Als Herrchen die Anweisung wiederholte, knurrte Kira massiver und fletschte etwas die Zähne, rührte sich aber keinen Millimeter vom Platz. Herrchen resignierte (was für ihn in der Situation auch gesundheitlich sicher besser war) und meinte nur: »Wir lassen sie dort besser liegen, sie stört ja nicht!« Frauchen verließ das Esszimmer, um zur Toilette zu gehen. Der Hund stand auf und folgte ihr sofort, nicht ohne vorher einen Blick auf uns zu werfen und leise zu knurren. »Sehen Sie, die kommt immer hinterher, egal, wohin ich gehe!« Frauchen war der Meinung, dass Kira diesen Verfolgungswahn aus purer Liebe und Anhänglichkeit praktiziere und völlig auf sie fixiert sei. Dass dadurch der Hund vielleicht aber auch Kontrolle über sie ausüben würde, war ihr nicht in den Sinn gekommen.

Jedoch muss auch hier vor einer Verallgemeinerung gewarnt werden. Häufig sind Hunde oder auch Kinder, die ihren Eltern auf Schritt und Tritt folgen, diese nicht aus den Augen lassen und ihnen buchstäblich bis unter die Toilettenschüssel oder die Duschtasse hinterherlaufen möchten, primär zunächst von ängstlich-unsicherem, als unsicher-ambivalent bezeichnetem Bindungstyp. Solche Lebewesen haben eben niemals die Erfahrung gemacht, dass Sozialpartner zuverlässig sind und auch, wenn sie gehen, wiederkommen werden. Es gehört also hier meistens zu den ersten Schritten der Problembehandlung, dass die Führkompetenz, die Zuverlässigkeit und damit beispielsweise auch die tageszeitliche und sonstige Planbarkeit des Hundehalters verbessert wird. Dadurch kann sich der Hund auch selbst davon überzeugen, dass sein Sozialpartner immer wiederkommen wird. Wer sozusagen ein inneres Bild seines Bindungspartners im Gehirn mit sich herumträgt, kann auch dessen körperliche Abwesenheit leichter verkraften. In der Gewissheit, dass es ein Wiedersehen gibt, kann man auch einmal etwas gelassener abwarten.

Erst im letzten Schritt kann dann eine Distanzierung des Hundes erfolgen, indem man ihn beispielsweise auch einmal gegen seinen Willen zwingt, eine längere Abwesenheit des Menschen zu erdulden. Wie bereits in einem anderen Fall geschildert, sind gerade solche, oft zur Trennungsstörung führenden Probleme bei Hunden nur von echten Profis und nicht von Laien oder solchen, die nicht zugeben, es zu sein, trainerisch und erzieherisch zu bearbeiten.

Empfehlungen zur weiteren Vorgehensweise

Die Situationen wurden mit den Besitzern genau durchgesprochen. Viele verschiedene Faktoren beeinflussen sich hier ungünstig gegenseitig: der Grundtypus des Hundes, Aufzuchtdefizite, mangelnde Konsequenz in der Erziehung, fehlende Souveränität im Umgang mit dem Hund, versäumte Etablierung von Grenzen und Regeln – und eventuell auch medizinische Ursachen, die abzuklären waren. Es wurde eine Vorgehensweise empfohlen, die aus mehreren Teilen bestand:

› Blutuntersuchung, vor allem hinsichtlich der Schilddrüsenwerte und zur allgemeinen Information
› Gewöhnung an eine längere Hausleine und gezieltes Haustraining
› Gewöhnung an einen Maulkorb und gezieltes Training innerhalb und außerhalb des Hauses: Der Maulkorb ermöglicht den Besitzern ein verändertes Aktions- und Reaktionsverhalten, da keine Angst vor Verletzung den Umgang mit dem Hund beeinflusst.
› Änderung der Hausstandsregeln
› Training mittels Raumbegrenzung
› Handfütterung zur Bestätigung von korrektem Verhalten des Hundes und korrekter Ausführung von Anweisungen (zu den Grenzen der Handfütterung siehe Anmerkungen beim Fall Aki Seite 54)

Demonstration erster Trainingsschritte

Zur ersten Demonstration der Arbeit mit der Hausleine wurde Kira eine lange Leine angelegt. Als sie sich unter den Tisch legen wollte, nahm Herrchen aus der Entfernung die Leine in die Hand, zog Kira unter dem Tisch hervor, sagte ihr kurz und bündig »Raus da!«. Als

Kira unter dem Tisch hervorgekommen war, wurde die Leine fallengelassen, Herrchen lobte per ruhiger, freundlicher Stimme »So ist es gut!« und setzte sich wieder hin. Kira versuchte dreimal erneut, unter den Tisch zu kommen, wurde aber jedes Mal wieder mit der Leine hervorgeholt. Dann legte sie sich nebenan in den Raum auf den Teppich und gab Ruhe. Analog verfuhren wir mit dem Sofa, wo zwei Wiederholungen reichten, und Kira sich dann daneben auf den Boden legte.

Dem Verfolgungswahn der Hündin begegneten wir derart, dass Frauchen einfach kommentarlos die Tür hinter sich schloss. Auch hier gab Kira ihr Ansinnen nach nur wenigen Wiederholungen auf und blieb im Raum liegen, obwohl Frauchen hin und her lief. Vorher undenkbar! Alternativ kann ein Zimmerkennel-Training aufgebaut werden, indem der Hund (nach Gewöhnung!) in den *geräumigen* Kennel zum kurzzeitigen Verweilen hineingeschickt wird. Jedoch ist es nach heutiger Rechtspraxis nicht mehr erlaubt, Hunde zu solchen Zwecken in Boxen einzusperren, was zumindest mit berücksichtigt werden muss. Über Sinn und Unsinn dieser Gesetzesvorschrift lässt sich streiten …

Auch ein *kurzzeitiges* (!) Anbinden, um den Hund am Folgen zu hindern, ist eine Möglichkeit. Aber kurzzeitig *muss* und *darf* wirklich nur *kurzzeitig* bedeuten und nicht in soziale Isolation ausarten!

Die Besitzer waren sehr bemüht und setzten bereitwillig jeden Trainingsschritt um. Auch die Blutuntersuchung haben sie sogleich am nächsten Tag veranlasst – mit niederschmetterndem Ergebnis: Kira leidet an einer extremen Schilddrüsenunterfunktion. Doch damit nicht genug! Zusätzlich wurde bei Kira eine Anaplasmose festgestellt, die bereits massiv die Leber angegriffen hat. Vermutlich wurde Kira durch einen Zeckenbiss infiziert, eventuell im Italienurlaub, nach dem sich ihr Verhalten ja auch zusehends verschlimmert hatte.

Erste Erfolge

Hätten wir mit Kira nur ein Erziehungstraining begonnen, ohne medizinische Hintergründe abklären zu lassen, so wäre der Hund vermutlich an den Folgen der Anaplasmose und der bereits massiven Leberschädigung gestorben!

Die Kombination von Medikamenten gegen die Schilddrüsenunterfunktion, die medizinische Versorgung der akuten Erkrankung und ein gezieltes, individuell abgestimmtes Trainingsprogramm zeigten bereits nach kurzer Zeit erste Erfolge. Im Verlauf der weiteren Wochen und Monate, in denen auch die zusätzlich zur normalen Fütterung aus der Schüssel und mit besonderen Leckerbissen erfolgende Handfütterung strikt beibehalten wurde, verbesserte sich das Verhalten der Hündin zusehends, sie wurde kontrollierbarer, stellte die Abwehrmaßnahmen gegen die eigenen Besitzer vollständig ein. Die Konfrontation mit fremden Menschen mochte sie auch weiterhin nicht, doch lernten die Hundebesitzer, diese Situationen zu regeln und zu managen, sodass weder der Hund mit der Situation überfordert wurde, noch eine Gefahr vom Hund ausging. So lernte Kira es zu erdulden, wenn Besuch im Haus war oder sie im Restaurant oder Café, wohin sie nun ihre Menschen begleiten durfte, ruhig neben ihnen in etwas geschützter Position liegen durfte.

Kontrolle

Nicht jedes Aufmerksamkeit heischende Verhalten und jedes permanente Hinterherlaufen geschieht aus reiner Zuneigung zum Menschen! Oftmals versuchen Hunde dadurch ihre Menschen zu kontrollieren und zu manipulieren. Und dies kommt bei unsicheren Hunden (»Nur was ich selbst kontrolliere, ist mir geheuer«) ebenso vor, wie bei übersteigert selbstbewussten (»Ich bin der Chef und alles richtet sich nach mir!«).

Verhaltensbiologische Anmerkungen

Das Verhalten von Kira lässt zunächst aus der Vorgeschichte mehrere hormonphysiologische Erklärungen, teilweise auch einander ergänzend, wahrscheinlich werden. Zum einen ist das Tier, das bereits als das kleinste und schmächtigste im Geschwisterwurf beschrieben wurde, möglicherweise auch durch die Infektion zusätzlich gesteigert, mit einem erhöhten Cortisolspiegel ausgestattet. Warum der Welpe der kleinste und schmächtigste im Wurf war, lässt sich zwar nicht rekonstruieren, so etwas kommt aber durchaus vor und ist »normal«. Manche Welpen werden klein und schmächtig geboren, können sich aber dennoch energisch an den Zitzen durchsetzen und ihren »Rückstand« in kurzer Zeit aufholen. Nicht jeder kleine Welpe ist ein »Kümmerling«! Es ist aber auch möglich, dass sich hierdurch eine gesundheitliche Beeinträchtigung zeigte. Diese, aber auch die Tatsache, dass das Tier im Wurf selbst durch seine geringe Größe eine gewisse Außenseiterstellung hatte, wird zu einem erhöhten Maß an Verunsicherung und damit in den sensiblen Phasen des Hormonsystems möglicherweise zu einem Anstieg des Cortisolspiegels geführt haben, was gerade in diesem Altersstadium auch eine gewisse programmierende Wirkung für die Zukunft hat.

Das Stresshormon Cortisol ist das Haupthormon der sogenannten passiven Stressbewältigung, also des Systems, das bei Überforderung Angst und Kontrollverlust hervorruft. Es bewirkt einerseits z. B. Angstaggression, andererseits aber auch depressiv zurückhaltendes oder unsicheres Verhalten. Zusätzlich ist es noch für Lern- und Konzentrationsschwäche, aber auch für eine Reihe gesundheitlicher Schäden von Dauerstress verantwortlich (z. B. reduzierte Immunabwehr, Muskelabbau, Diabetesrisiko). In bestimmten Phasen der Jugendentwicklung sorgt ein andauernd hoher Cortisolspiegel dafür, dass dieses Stresssystem zeitlebens empfindlicher reagiert und das Tier damit auch zukünftig stressanfälliger wird.

Zudem ist anzunehmen, dass bei dem sehr ungleichen Geschlechterverhältnis der Hund bereits als Fötus im Mutterleib von den benachbarten männlichen Geschwistern einen gewissen Testosteronschub abbekam. Sexualhormone und Cortisol zusammen ergeben, wie man z. B. aus Untersuchungen von Aggressionsauffälligkeiten bei pubertierenden Mädchen weiß, eine ausgesprochen explosive Mischung. In der Pubertät steigt durch die Wirkung mehrerer Hormone (u. a. Schilddrüsen-, Wachstums- und Sexualhormone) im Gehirn die Risikobereitschaft, also die Bereitschaft, auch potenziell gefährliche Dinge zu tun, ohne Rücksicht auf Konsequenzen. Die Sexualhormone, speziell Testosteron, aber auch Östrogene ihrerseits, steigern die Emotionalität, erhöhen bisweilen auch den Spiegel des »Kampfhormons« Noradrenalin und erleichtern die Risikobereitschaft in erregenden Nervenverknüpfungen. Dass die Auffälligkeiten von Kira im Zeitraum der Pubertät verstärkt wurden, deutet ebenfalls auf diese Interpretationsmöglichkeit hin.

Ein zweiter Risikofaktor in der Vorgeschichte von Kira ist sicher die Abwesenheit mütterlicher Erziehung in wichtigen Phasen der ersten Lebenswochen und Monate. Das Verhalten eines Welpen, dessen rein motorische Verhaltensweisen, also seine Bewegungsabläufe, im Erbgut des Hundes verankert sein dürften, muss durch die sozialisierenden Einflüsse von Mutter und Artgenossen erst in Form gebracht bzw. zu einer zielgerichteten und situationsangepassten Anwendung hin geschult werden. Die weitgehende bis vollständige Abwesenheit der Mutter oder anderer erwachsener Rudelmitglieder in den wichtigen Phasen hat sicher zu einem Erziehungsdefizit geführt. Dazu kommt die sehr reizarme und monotone Umwelt, in der die Welpen aufgewachsen sind. Dies wiederum verstärkt auch die Verunsicherung. Es ist bekannt, dass Jungtiere aus reizarmen und wenig Erfolgserlebnisse vermittelnden Umweltbedingungen später allgemein stressanfälliger und aggressiver reagieren, Jungtiere aus reizangereicherten, damit abwechslungsreichen und mit positiven Erfahrungswerten ausgestatteten Umwelten dagegen später auch stabilere Persönlichkeiten werden und ein höheres Maß an freundlichem Verhalten gegenüber Artgenossen zeigen.

Eventuell können die Rasseeigenschaften auch noch eine Rolle spielen. Ein übersteigertes Hüteverhalten, das eben nicht durch Erziehung und Sozialisation in die richtigen Bahnen gelenkt wurde, könnte eine weitere Voraussetzung für das merkwürdige Verhalten von Kira gewesen sein. Jede infektiöse Erkrankung, besonders, wenn sie mit einer Schädigung lebenswichtiger Organe, etwa der Leber, einhergeht, ist zudem ein starker Stressor. Gerade das Cortisolsystem wurde sogar ursprünglich im Gefolge schwerwiegender körperlicher Probleme, etwa Infektionen, Verletzungen usw., entdeckt und als Anpassungsversuch des Körpers an solche Probleme beschrieben. Erst später erkannte man dessen psychische Komponenten. Ein Hund mit einer schweren Allgemeinerkrankung reagiert also stets auch mit Erhöhung des Cortisolausstoßes, der seinerseits die genannten Verhaltensprobleme erhöht. Auch Schilddrüsenunterfunktion wirkt sich letzten Endes über einen erhöhten Cortisolwert auf das Verhalten aus.

Die Reaktionen von Kira auf die ersten Trainingseinheiten und ihr relativ schnelles Nachgeben, sobald durch klare Ansagen der Menschen bestimmte Handlungen ihrerseits unterbunden wurden, zeigt, dass der Hund sein vorheriges aggressives Verhalten eher aus Verunsicherung und einer gewissen Stresssituation und nicht aus »Dominanzbestreben« dem Menschen gegenüber gezeigt hat. Sonst wäre Kira auf die klaren Einschränkungen ihrer Freiheit sicher nicht so bereitwillig eingegangen.

Die klare Kommunikation mit dem Hund und die Demonstration von Führungskompetenz durch die Menschen nach den ersten Trainingseinheiten, verbunden mit der Tatsache, dass Kira von nun an auch Fremde, Menschen wie Hunde, akzeptiert, zeigen, dass ihr vorangehendes Verhalten weitgehend unsicherheitsgesteuert und damit ein Stresssymptom war. Gerade der unsichere Hund ist es, der auf die verlässliche, souveräne Führung durch seinen Menschen angewiesen ist! Um hier die richtige »Dienstleistung«, d. h., die richtige soziale Unterstützung erbringen zu können, ist viel Ruhe, Geduld, Umsicht und Hintergrundwissen zu Hundeverhalten des Menschen nötig. Nur auf eine richtig erkannte Situation kann korrekt im Sinne von situationsangepasst reagiert werden. Im Zweifelsfall hilft ein kompetenter Trainer weiter, der individuell auf das Mensch-Hund-Team eingehen und die Beziehung im häuslichen Umfeld analysieren kann.

Ein unterbeschäftigter Tyrann | Goethe

Goethe ist ein 2,5 Jahre alter, nicht kastrierter Weimaranerrüde. Er lebt seit Jugend an in einer Familie, die aus drei erwachsenen Personen besteht. Nachdem es zu mehreren Beißvorfällen gekommen ist, die sich aber stets nur gegen die eigene Familie und niemals gegen Fremdpersonen gerichtet hatten, wenden sich die Besitzer Rat und Hilfe suchend an einen Hundetrainer. Beim Erstbesuch wird nach den Hintergründen der Vorfälle gefragt und die Besitzer berichten, dass der Rüde z. B. beim Abtrocknen nach einem Spaziergang völlig hemmungslos ins Handtuch beißt und dabei auch nicht selten die Hände oder Arme des jeweiligen Menschen erwischt. Die Folgen dieser Attacken sind großflächige Blutergüsse und durch die Eckzähne des Hundes verursachte Verletzungen. Weiter wird angegeben, dass bei Apportierspielen der geworfene Gegenstand von Goethe zwar zurückgebracht wird, dieser jedoch sofort zupackt, wenn versucht wird, ihm den Gegenstand abzunehmen. Hierbei verletzte der Hund den Sohn bereits derart schwer am Arm, dass die klaffende Wunde ärztlich versorgt werden musste. Alle Mitglieder der Familie sind mittlerweile zutiefst verunsichert und haben regelrecht Furcht oder sogar Angst vor ihrem Hund und dessen massivem Verhalten.

Bei Goethe zu Hause

Der Rüde verhält sich im Haus sehr aufdringlich. Ständig läuft er den Menschen hinterher, verfolgt sie auf Schritt und Tritt. Einen festen Liegeplatz kennt er nicht. Auffällig ist auch sein stetes Fordern, auf das seine Menschen umgehend eingehen. Läuft der Hund zur Tür, springt sofort einer der Familie auf, um diese zu öffnen, egal, ob man sich gerade im Gespräch befindet oder sonst wie beschäftigt ist. Geht ein Familienmitglied von einem Raum zum anderen, so drängt Goethe sich sehr energisch vor, um als erster dort zu sein. Kommandos befolgt er so gut wie gar nicht, obwohl er sie im Prinzip durchaus kennt. Nachts schläft er mit im Schlafzimmer, doch nur, um auch dort seine tyrannischen Anwandlungen fortzuführen. Will jemand das Zimmer verlassen und hindert ihn daran zu folgen, zerkratzt er die Türe und bellt anhaltend. Den Menschen fällt es sichtlich schwer, dieses Verhalten zu ignorieren, doch sind sie sehr bemüht und sehen auch die Notwendigkeit, endlich etwas ändern zu müssen.

Mit Goethe unterwegs

Die Leinenführigkeit lässt sehr zu wünschen übrig, um nicht zu sagen, sie ist nicht vorhanden. Auch hier gibt der Hund die Richtung an, in die er gerade gehen bzw. ziehen möchte und bestimmt auch das Tempo des Laufs oder die Verweildauer an besonders interessanten Schnüffelecken. Allerdings wird auch recht schnell ersichtlich, dass der Hund offenbar total unterbeschäftigt ist. Die Unerzogenheit des

Hundes, sein selbstständiges Agieren in Verbindung mit der Größe und Masse des Rüden machen es den Besitzern sehr beschwerlich, mit ihm außer Haus zu gehen. Somit wurden im Lauf der Zeit die Spaziergänge immer mehr auf das Nötigste reduziert und nach Erledigung der »Geschäfte« schnell wieder der Heimweg angetreten.

Erstaunlicherweise ist bei Goethe aber kein Jagdverhalten ausgeprägt, was aufgrund der Rassezugehörigkeit und des Beschäftigungsdefizits hätte vermutet werden können.

Individuelle Lösungen

Wie Kira, so verfolgt auch Goethe seine Menschen aus reinem Kontrollwahn heraus auf Schritt und Tritt. Distanzübungen vermitteln dem Hund, dass Nähe zum Besitzer ein Privileg ist, welches nicht immer und grundsätzlich zugestanden wird. Je unterbeschäftigter und regelfreier ein Hund ist, umso leichter verselbstständigt er sich in seinem Verhalten. Je nach Individualität des Hundes werden diese selbst geschaffenen Freiräume massiv verteidigt oder bei veränderten Rahmenbedingungen aufgegeben. Hier – wie eigentlich immer, wenn es um Lebewesen geht – gibt es weder eine pauschale Aussage, noch pauschale Handlungsmöglichkeiten, um Verhaltensauffälligkeiten zu begegnen. Individuelle Probleme benötigen individuelle Lösungsstrategien.

Wo keine Grenzen gesetzt werden, müssen auch keine Grenzen beachtet werden

Bei weiterem Umgang mit Goethe wird schnell deutlich, dass der Rüde letztlich nur schamlos ausnutzt, was ihm an Freiräumen zugestanden wird. Obwohl der Hundetrainer eine völlig fremde Person für den Hund ist, lässt Goethe sich von diesem begrenzen, ohne aggressiv zu reagieren. Dass ihm jemand den Weg abschneidet, ihn wegschiebt und sogar anrempelt, scheint ihn mehr zu beeindrucken als wütend zu machen. Fast scheint er erleichtert, dass ihm endlich eine klare Linie vorgegeben wird. Den Besitzern wird vorgeschlagen, für körperliche und geistige Beschäftigung des Hundes zu sorgen. Empfehlenswert für Goethe scheinen gezielte Such- und Fährtenübungen, aber auch ein Clickertraining kommt dem gefräßigen Vierbeiner sehr entgegen. Gehorsamsübungen werden mittels Schleppleine aufgebaut und zur besseren Führbarkeit wird er an ein Halti gewöhnt. Da die Besitzer im Flachland leben, stellt für die Zukunft bei zunehmendem Grundgehorsam auch ein Mitlaufen am Fahrrad für Goethe eine sinnvolle Maßnahme dar, die seinen Bewegungsdrang stillt und für körperliche Auslastung sorgt.

Verhaltensbiologische Anmerkung

Im vorliegenden Fall kommen drei Risikosituationen für unerwünschtes bis problematisches Verhalten zusammen. Zum einen die Zeit der Pubertät. Wie auch im Fall von Pedro (siehe Seite 203) geschildert, steigt während der Pubertät die Risikobereitschaft, das bedeutet, auch Goethe hatte offensichtlich in dieser Zeit wenig Kontrollinstanzen in seinem Gehirn aktiv, die ihn von möglicherweise gefährlichen Handlungen, wie es die Aggression gegen Familienmitglieder nun einmal ist, abgehalten hätten. Ein 2,5-jähriger Weimaraner steckt gerade voll in der Pubertät!

Pubertät

Hunde großer Rassen benötigen im Durchschnitt mindestens 3–3,5 Jahre, bis sie auch die soziale und geistige Reife eines erwachsenen Tieres erreicht haben.

Der zweite Risikofaktor ist die Rasse. Weimaraner, zumindest Rüden, sind aufgrund ihrer Rassegeschichte sicher ein extremes Beispiel für sogenannte A-Typen. Das bedeutet, es handelt sich um Hunde, die Probleme und Schwierigkeiten des Alltags durch aktives darauf Zugehen lösen, die gegebenenfalls auch durch massives Nach-vorne-Gehen Schwierigkeiten beseitigen und alles, was sich ihnen in den Weg stellt, zunächst als zu bewältigende und gegebenenfalls auch zu besiegende Herausforderung betrachten. Diese rassetypischen Eigenschaften führen in der Regel dazu, dass solche Hunde nur bereit sind, von sehr souveränen Führungspersönlichkeiten zu lernen und sich diesen unterzuordnen bzw. in deren Sozialgefüge einzuordnen. Zusätzlich zu den allgemeinen, in der Pubertät notwendigen Grenzsetzungsbeziehungen ist also für Hunde solcher Rassegruppen eine besonders klare Vermittlung von Regeln und Grenzen des gemeinsamen Zusammenlebens nötig. Findet eine klare Demonstration konsequenter Führungseigenschaften des Menschen nicht statt, versucht der Hund selbst in diesen Situationen die Anführerrolle zu übernehmen. A-Typen sind für solche Anführerrollen prädestiniert, da auch diese Tätigkeit durch die bevorzugte Aktivität des Adrenalin- und Noradrenalinsystems erleichtert wird.

Der dritte Faktor, der Goethes Probleme verschärft, ist die Unterforderung. Unterforderung und Langeweile sind ebenso große Stressoren wie Überforderung durch zu ausgedehnte Sportprogramme, zu schweres Training oder anderes. Stress entsteht dann, wenn das Anpassungssystem, also die Anpassungsfähigkeiten eines Hundes, nicht mehr ausreicht, um eine Problemsituation des Alltags zu bewältigen. Da A-Typ-Hunde zu einer aktiven Problemlösung neigen, werden sie bei Unterforderung der Langeweile dadurch begegnen, indem sie selbst Aktivitäten entwickeln und sich Beschäftigungen und Ablenkungen suchen. Genau das ist hier geschehen. Sobald jedoch durch ein gezieltes und gut abgestimmtes Trainings- und

Erlebnisprogramm die Beschäftigung des Hundes, sei es körperlich durch die Bewegung, sei es geistig durch Kopfarbeit, gewährleistet wird, fällt auch der Antrieb zum störenden und selbstbestimmten Verhalten weg. Zugleich dient körperliche Bewegung nicht nur der Ausschüttung der als »Glückshormone« bezeichneten Endorphine, sondern auch dem Abbau nicht nur von überschüssiger Energie, sondern auch von Stresshormonen. Es muss jedoch auf das richtige Maß geachtet werden, da eine zu heftige oder zu lang andauernde körperliche Aktivität ihrerseits den Hund auch wieder in eine höhere Erregung versetzen und damit die auftretenden Probleme verschlimmern kann.

Ein schlechter Start ins Leben | Snoopy

Snoopy ist ein heute fünf Jahre alter Jack Russel Terrier. Er stammt von einem »Hobbyzüchter«, der unbedingt seine Hündin einmal werfen lassen wollte. Wegen mangelnder Aufzuchtmöglichkeiten fristeten die sechs Welpen acht Wochen lang im Toilettenraum ihr Dasein. An Umweltreize wurden sie überhaupt nicht gewöhnt, kamen auch nicht in den vorhandenen Garten und durften nicht die anderen Räume des Hauses betreten. Schließlich waren sie ja noch nicht stubenrein und machten alles kaputt, was ihnen zwischen die Zähne geriet! Zur Familie gehörten auch zwei Jungen im Alter von zehn und zwölf Jahren.

Ein Zuhause für Snoopy

Frau S., die Snoopy im Alter von acht Wochen kaufte, freute sich über den niedrigen Kaufpreis von nur 500 Euro. Sie wollte auf keinen Fall die in ihren Augen horrenden Züchterpreise bezahlen, die gut doppelt so hoch waren. Die Aussage von Snoopys »Erzeugern«: »Wir wollen an den Welpen kein Geld verdienen«, war ihr sehr sympathisch. Als Hundeanfängerin hatte sie sich umfassend über ihre Aufgaben informiert, aber was ein optimal geprägter und sozialisierter Welpe ist und wie er aufwachsen muss, um später gut im Leben zurechtzukommen, das wusste sie nicht.

Snoopy wächst heran – und mit ihm die Probleme

Frau S. besuchte mit Snoopy die Welpengruppe und absolvierte die anschließende Junghundegruppe. Dort wurde sie darauf aufmerksam gemacht, dass ihr kleiner Racker permanent auf Hunden aufritt, egal, welchen Geschlechts diese waren. Dem Rat des Trainers, den Hund kastrieren zu lassen, folgte sie sofort, und so wurde Snoopy mit sechs Monaten operiert.

Etwa vier Wochen nach der Kastration fing der Rüde an sich zu kratzen und zu beißen, zuerst an den Füßen. Es wurden Herbstgrasmilben vermutet und eine entsprechende Behandlung wurde eingeleitet. Doch eine Besserung trat nur kurzfristig ein. Schon bald schien der Juckreiz den ganzen Körper zu befallen. Es entstanden sogar offene Kratzstellen und Snoopy zeigte sich sehr launisch in seinem Verhalten. Mal ging er kommentarlos an Hunden vorbei, mal hatte er mit Kindern keine Probleme, doch von einem Tag auf den anderen konnte sich das ändern und er reagierte massiv und lautstark gegen andere Lebewesen. Die Besitzerin konnte kein Schema erkennen und ging verzweifelt zum nächsten Tierarzt. Dieser machte einen Allergietest und stellte fest, dass der Kleine allergisch auf Hausstaubmilben, Rindfleisch und Weizen reagierte. Es wurde ein neues Futter gefunden, welches Snoopy auch gut vertrug, und der Juckreiz ließ einige Zeit etwas nach. Die Gaben von Cortison sollten die aufgekratzten Stellen abheilen lassen und dem Vierbeiner die Genesung erleichtern. Einige Monate schien sich der Zustand wirklich zu bessern, dann aber ging es wieder von vorne los. Nun wurde festgestellt, dass Snoopy auch auf das verabreichte Lammfleisch allergisch reagierte. Hinzu kam noch eine Unverträglichkeit auf Reis, Mais und Nudeln. Also wurde Pferdefleisch gekocht und mit Gemüse und Kartoffeln verfüttert. Dies führte wieder zu einer Besserung.

Das Verhalten von Snoopy jedoch änderte sich nicht. Er war weiterhin unsicher in verschiedensten Alltagssituationen. Bei manchen Hunden reagierte er überhaupt nicht, vor allem dann nicht, wenn ein zweiter, ihm bekannter Hund mit dabei war. Dann wiederum konnte er in der nächsten Situation losschießen und den herankommenden Vierbeiner energisch verbellen. Zu Beißereien kam es nie, doch suchte sich der Rüde immer sehr unsichere Hunde aus, die er mit seinen Scheinattacken tief beeindrucken konnte. Die von der Besitzerin geschilderte Launenhaftigkeit blieb bestehen. Frau S. hatte auch die Sorge, dass die neue Futterzusammenstellung wieder nur einige Monate von Snoopy vertragen und das Elend dann von Neuem losgehen würde.

Snoopy ist definitiv nicht unterbeschäftigt, Frauchen geht mit ihm ausgiebig spazieren, er läuft die meiste Zeit frei und spielt auch ausgelassen in der Gruppe mit anderen Hunden. Außerdem läuft er neben dem Fahrrad, was Frauchen gern und häufig fährt. Frau S. bringt Snoopy allerlei Tricks bei, was dem Kleinen sehr viel Spaß macht und wobei er sich hochmotiviert und talentiert zeigt. Von einer Hundetrainerin wurde der Ratschlag erteilt, wegen der Launenhaftigkeit die Schilddrüsenfunktion untersuchen zu lassen, da auffällige Stimmungsschwankungen nicht selten ihre Ursache in einer Schilddrüsenunterfunktion haben. Frau S. verabredete deshalb einen Termin mit ihrem Tierarzt, erzählte von der Empfehlung der Hundetrainerin und bat um Erstellung eines Blutbildes. Der Tierarzt reagierte aber ziemlich unwirsch und abweisend, und tat den Rat als unqualifiziertes Gewäsch einer nicht veterinärmedizinisch ausgebildeten Person ab.

Verhaltensbiologische Anmerkung

Das extrem launenhafte Verhalten sowie auch die auftretenden Hautprobleme lassen in der Tat zunächst auf eine Hormonstörung schließen. Eine Unterfunktion der Schilddrüse äußert sich tatsächlich in solchen Verhaltensauffälligkeiten und auch in den Hautproblemen. Es ist zu vermuten, dass die zu frühe Kastration diese Probleme zumindest auf dem Umweg über eine dadurch entstehende erhöhte Stressanfälligkeit noch verstärkt hat. Die komplexen Zusammenhänge im Hormonsystem, insbesondere unter Berücksichtigung der sehr reizarmen und absolut unzureichenden Aufzuchtumgebung in den ersten Wochen, sind hier nur schwer im Einzelnen darzustellen. Sie wirken sich jedoch zusammen in vielen Fällen tatsächlich auf eine Reduktion der Schilddrüsenaktivität sowie auf eine erhöhte Anfälligkeit für Allergien und Immunerkrankungen aus. In einer groß angelegten Vergleichsstudie zeigte sich übrigens mittlerweile, dass gerade allergische Hautreaktionen, ebenso wie beispielsweise die durch Autoimmunreaktionen verursachte Schilddrüsenunterfunktion, zu den Folgerisiken einer Kastration gehören. Snoopys Hautprobleme können also einerseits durch die kastrationsbedingte Fehlfunktion im Hormonsystem, andererseits durch die Wechselwirkungen der genannten hormonellen Zusammenhänge erklärbar sein. Zudem ist die mangelnde Sozialisation selbst noch ein weiterer Grund für das problematische Verhalten von Snoopy. Tiere, die unter geringen Umweltherausforderungen aufwachsen, tendieren dazu, auch später in nur leicht angespannten Situationen überfordert zu sein, wenig Vertrauen in ihr aktives Problemlösungsverhalten zu zeigen und dadurch noch schneller in massiven Stress zu geraten. Das dabei aktivierte

Stresssystem, das passive System des Cortisols, steht wiederum einerseits im direkten Zusammenhang mit den entstehenden Immun- oder Infektionsproblemen, andererseits auch mit den Rückkopplungskreisen der Schilddrüsenhormone.

Letztlich waren die Erfahrungen, die Snoopy durch seine Selbstschutzattacken gemacht hatte, zweifellos auch verantwortlich für die Fixierung dieses Verhaltens im Sinne einer erlernten Problemlösung. Gerade Selbstschutzattacken haben einen sehr hohen Anteil des Lernens am Erfolg, und werden sehr häufig bereits nach wenigen erfolgreichen Versuchen als zielführende Strategie im Gedächtnis fixiert. Das dafür verantwortliche System ist das aktive Stressbewältigungssystem mit dem Hormon Noradrenalin, das nicht nur als Kampfhormon, sondern auch als Verstärker von neuronalen Prozessen und Gedächtnisbildungen dient. Durch die Wechselwirkungen des Noradrenalins mit dem Selbstbelohnungssystem des Dopamins (beide stehen in der gleichen Synthesekette) kann dann auch noch die positive Verknüpfung des erkämpften »Erfolges« sofort als zukünftige Problemlösungsstrategie nicht nur verankert, sondern geradezu mit freudiger Erwartung versehen werden. Gerade Kleinterrier, die sich, wie bereits erwähnt, in ihrer früheren Arbeit durchaus mit gefährlichen und wehrhaften Raubtieren (Dachs, Fuchs usw.) anlegen sollten, tendieren offensichtlich besonders zu diesen Verknüpfungen. Weitergehende Maßnahmen zur Verhaltenskorrektur, die auf langfristige Veränderungen hoffen lassen könnten, dürfen in so einem Fall erst nach Vorliegen der notwendigen Hormondaten empfohlen werden.

Patchwork-Beziehungen

Alle unter einem Dach

Der alleinstehende Herr F. hat eine knapp zweijährige, eher etwas unsichere Schäferhunddame, die sehr auf ihn fixiert ist. Herr F. lernt die ebenfalls alleinstehende Frau A. kennen und lieben, die selbst drei kleinwüchsige Mischlingshündinnen besitzt. Die beiden verbringen viel Zeit miteinander, die Hunde verstehen sich auf den ausgedehnten Spaziergängen auch recht gut, sodass bald über eine gemeinsame Lebensführung nachgedacht wird. Frau A. zieht mit ihren Hündinnen zu Herrn F. und seiner Schäferhunddame.

Warum auch immer die Entscheidung getroffen wurde und wer letztlich überhaupt auf diese Idee kam, war im Nachhinein nicht mehr wirklich nachvollziehbar. Auf jeden Fall wurde eine der drei kleinen Mischlingshündinnen bei einer Läufigkeit belegt. Allerdings, und man muss in dieser Konstellation wirklich von glücklicher Fügung des Schicksals sprechen, nahm die Hündin nicht auf. Die Schäferhündin rastete regelrecht aus, reagierte mit massivster Aggression gegen die Frau, aber auch gegen die Hündinnen von Frau A. Gleichzeitig baute sie körperlich völlig ab, verweigerte Futter und wog letztlich nur noch knapp über 20 Kilo.

Die enorme Stressbelastung durch die neue Lebenssituation und der Verlust ihres menschlichen Partners, der sich nun seiner neuen Lebensgefährtin zuwandte, konnte von ihr weder verarbeitet, geschweige denn verkraftet werden. Letztlich musste Herr F. seine Hündin abgeben. Die Vermittlung verlief aber positiv und die Hündin erholte sich im neuen Zuhause von Tag zu Tag, die aggressiven Ausfälle kamen nicht mehr vor und die neuen Besitzer hatten keine nennenswerten Probleme, außer der bekannten Unsicherheit, mit dem Tier.

Wenn Machos den Alltag bestimmen

Katja ist eine junge Frau, die mit dem Einverständnis der Eltern als Teenager den damals sechs Monate alten Cao de Bestiar Mac aus dem Tierheim übernommen hat. Mac ist ein sehr aktiver, mittlerweile drei Jahre alter, unkastrierter Rüde. Die eher zierliche Katja hat mit dem Rüden im Alltag erhebliche Probleme, weswegen sie sich bereits Hilfe suchend an einen Hundetrainer gewandt hatte. Mac zieht an der Leine von rechts nach links, schlägt Haken und vollführt komplette Pirouetten, wenn ihm gerade danach ist. Bei Hundebegegnungen gebärdet er sich wie toll, Katja hat alle Hände voll zu tun, den kräftigen Kerl an der Leine zu führen und mittlerweile überhaupt keinen Spaß mehr an Spaziergängen. Es ist nur noch purer Stress und der Missmut steht ihr ins Gesicht geschrieben. Mac bestimmt Richtung, Geschwindigkeit und auch die Verweildauer an besonders interessanten Geruchsstellen.

Im Haus residiert Mac bevorzugt auf einem Sofa im Eingangsbereich, von dem er einen lückenlosen Rundumblick über jede Bewegung im Haus hat. Ist Katja zu Hause, liegt oder sitzt der Hund neben ihr und kommentiert jede Bewegung anderer Familienmitglieder auf sie zu mit einem tiefen Grollknurren. Verlässt Katja ihren Aufenthaltsort, so folgt Mac ihr auf Schritt und Tritt, was Katja eigentlich nett findet und für besondere Anhänglichkeit hält. Geht Katja zu Bett, so platziert sich Mac wie selbstverständlich am Fußende und streckt sich schnaufend und schnarchend lang dort aus. Katjas Mutter wird weitestgehend von Mac ignoriert, allerdings wirft er ihr die Wasserschüssel vor die Füße, wenn diese leer ist (was sie allerdings ja auch nie sein darf!), und rappelt beharrlich mit der Futterschüssel, wenn er der Meinung ist, dass es Zeit für seine Mahlzeit ist. Die Familie amüsiert dieses »schlaue« Verhalten, auf das auch stets reagiert wird. Katjas Vater allerdings wird von dem Rüden nicht gern gesehen und häufig angeknurrt. Er hat sich von Futter und Wasser fernzuhalten, wenn Mac sich daran zu schaffen macht. Auch duldet Mac es nicht, dass der Vater sich zu Katja aufs Sofa setzt, um gemeinsam mit der Tochter fernzusehen oder auch nur etwas näheren Kontakt zu pflegen. Nachdem es bereits zu Schnappattacken gekommen ist, stört der Vater seine Tochter und deren Hund gar nicht mehr, wenn diese traute Zweisamkeit pflegen.

Seit einiger Zeit hat Katja einen Freund, Hellmut, der Hunde sehr mag und selbst auch einen jungen Rüden hat. Bislang haben die jungen Leute es aber noch nicht versucht, die Hunde zusammenzuführen, da sie sich das nicht zutrauen. Meist kommt Hellmut zu Katja, wo er jedes Mal erhebliche Probleme mit Mac hat. Ständig drängt sich der Rüde zwischen die beiden, knurrt nach Hellmut und lässt diesen nicht aus den Augen. Wollen die frisch Verliebten ungestört und unbehelligt sein, so müssen sie Mac wegsperren. Wird er später wieder in die Gemeinschaft eingelassen, so scheint er regelrecht beleidigt, aber auch wütend und auf Rache sinnend.

Katja und Hellmut sind ratlos. Gern würden sie zusammenziehen und zukünftig gemeinsam mit den beiden Hunden leben. Doch wird das möglich sein? Die frisch Verliebten sehen ihre Zukunftspläne stark gefährdet, und die Vorstellung eines harmonischen Zusammenlebens unter einem Dach scheint sich zur reinen Fiktion zu entwickeln. Eine harte Prüfung für das junge Glück, denn leicht bekommt man sich wegen der Vierbeiner schon in die Haare.

Großer souveräner Hund trifft auf kleinen Pascha

White ist ein gereifter, ausgesprochen souveräner und durchweg gehorsamer Weißer Schäferhund. Er gehört einem Mittvierziger, der sich viel Zeit genommen hat, um White mit Geduld, Verständnis und Ruhe zu erziehen. White ist nicht nur gehorsam, sondern ausgesprochen duldsam und sozialverträglich. Er kommt mit allen Tieren, ob groß oder klein, gut aus und liebt Menschen aller Altersstufen, egal ob männlich oder weiblich. Ein echter Traumhund!

Wusel ist ein erwachsener Jack Russel Terrier, der im Leben von seinem Frauchen immer eine wichtige Rolle gespielt hat und bislang mehr oder weniger machen konnte, was er wollte – was er auch ausgiebig tut. Da Frauchens Berufstätigkeit die gemeinsame Zeit beschneidet, hat sie auch ein schlechtes Gewissen ihm gegenüber.

Die Besitzer der Hunde hatten sich kennengelernt und planten einen gemeinsamen Hausstand in einer neuen, geräumigen Wohnung mit großem Garten für die Hunde. Whites Herrchen sah da gar keine Probleme, Wusels Frauchen hingegen hatte ständig Angst um ihren kleinen Liebling. Immer häufiger gab es Streit wegen der Hunde. Als der Einzug in das neu hergerichtete Domizil näher rückte, spitzten sich die Auseinandersetzungen zu. White verhielt sich durchweg souverän, ließ sich aber von Wusel auch nicht provozieren und steckte dem Terrier Grenzen ab. Wusels Frauchen sprang ihrem Liebling dann schnellstmöglich zur Seite und beschimpfte den großen Hund und in der Folge auch Whites Herrchen, weil sie um das Leben von Wusel fürchtete. Letztlich warf sie sogar den Vorschlag in den Raum, dass White besser abgegeben werden solle.

Obwohl alles für das zukünftige gemeinsame Leben vorbereitet war, trat immer mehr die Frage in den Vordergrund, ob diese Beziehung – zwischen den Hunden UND zwischen den Menschen – wirklich unter einem günstigen Stern stand oder bereits jetzt zum Scheitern verurteilt war.

Verhaltensbiologische Anmerkungen

Fast allen geschilderten Fällen gemeinsam ist, dass es sich um eine gegengeschlechtliche Mensch-Hund-Bindung handelt, also ein männlicher Mensch mit weiblichem Hund oder umgekehrt. Untersuchungen einer Reihe von Arbeitsgruppen haben gezeigt, dass die Hund-Mensch-Beziehung aus der Sicht des Hundes eine Reihe von Gemeinsamkeiten mit den sozialen Bindungen zwischen Hunden aufweist. Hund-Hund-Bindungsbeziehungen sind wiederum besonders stabil, wie auch Untersuchungen an verwilderten Haushunden in verschiedenen Regionen der Erde gezeigt haben, wenn sie zwischen einem Rüden und einer Hündin bestehen. Auch aus der Sicht des menschlichen Beziehungspartners gibt es deutliche Unterschiede in der Qualität der Sozialbeziehung von Männern zu Hündinnen bzw. Frauen zu Rüden gegenüber einer Beziehung, bei der Mensch und Hund das gleiche Geschlecht haben. Die hier zutage tretende Paarbindung ist bei Caniden allgemein – und damit auch beim Haushund – nicht sexuell, sondern sozial motiviert. Das bedeutet, dass sie auch in Abwesenheit von Läufigkeiten und anderen, durch Sexualhormone gesteuerten Ereignissen noch stabil ist. Dies ist auch eine notwendige Voraussetzung für diese Art von Beziehung bei Hundeartigen, da alle Wildhunde in der Regel nur einmal im Jahr für wenige Tage paarungsbereit sind, die Paarbeziehung dagegen in der Regel zwölf Monate im Jahr anhält. Aus dieser Konstellation heraus ist also verständlich, weshalb ein Hund sich einem Menschen des entgegengesetzten Geschlechts anschließt. In dieser Situation wird dann auch die Partnerverteidigung nicht durch die Sexualhormone gesteuert, sondern das sogenannte Eifersuchts- oder Partnerschutzhormon Vasopressin ist verantwortlich für das genannte Verhalten. Kommt nun ein Störenfried in die Beziehung, insbesondere einer, der das gleiche Geschlecht wie der stark gebundene Hund aufweist, so wird dieser als Rivale betrachtet und aus der Umgebung des zu schützenden Paar-Partners ferngehalten. Es handelt sich hier also in allen drei Fällen um ein ganz klassisches Partnerschutzverhalten.

Aufgabe des Menschen wäre es in dieser Situation, den Hunden klarzumachen, dass der betreffende zweibeinige Artgenosse nunmehr in der Familie eine wichtige Rolle zu spielen hat. Trotzdem darf der Hund in dieser Situation nicht vernachlässigt werden. Letztlich gilt das gleiche, wie es im Abschnitt »Kind und Hund« (siehe Seite 261 ff.) noch dargestellt wird.

Der Hund muss in die neue familiäre Konstellation integriert werden, anstatt sich plötzlich und unerwartet ausgegrenzt zu sehen. Nur dann können solche Patchwork-Beziehungen mit zwei- und vierbeinigen Familienmitgliedern schließlich zu einer funktionierenden Familie zusammenwachsen.

Entzug von Beachtung | Sirius

Sirius ist der 2,5 Jahre alte, nicht kastrierte Australian Shepherd von Frau Oberländer. Sie hat sich mit diesem Rüden einen Kindheitstraum erfüllt, der nun langsam aber sicher für sie zum Albtraum mutiert. Bei Rüdenbegegnungen benimmt sich Sirius an der Leine wie das sprichwörtliche Ekelpaket. Frau Oberländer fühlt sich völlig überfordert und weiß nicht mehr, wie sie mit diesen Aussetzern ihres Rüden umgehen soll. Hilfe suchend wendet sie sich an die Hundeschule von Frau X.

Tierschutzrelevante »Profi«-Tipps

Wie häufig vorkommend, so hatte auch Frau Oberländer vorher schon bei etlichen Trainern um Rat gefragt. Der letzte, ein ihrer Aussage nach angesehener Hundepsychologe, hatte ihr ausschweifend erklärt, sie habe ein »schlimmes Dominanzproblem« und der Rüde würde sie »kontrollieren«. Bei mehreren (teuren!) Hausbesuchen wurden Frau Oberländer Maßnahmen empfohlen, die sie nun einige Monate durchzuführen hätte.

- Der Hund wurde in der Bewegung eingeschränkt, er wurde z. B. über mehrere Stunden auf einen festen Platz geschickt und durfte diesen nicht verlassen.
- Kontaktaufnahmen durch den Hund mussten zukünftig komplett ignoriert werden, auch der soziale Kontakt zwischen Frauchen und Rüde wurde untersagt. Dieses »Links-liegen-lassen« würde dem Vierbeiner zeigen, wer der Chef im Hause ist, so hieß es.

Frau Oberländer verstand zwar den Zusammenhang zwischen dem Problem an der Leine und den angeblich erforderlichen Maßnahmen nicht, führte diese aber über viele Wochen konsequent und ernsthaft bemüht durch. Das Verhalten von Sirius änderte sich nicht, die Spaziergänge und die sich ergebenden Hundebegegnungen waren mehr und mehr stressbehaftet. Frau Oberländer hatte den Eindruck, dass die Aggressionsbereitschaft ihres Hundes sich sogar noch steigerte. Ihre vorsichtig dem Hundepsychologen gegenüber geäußerten Bedenken wurden lapidar mit der Bemerkung: »Das wird sich jetzt bald alles geben, Sie müssen nur Geduld haben und durchhalten!« abgetan.

Frau Oberländers Nerven lagen mittlerweile blank und es brach ihr schier das Herz, dass sie noch immer nicht – nach nunmehr schon vier Monaten! – ihren Hund beachten durfte. Außer Bürsten war kein körperlicher Kontakt erlaubt, was Frau Oberländer unendlich traurig machte, hatte sie doch das Bedürfnis, den Hund zu streicheln und zu knuddeln, was sie beide früher immer sehr genossen hatten. Außerdem war sie intensiv damit beschäftigt, all die anderen »fachlich kompetenten Tipps« korrekt umzusetzen:

- Sie musste zuerst durch die Tür gehen,
- zuerst die Treppe rauf,
- zuerst essen (selbst wenn das Füttern außerhalb ihrer Mahlzeiten lag, musste sie sich einen Müsliriegel nehmen und vor dem Hund essen, bevor sie ihm seine Futterschüssel hinstellen durfte),

- den Hund auf seinem Platz festbinden, wenn er dort aufstehen und nicht verweilen wollte.

Glückliche Wendung

Als Frau Oberländer zum Beratungsgespräch bei Frau X eintraf, beobachtete diese den Hund sehr aufmerksam: Der Rüde betrat das Büro mit geduckter Körperhaltung, nahm keinen Kontakt zur Trainerin auf und legte sich sofort auf den Teppich, um sich dann nicht mehr zu bewegen. Frau X bat Frau Oberländer, den Hund doch frei umherlaufen zu lassen, damit er sich umschauen und die neuen Eindrücke aufnehmen könne. Frau Oberländer entgegnete sofort und entschieden, dass er sich hier doch nicht umschauen dürfe, weil das Ausübung von Kontrolle wäre, die sie nicht zulassen könne!

Frau X ging auf diese Bemerkung vorerst gar nicht ein, Erklärungen zu biologischen Bedürfnissen schob die Trainerin noch etwas auf. Stattdessen fragte sie, ob der Hund irgendwelche bekannten gesundheitlichen Probleme hätte, eine im Rahmen der Anamnese übliche Frage. Nun brach Frau Oberländer in Tränen aus! Ja, ihr sei auch schon aufgefallen, dass Sirius sich stark verändert hätte. Er wäre richtig traurig geworden in den letzten Monaten, ausgelassenes Spiel wie früher würde er gar nicht mehr zeigen. Er wirke deprimiert, und sie habe ein schlechtes Gewissen und mache sich große Vorwürfe, weil sie doch offensichtlich schuld an dieser Veränderung von Sirius sei. Außerdem wäre der Rüde im letzten halben Jahr mehrfach krank gewesen, litt unter Hauterkrankungen und Durchfällen. Aber kein Tierarzt hätte die Ursache dafür gefunden.

Frau X beruhigte das völlig aufgewühlte Frauchen von Sirius und erklärte ausführlich und mit verständlichen Beispielen, dass Hunde als soziale Lebewesen unbedingt den Kontakt zum Menschen brauchen. Eine wie von ihr geschilderte Isolation sei tierschutzrelevant und absolut abzulehnen. Das Bauchgefühl, was Frau Oberländer immer leicht hatte an den Maßnahmen zweifeln lassen, war völlig berechtigt und hätte beachtet werden sollen. Nichts Positives war bewirkt worden, im Gegenteil. Und das Verhalten von Sirius gegenüber Rüden hatte sich nicht geändert, sondern war sogar noch schlimmer geworden.

Frau X fragte intensiv nach den allgemeinen Alltagsumständen, dem Tagesablauf vor und während der zweifelhaften »Umerziehungstherapie«, und es stellte sich heraus, dass der Vierbeiner deutlich zu wenig Beschäftigung hatte. Die Arbeitsfreude gerade dieser Rasse war von Frau Oberländer unterschätzt worden, und Sirius wurde weder körperlich, noch geistig hinreichend gefordert. Mit einem im Alltag leicht umsetzbaren Beschäftigungsprogramm, welches gezielt und **ohne Übertreibung** in Bezug auf den zeitlichen und inhaltlichen Rahmen zusammengestellt wurde, sowie dem Rat, dem Hund wieder sozialen Kontakt zukommen zu lassen, wurden Frau Oberländer und Sirius aus dem Erstgespräch entlassen. Das angeschlossene Haustraining zeigte schnell Fortschritte in der Mensch-Hund-Beziehung. Sirius baute zusehends Vertrauen zu seiner Besitzerin auf und wurde wieder zu dem fröhlichen Hund, der er einmal war. Sein Verhalten an der Leine stellte er auch ab, weil Frau Oberländer gelernt hatte, ihm Alternativen zu zeigen und ihm ein souveränes und liebevolles, aber konsequentes Frauchen zu sein. Die Erfolge stellten sich natürlich nicht »über Nacht« ein, es war ein längerer, auch mit manchen Mühen versehener Weg. Doch die sichtbaren Fortschritte und der komplett andere Ansatz beflügelten Mensch und Hund und führte sie wieder zu einem Team zusammen.

Obwohl heutzutage weit häufiger ein »Zuviel« an Beschäftigung und Bespaßung zu Auffälligkeiten führt, war es hier einer der wenigen Fälle, in denen der Hund, wirklich zu kurz gekommen ist.

Verhaltensbiologische Anmerkung

Die Darstellung des Falles zeigt deutlich, dass hier einmal mehr ein generelles Missverständnis über die Rangordnungs- und Dominanzproblematik vorlag. In Familiengruppen von Hundeartigen gibt es normalerweise keine Dominanz zwischen dem männlichen und dem weiblichen Leittier. Die Halterin hat für den Rüden eine Rolle als Sozialpartnerin, die der, unter Hundeartigen üblichen, echten Paarbindung in völlig asexueller Weise entspricht. Zwischen den Angehörigen eines solche Paares gibt es in der Regel nur durch Persönlichkeitstypen festgelegte Anführerfunktionen bzw. eine Rollenaufteilung im Hinblick auf aktive und passive Erkundungs- und Problemlösungsstrategien, nicht aber eine klassische Rangordnung. Dies ist auch ersichtlich, da es keinen Ressourcenkonflikt zwischen den Angehörigen eines solchen Leitpaares geben dürfte. Allein aus diesem Grund ist der Lösungsansatz, den Rüden über eine Stärkung der Rangordnungsposition der Halterin dominieren zu wollen, bereits verfehlt gewesen. Viel wichtiger wäre, an der Führungskompetenz und am Führungsverhalten der Halterin zu arbeiten, um dem Rüden zu dokumentieren, dass sie in der Lage ist, nicht nur auf sich selbst, sondern auf das Team aufzupassen und ggf. auch umweltkontrollierend und -regelnd einzugreifen. Die Empfehlung, den Hund komplett zu ignorieren und ihm dadurch jegliche positive Sozialkontakte zu nehmen, grenzt in dieser Schwere sicherlich an psychische Folter und ist in höchstem Maße tierschutzwidrig. Hunde sind »Blickkontakt-Freaks«, die sich ständig durch Augenkontakt mit dem Sozialpartner, sei er zwei- oder vierbeinig, dessen Anwesenheit und dessen derzeitigen Absichten versichern, um ein koordiniertes Vorgehen im Team mit diesem persönlich gebundenen Partner zu ermöglichen.

Wird ihnen diese Möglichkeit genommen, ist eine massive Verunsicherung, nicht nur über die Qualität der Bindung, sondern auch über die anderen, zum Teil gefahrenabwehrenden Lebensumstände und Bedeutungen der Beziehungen unausweichlich. Das Tier erleidet in diesem Zusammenhang Kontrollverlust, nicht weil es seine Umwelt nicht mehr aktiv gestalten und »dominieren« kann, sondern weil ihm jegliche Planbarkeit und jegliche Vorhersagbarkeit in seiner Umwelt fehlen. Die daraus resultierenden Verhaltensprobleme einer zunehmend erhöhten Aggressivität, insbesondere an der Leine, wenn der Hund nicht in der Lage ist, selbstständig und seinen Verhaltenstendenzen entsprechend zu agieren, zeigen ebenso wie die geschilderten Erkrankungen die Auswirkungen eines starken Anstiegs der betreffenden Stresshormone, nämlich der Glucocorticoide aus der Nebennierenrinde, insbesondere des Cortisols.

Zwingerhaltung

Die Ausführungen zum Thema Hund-Mensch-Kontakt zeigen aber auch die generelle Problematik der Zwingerhaltung. Für viele Hunde, die wie Menschen ein hohes Maß an Geselligkeit und Kontaktbedürfnis aufweisen, ist die Isolationshaltung im Zwinger gleichbedeutend mit Verlust eines wesentlichen Teiles ihrer Sozialkontakte. Sind sie dann noch allein ohne Zweithund, so ist soziale Verkümmerung fast zwangsläufig gegeben. Es gibt aber diejenigen Vierbeiner, z. B. nicht oder falsch mit Menschen sozialisierte Hunde, denen ein gut und abwechslungsreich ausgestatteter Zwinger durchaus zusagen kann. Jedoch muss allgemein beobachtet werden, dass introvertierte Hunde bisweilen ihr »Innenleben« nur dem sehr hundekompetenten Menschen zeigen, sodass evtl. viel mehr Hunde hier leiden, als erkannt wird.

Dass die Verunsicherung durch Wegnahme des sozialen Kontaktes in diesem Fall nicht dazu geführt hat, dass dieser Hund sich völlig aus der Beziehung verabschiedet, sondern durch gezielte Verhaltensverbesserung seitens der Halterin wieder zu einer Rückführung der Beziehungsqualität möglich war, spricht für die psychische Robustheit dieses Hundes. Viele andere Hunde hätten in dieser Situation entweder völlig aufgegeben und die Beziehung zum Menschen geistig ein für alle Mal zu Grabe getragen, was mit noch schwerwiegenderen psychischen und gesundheitlichen Störungen einhergegangen wäre, oder die Aggression gegen die Halterin in noch viel stärkerer Weise durchgeführt.

Schutzdienst mit Folgen | Senta

Senta ist eine vier Jahre alte Deutsche Schäferhündin aus Leistungszucht, die auf Umwegen im Tierheim gelandet war. Sie zeigte sich dort überaus nervös und »hibbelig«. Über ihre Vorgeschichte ist nicht viel bekannt. Die Aussagen gehen von Allergie bis hin zu Überforderung der Besitzer. Sicher ist aber, dass die Hündin schon zweimal den Platz gewechselt hat. Frau Müller hatte nun endlich die Zeit, das Geld und auch die Lust, einen Hund zu halten und besuchte besagtes Tierheim. Ihre Augen blieben direkt an Senta, einem bildschönen Deutschen Schäferhund, hängen. Der Vater von Frau Müller hatte immer Schäferhunde und sie hatte sie als Kind als gut erzogen und unkompliziert kennengelernt. Es kam, wie es kommen musste, Senta zog bei Frau Müller ein.

Alltag im neuen Zuhause

Die Nervosität des Vierbeiners machte der jungen Frau sehr zu schaffen. Außerdem schien die Hündin Probleme mit Menschen und Hunden beiderlei Geschlechts zu haben. Senta tobte an der Leine und wollte sich auf jeden stürzen, der sich ihr näherte. Frau Müller kam mit Senta gut zurecht, aber die Spaziergänge mutierten immer mehr zum Spießrutenlauf. Da sie früher mit ihrem Vater oft auf den Hundeplätzen war, entschied sie sich, einen aufzusuchen, um dort Hilfe zu finden. Ihr fiel auch ein, dass man im Tierheim betont hatte, dieser Hund müsse »arbeiten«.

Lösung des Problems: Schutzdienst?

Der Trainer auf dem Hundeplatz wunderte sich nicht, dass die Hündin so reagierte, wie sie reagierte. Sie sei unterbeschäftigt, hieß es, und ein Hund müsse die Möglichkeit haben, seinen »Aggressionstrieb« zu kanalisieren, wurde weiter erklärt. Frau Müller war beeindruckt vom Wissen des Trainers und vertraute diesem blind, als er den Hetzarm holte, um auszuprobieren, ob die Hündin »am Arm was taugt«. Senta hatte Spaß, sie verbiss sich in den Arm, ließ nicht mehr los und kämpfte damit, was das Zeug hielt. Die Bedenken, die Frau Müller dem Trainer gegenüber äußerte, ob das den Hund nicht noch wilder machen würde, wischte dieser lapidar von sich. Auch hatte Frau Müller Angst davor, dass Senta in der Folge auf hocherhobene Arme mit Aggression reagieren würde. Ganz im Gegenteil, wurde erwidert, durch dieses Training habe Senta es gar nicht mehr nötig, nach Hunden und Leuten zu schnappen, weil ihr Aggressionstrieb beim Schutzdienst eben kanalisiert würde. Ein halbes Jahr lang besuchte Frau Müller den Hundeplatz. Die Hündin veränderte ihr Verhalten Menschen und Hunden gegenüber nicht, im Gegenteil, es wurde immer schlimmer. Auf dem Platz wurde die ratlose Frau vertröstet, das dauere eben seine Zeit, und sie wäre sowieso viel zu nett zu ihrem Hund.

Und Senta fasst!

Als es dann zu einem konkreten Vorfall kam, Senta hatte nach einem Kind geschnappt, suchte Frau Müller eine professionelle Hundeschule auf, um sich nochmals zu informieren. Dort wurde ihr zuerst einmal erklärt, dass es einen »Aggressionstrieb« gar nicht gibt, und dass andere Möglichkeiten des Frustrationsabbaus sinnvoller seien.

Außerdem wurde sie darüber aufgeklärt, dass ein Vierbeiner sehr wohl den Menschen »hinter dem Arm« registriert und somit die Gefahr sehr groß ist, dass bestimmte Bewegungen das auf dem Hundeplatz Erlernte auslösen können. Während dieses Beratungsgesprächs saß Frau Müller mit ihrem Hund dem Trainer gegenüber. Der Vierbeiner lag an langer Leine im Platz auf dem Boden zwischen Frauchen und Trainer. Die Aussagen des Hundetrainers erschreckten Frau Müller, hatte sie es doch nur gut gemeint und wollte alles richtig machen. Ab sofort mied sie den Hundeplatz, wo es ihr ohnehin viel zu ruppig zuging, auch wenn Senta offensichtlich beim Schutzdienst richtig »begeistert« war. Sie wollte das Verhalten ihrer Hündin ja verbessern und nicht verschlimmern. Für die Zukunft wollte sie Senta lieber in der Apportier- und Fährtenarbeit unterweisen, um die Hündin sinnvoll auszulasten. Am Ende des Gesprächs fragte Frau Müller noch nach dem günstigsten Weg zur Autobahn, beide Gesprächspartner waren aufgestanden. Der Trainer streckte den Arm aus, um die Richtung zu weisen, da griff die Hündin ansatzlos an und packte ihn am Arm. Der Versuch sich zu befreien scheiterte, da Senta immer wieder versuchte nachzufassen, so hatte sie es schließlich gelernt: Nur nicht loslassen. Der Trainer rettete seinen Arm schließlich aus Sentas Zähnen, indem er die Jacke, in der die Hündin festhing, zerriss. Einen »besseren« Beweis, dass Schutzdienst zur »Beschäftigung« des Hundes untauglich ist und fatale Folgen haben kann, konnte Senta nicht liefern.

Verhaltensbiologische Anmerkungen

Die zugrunde liegende Überlegung, wonach der sogenannte Schutzhundesport für einen Hund der Abreaktion von andernfalls gefährlichen und unkontrollierbar aufgestauten »Aggressionstrieben« dient, geht auf ein in der Verhaltensbiologie längst überholtes Modell von Konrad Lorenz zurück. Konrad Lorenz hatte für alle Verhaltensweisen postuliert, dass es dazu eine sogenannte reaktionsspezifische Energie im Inneren des Tieres gäbe und hatte diese in seinem berühmten *psycho-hydraulischen Instinkt-Modell* auch versucht zeichnerisch umzusetzen. Dabei zeichnete er einen Wassertank, in den durch ständiges Zutropfen eine immer höhere Menge von Flüssigkeit eingefüllt wird, bis schließlich der Ausguss, der mit einem Federmechanismus verschlossen ist, aufgedrückt wird und das Wasser aus dem Tank strömt. Das Zutropfen der Flüssigkeit symbolisierte nach seiner Überlegung die innere Handlungsbereitschaft des Tieres, die immer stärker ansteigen sollte, je länger das betreffende Verhalten nicht umgesetzt und gezeigt werden konnte. Der Federmechanismus symbolisierte die hemmenden Strukturen im Verhalten des Tieres, die einerseits durch Gewichte von außen, also die auslösenden Reize, andererseits durch den Flüssigkeitsdruck, also die immer stärker ansteigende Triebstauenergie, aufgehoben wurden. Dieses psycho-hydraulische Modell, das lange Jahre die Diskussion um Motivation und Handlungsbereitschaft in der Ethologie beschäftigte, ist nachweislich für aggressives Verhalten (nebenbei bemerkt auch für Sexualverhalten!) *nicht* schlüssig gültig. Gerade aggressives Verhalten wird

› zum einen *nicht* durch einen Triebstau wahrscheinlicher gezeigt, je länger man nicht aggressiv sein musste;
› ist zudem nicht von einem gemeinsamen sogenannten Aggressionstrieb, sondern von einer Reihe ganz unterschiedlicher Handlungsbereitschaften aus mindestens drei, wenn nicht noch mehr Funktionskreisen des Verhaltens auslösbar.

Im Gegensatz zu der Lorenz'schen Überlegung sind durch die Beteiligung verschiedener Botenstoffe aus der Gruppe der Katecholamine, insbesondere Noradrenalin und Dopamin, verstärkende und sogar möglicherweise selbstbelohnende Mechanismen im Gehirn beteiligt. Ein Tier, das kurzzeitig aggressiv war und durch eine aggressive Attacke ein Erfolgserlebnis hatte, wobei bereits das Zurückweichen des völlig überraschten oder erschrockenen Gegenübers ausreicht, wird im Gehirn durch die Aktion des Noradrenalins als Verstärkersubstanz sich dieses Verhalten sofort als zukunftsträchtige Lösung weiter abspeichern. Da Noradrenalin und Dopamin auf dem gleichen chemischen Weg hergestellt werden, ist zusätzlich auch noch eine selbstbelohnende, bisweilen sogar lustbetonte Komponente in diesem Verhalten zu erwarten.

Anstatt also einen wie auch immer gearteten »Aggressions- oder Schutztrieb« abzureagieren und das Tier damit für den Rest der Woche angeblich gesellschaftsfähiger zu halten, erzeugt man Aggressionsjunkies, die sich letzten Endes bei minimalstem auslösenden Reiz erinnern, dass es ihnen beim letzten Mal nach einer aggressiven Attacke besser ging. Senta ist ein gutes Beispiel, wozu dies führen kann.

Letztlich ist auch auf einer ganz trivialen Ebene die Argumentation der Schutzhundesportleute zu kritisieren: Die Fähigkeiten von Hunden, auch schwierige und komplizierte Aufgaben zu lösen, versteckte Gegenstände hinter Wandtürmen und in geschlossenen Schubladen zu finden und gegebenenfalls Objekte sogar nach bestimmten Kriterien unterscheiden zu können, zeugen von einer hochentwickelten, kognitiven Leistungsfähigkeit. Es wäre eine Beleidigung für einen Hund, schlechthin zu unterstellen, dass er beim Schutzdienst den Schutzdienstärmel nicht mit dem dahinter und darin steckenden Menschen in Verbindung bringen könnte und würde.

Die Konzentration der jeweils steuernden Botenstoffe kann durch einige Tricks bei der Fütterung beeinflusst werden. Jedoch ist hier vorher eine Analyse der Persönlichkeit und eine sachlich fundierte Einschätzung der Problemsituation ebenso nötig, wie die vorherige Abklärung der hormonellen Gesundheit des Hundes. Pauschalempfehlungen können daher nicht gegeben werden.

> ### Gefährliche Hunde sind nicht immer aggressiv!
> Vor einigen Jahren wurde in einer aufsehenerregenden gemeinsamen Untersuchung der renommierten Hundeverhaltensbiologin Dorit Feddersen-Petersen und Gerichtsmedizinern noch weiter an den Ursachen der in den vergangenen zwei Jahrzehnten erfolgten schweren bis tödlichen Angriffe von Hunden auf Kinder geforscht. Hierbei zeigte sich, dass viele der dabei auftretenden Verhaltensweisen nicht dem Aggressions-, sondern einem fehlgeleiteten Beutefangverhalten zuzuordnen wären. Mit dieser Kenntnis im Hintergrund muss es also genauso problematisch erscheinen, wenn »aufgeklärtere Schutzhund-Sportler/innen« behaupten, sie würden ja nicht über den »Aggressionstrieb«, sondern über Beute- oder Spielverhalten arbeiten. Auch dann besteht, beispielsweise durch Verwechslung eines Kinderkopfes mit einem Ball oder die genannte Aktion mit dem ausgestreckten Arm (gerade dann, wenn der Mensch eine wattierte Jacke trägt) ein erhebliches Gefahrenpotential.

Warnanlage auf vier Beinen | Rex

In die Gaststätte der Familie B. war bereits mehrere Male eingebrochen worden. Mal wurde die Wechselgeldkasse geplündert, mal wurde das Mobiliar zerstört. Die Versicherung drängte auf bessere Schutzmaßnahmen, die helfen würden, weitere Einbrüche zu verhindern. Bewegungsmelder und akustische Alarmanlagen schienen aber aufgrund der Bauweise des Hauses ungünstig. So entschieden sich die Wirtsleute für eine »lebende Warnanlage mit vier Beinen« – der junge Schäferhund Rex kam ins Haus.

Rex, der Vorzeigehund im Ort

Rex kam aus guter Zucht, alle Ahnen wiesen Ausbildungskennzeichen aus, hatten Begleithundeprüfungen, waren bewährte Hunde im

Schutzdienst, verrichteten Fährtenarbeit und teilweise Dienste im Rettungshundewesen. Rex war lernwillig und befolgte schnell und eifrigst alle Grundkommandos. Da die Wirtsleute selbst recht wenig Zeit hatten, überließen sie dankbar die Ausbildung des jungen Hundes dem Trainer auf dem Gebrauchshundeplatz und einer jungen Frau, die sich bereits um die Kinder des Hauses kümmerte und auch die Betreuung des Vierbeiners gern mit übernahm. Tagsüber lebte Rex im geräumigen Zwinger im Garten, wo er sich still und unauffällig verhielt, wie es ihm vermittelt wurde. Mindestens einmal am Tag ging er mit Herrn B. eine große Runde spazieren, auf der er aufgrund seines guten Gehorsams weitestgehend frei laufen konnte. Bei der Gelegenheit spielte er oft und ausgelassen mit Artgenossen, vertrug sich mit fast allen Hunden beiderlei Geschlechts. Nachts wurde er in den Schankraum der Gaststätte gelassen, wo er seine Bewacheraufgabe zu erfüllen hatte. Den angrenzenden Küchenbereich und auch den Raum hinter der Theke durfte er aus gesundheitsbehördlichen Gründen nicht betreten. Das hatte er von Anfang an gelernt und befolgte diese Regel auch strikt. Manchmal war er auch am Abend bereits mit im Schankraum, lag unauffällig auf seiner Decke und belästigte niemanden. Gäste hatten ihn dann manchmal aus Ungläubigkeit getestet und die verführerischsten Dinge für ihn hinter die Theke auf den Boden gelegt, doch Rex blieb immer standhaft und würdigte die Verlockungen nicht einmal eines Blickes. Er lag brav auf seiner Decke, wie es ihm geheißen wurde und die er nur auf Kommando verließ, und verhielt sich still.

Der Schäferhundrüde wuchs zu einem stattlichen Kerl heran, verfügte über besten Grundgehorsam und arbeitete bei den aufbauenden diversen Ausbildungen zuverlässig, was seine hervorragenden Prüfungsergebnisse belegten. Er war in der gesamten Region bekannt und sein perfekter Gehorsam wurde bewundert. Er gehorchte wirklich aufs Wort – und genau das wurde zum Problem!

Erneuter Einbruch in der Gaststätte

Eines Morgens kamen die Wirtsleute wie gewohnt zur Gaststätte, um Rex zum Spaziergang zu holen und dann wieder in den Zwinger im Garten zu bringen. Bereits von Weitem bemerkten sie die aufgebrochene Hintertür, die in den Küchenbereich führte. Schnell betraten sie die Gaststätte, auch in Sorge um den Hund, der ja eigentlich Einbrüche verhindern sollte und womöglich zu Schaden gekommen war. Rex jedoch lag brav wie immer auf seiner Decke, wedelte beim Anblick seiner Leute mit dem Schwanz und erfreute sich bester Gesundheit. Aus der Küche waren etliche wertvolle Küchenutensilien und -maschinen verschwunden. In der Kasse hinter der Theke fehlte der Wechselgeldbestand und die gesamte Tageseinnahme des Vortages, die wegen der Anwesenheit des Hundes von den Wirtsleuten bedenkenlos in der Kasse belassen worden war.

Die Einbrecher waren von hinten durch die Tabubereiche des Hundes gekommen und konnten sich unbehelligt bedienen. Sicher hatte Rex sie bemerkt, aber folgsam hatte er seinen Platz nicht verlassen und sich auch in dieser Situation still und »brav« verhalten!

Verhaltensbiologische Anmerkungen

Die geschilderte Situation ist verhaltensbiologisch sehr leicht erklärbar. Zum einen dürfte es der Hund durchaus im Gastronomiebetrieb gewohnt gewesen sein, dass auch ihm unbekannte Personen, wie z. B. Küchenhelfer, Schankpersonal, auch Teilzeitkräfte oder vorübergehend Beschäftige, sich im Bereich der Küche und der Theke zu schaffen gemacht haben. Für einen Hund ist nicht ohne weiteres erkennbar, ob jemand Wechselgeld aus der Kasse nimmt und einem Kunden zurückgibt, oder ob er sich das Geld ungerechtfertigterweise in die Tasche steckt. Insofern waren die Geschehnisse hinter der Theke und in der Küche wahrscheinlich für den Hund durchaus im Bereich seines normalen Erfahrungshorizonts. Vor diesem Hintergrund wäre für den Hund ein Eingreifen gar nicht gerechtfertigt gewesen. Dazu kam die strenge Tabuisierung dieser Bereiche, die bei einem Hund durchaus eine Art territorialer Respektierung hervorrufen kann.

Gerade bei stark territorial motivierten Hunden ist bekannt, dass sie Orte, an denen sie einmal massiv zurechtgewiesen oder diszipliniert wurden, meiden. Dieser ortsabhängige Lernvorgang liegt, nebenbei bemerkt, auch an der Basis des Territorialverhaltens von Wildtieren. Gebiete, in denen man einmal massiv eine Auseinandersetzung verloren hat, werden gemieden. Gebiete, in denen man einmal eine Auseinandersetzung mit hohem Erfolg gewonnen hat, werden zukünftig als eigenes Territorium verteidigt. Wurde der Hund also, was gerade zu erwarten ist, auf diese Tabuzonen durch massive Abbruchsignale oder Maßregelungen hingewiesen, wird er sie zukünftig meiden.

Letztlich ist auch noch ein weiteres Thema zu bemerken, nämlich die offensichtlich durch die verschiedenen Prüfungen sehr stark reduzierte Selbstständigkeit im Handeln des Hundes. Hunde in den hier geschilderten Ausbildungsgängen werden in der Regel nicht auf selbstständiges Handeln, sondern auf Befehlsempfang trainiert. Ohne den entsprechenden Befehl werden sie also nichts unternehmen. Dies lässt sich auch leicht lernbiologisch begründen. Nur wer sich durch selbstständiges Handeln Erfolgserlebnisse verschaffen kann und dadurch die Selbstbelohnungssysteme des Gehirns aktiviert, wird auch zukünftig selbstständigem Handeln mit Freude entgegensehen. Wer nur immer auf Anweisung gehandelt hat, kennt die positiven und lustbetonten Aspekte der selbstständigen Problemlösung nicht und wird sie daher auch nicht ohne Weiteres zeigen. Untersuchungen an Schäferhunden zeigen zudem, dass Hunde, die von ihren Müttern und/oder dem menschlichen Züchter bereits zum Zeitpunkt der Entwöhnung sehr stark diszipliniert und straff geführt wurden, später eher submissives und unterwürfiges Verhalten zeigen und auch in ihren Lernvorgängen beeinträchtigt sein können. Auch hier könnte noch ein weiterer Schlüssel für den Verlust selbstständigen Handelns bei Rex zu finden sein.

Drill nach »alter« Schule | Bosco

Herr Y hatte Bosco als vierjährigen Hund aus dem Tierheim übernommen. Dort galt er aus zwei Gründen als schwer vermittelbar. Zum einen war er ein Rottweiler-Mischling, somit mit Haltungsauflagen versehen, und zum anderen kam er auch mit anderen Hunden nicht wirklich zurecht. Bosco war im Tierheim noch kastriert worden, und man war dort froh, dass man mit Herrn Y einen verständnisvollen, erfahrenen Hundehalter gefunden hatte.

Problem Hundebegegnung

Obwohl Herr Y um Boscos gravierende Probleme mit Artgenossen wusste, war er überrascht, mit welcher Heftigkeit der stattliche Koloss bei Hundebegegnungen reagierte. Er war kaum noch kontrollierbar und tobte solange herum, bis der andere Vierbeiner außer Sichtweite war. Dank seiner jahrelangen Erfahrung mit den unterschiedlichsten Hunden würde er das Problem in den Griff bekommen, da war sich Herr Y sicher!

Er machte sich umgehend und allein »an die Arbeit«. Alles, aber auch alles, was er nun über lange Wochen versuchte, brachte keinen Erfolg. Was lag also näher, als einen in der Nachbarschaft befindlichen Hundeverein zu besuchen, der ihm von einem Bekannten empfohlen wurde.

Stachelhalsband und Leinenruck

Beim Hundeverein angekommen, wurde Herr Y milde belächelt, weil er mit Bosco am breiten, weichen Lederhalsband vorstellig wurde. Zuerst einmal wurde dem Hund ein funkelnagelneues Stachelhalsband verpasst. Auf die Frage von Herrn Y, ob das denn wirklich nötig sei, wurde ihm erklärt, dass die Einwirkung das Beißen der Mutterhündin in den Nacken der Welpen nachahmen würde. Aus diesem Grund sei das Stachelhalsband eine wirkungsvolle, artgerechte Maßnahme zur Korrektur des Hundes an der Leine.

Dann ging es auf den Hundeplatz und der erste Hund kam ihnen entgegen. Die Reaktion von Bosco war wie üblich: Aufbäumen, Toben und unkontrolliertes Herumspringen. In diesem Augenblick griff der Trainer in die Leine und ruckte mit aller Kraft, sodass Bosco aufjaulte und sein Verhalten abbrach! Der Trainer, stolz auf seinen Erfolg, erklärte dem doch etwas geschockten Besitzer, dass er beim nächsten Mal dem Hund noch zusätzlich einen energischen Schlag in den Nacken geben werde! Auch das entspräche dem »ganz natürlichen Verhalten von Hunden untereinander, da sich diese auch immer in den Nacken stießen«.

Bosco lief in dieser Zeit mit abgeduckter Körperhaltung neben seinem Besitzer her. Als der nächste Hund auf einen Meter an ihm vorbeigehen wollte, ging das gleiche Theater wieder los: Aufbäumen, Toben und unkontrolliertes Herumspringen. Wieder kam der Ruck an der Leine, nun verbunden mit einem Stoß in den Nackenbereich. Erneut brach Bosco sofort seine Aktionen ab, um nun völlig verstört und konfus nur noch das Weite zu suchen.

Ein toller Erfolg für die erste Übungsstunde, meinte der Trainer selbstzufrieden und gab neue Termine für weitere Trainingseinheiten, die Herr Y auch voller Hoffnung wahrnahm.

Auf dem Platz reagierte der Vierbeiner nur noch mit Meideverhalten. Er kannte mittlerweile die beiden Hunde, die als Ablenkung für ihn benutzt wurden. Das Stachelhalsband wollte er sich nicht mehr anlegen lassen, wich Herrn Y aus, wenn dieser damit ankam. An der Leine schlich Bosco nur noch neben Herrn Y her, zuckte zusammen, wenn sein Herrchen die Leine bewegte. Der dortige Trainer war vom Erfolg überzeugt.

Es wird immer schlimmer

Zu Hause bemerkte die Familie von Herrn Y, dass Bosco sich veränderte. Wenn man ihn liebevoll über den Kopf oder Hals streicheln wollte, was er bis dato immer sehr genossen hatte, knurrte der Rüde und entzog sich den Streicheleinheiten. Der Hund wirkte außerdem irgendwie nervös, gereizt und zeigte das auch in den verschiedensten Alltagssituationen, die für ihn sonst kein Problem waren:

Im Café knurrte er die Bedienung plötzlich an, vorbeilaufende Kinder quittierte er mit einem Schnappen. Das tägliche Bürsten war nur noch unter großem Protest des Vierbeiners möglich. Das geliebte Apportieren war nicht mehr möglich, da Bosco nunmehr vehement seine Beute verteidigte.

Und die Aggression an der Leine? Herr Y hatte weiter reagiert, wie ihm der Trainer geraten hatte: Rucken an der Leine und Stoß in den Nacken. Die Situation eskalierte eines Tages, als bei einer Hundebegegnung der Ruck an der Leine und der Schlag in den Nacken dazu führte, dass Bosco sich herumdrehte und Herrn Y in den Arm biss. Herr Y war verständlicherweise völlig entsetzt. Die Nachfrage beim Trainer brachte den Rat, er solle dem Köter noch eins mit der Leine überziehen, dass der endlich kapieren würde, wer hier das Sagen habe.

Verein und Verstand haben nur die drei ersten Buchstaben gemeinsam

Zum Glück wendete sich Herr Y endlich von diesem Hundeverein mit »Erfahrung im Umgang mit Problemhunden« ab. Über das Internet nahm er Kontakt zu einer entfernter gelegenen Hundeschule in der nächsten Stadt auf. Hier wurde ihm ausführlich und verständlich erklärt, was für Hintergründe das Verhalten seines Hundes haben könnte, wie fatal die Benutzung eines Stachelhalsbandes die Erfahrungen bei Hundebegegnungen und die Mensch-Hund-Beziehung allgemein negativ belastet, und wie dies zu der Entwicklung des Aggressionsverhaltens bis hin zum Beschädigungsbeißen beigetragen hat. Herr Y war schockiert.

In der Folgezeit wurde der Hund an einen Maulkorb gewöhnt, da seine Beißbereitschaft berücksichtigt und Schäden für Menschen und andere Tiere ausgeschlossen werden mussten. Das gezielte, umsichtige, kompetent aufgebaute Training führte dazu, dass Bosco, vorsichtshalber noch immer gesichert mittels Maulkorb, nach einigen Wochen bereits in Hundegruppen mitlaufen konnte. Vorsichtig entwickelten sich erste Ansätze von Spielverhalten und sozio-positiven Interaktionen. Das Verhalten im Alltag verbesserte sich langsam, aber stetig. Auch innerhalb der Familie zeigten sich deutliche Fortschritte. Ein längerer Weg lag aber noch vor allen Beteiligten, doch mit neugewonnener Zuversicht sollte er begangen werden.

Verhaltensbiologische Anmerkungen

Zuallererst muss betont werden, dass die Gleichsetzung eines Stachelhalsbandes mit dem angeblichen Nackenbiss aus Erziehungsgründen bei Hunden, Wölfen und anderen Caniden völlig jeder biologischen Grundlage entbehrt. Ausführliche Verhaltensstudien von verschiedenen Forschern an Wolfsgruppen haben noch in keinem einzigen Fall einen gezielten Nackenbiss als Disziplinierungsmaßnahme gezeigt. Nackenbisse gehören zum Beutefangverhalten und werden in der Regel nur beim Spiel von heranwachsenden Jungwölfen oder Hunden gezeigt. Sozialaggressiv und dadurch potenziell erzieherisch, werden diese Verhaltensmuster niemals eingesetzt. Zusätzlich ist zu bemerken, dass eine rein über Negativ-Maßnahmen durchgeführte Erziehung und Verhaltenskorrektur bei gruppenlebenden Tieren absolut kontraproduktiv ist. Gerade Studien an Wölfen und Hundegruppen zeigen, dass Versöhnungsverhalten nach einer Zurechtweisung ein wesentlicher und statistisch nachweislicher Bestandteil von Konfliktverhalten ist. Es gehört zu den Pflichten, insbesondere des Älteren und Ranghöheren, nach einer geklärten Auseinandersetzung oder Zurechtweisung dem Rangniederen bzw. dem Zurechtgewiesenen durch positive Sozialkontakte zu zeigen, dass die betreffende Angelegenheit bereinigt ist und keine Langzeitauswirkung auf die soziale Beziehung und auf das zukünftige soziale Miteinander haben wird. Rein negative Zurechtweisungen werden zudem lernpsychologisch begründbar nur zu einer Negativverknüpfung dieses Verhaltens mit der auslösenden Situation führen. Und die auslösende Situation in diesem Fall war eben die Konfrontation mit anderen Hunden. Bosco hat also gelernt: »Andere Hunde tun weh!«. Und auf dieses Gelernte hat er entsprechend reagiert, indem er sich noch aggressiver gegen sie verteidigen wollte.

Die Kombination aus dieser Negativverknüpfung, die mit anderen Hunden nur unangenehme Erfahrungen schuf, und dem Bindungs- und Vertrauensschwund in den Menschen, der keinerlei soziale Zuwendung, keine Unterstützung und keinerlei positiv-soziale Kontakte mehr bot, haben den Hund offensichtlich schwerstwiegend verunsichert und in eine Stresssituation gebracht, aus der er sich nur noch durch massivste aggressive Attacken heraus wehren konnte. Ob die Attacke auf den Halter in dieser Situation im Sinne einer Umorientierung aus dem plötzlichen Kontrollverlust oder tatsächlich schon im Sinne einer Selbstverteidigungsattacke gegen den permanent »nervenden« und reglementierenden Halter zu sehen ist, kann ohne Einzelfallbetrachtung nicht dargelegt werden. In beiden Fällen handelt es sich um eine neurobiologisch erklärbare logische Konsequenz, die insbesondere durch die verstärkende und aggressionsfördernde Wirkung des aktiven Kampfhormons Noradrenalin zu erklären ist.

KAPITEL 7

Kind und Hund

Kind und Hund ziehen sich in den meisten Fällen magisch an. Ein lebender, vierbeiniger Kumpel ist der sehnlichste Wunsch vieler Kinder und Jugendlicher. Stets vermeintlich gut gelaunt, immer zur Stelle, um Freude, aber auch Leid zu teilen, grenzenlos geduldig, wenn es um das Zuhören und Mittragen von Sorgen und Nöten geht. Das kann in diesem Umfang kein Erwachsener leisten. Doch auch Hunde sind begeistert von der Lebendigkeit des kleinen Zweibeiners, der ungebremsten Aktivität und dem Unternehmungsgeist, der der hundlichen Explorationsfreude sehr entgegenkommt. Kinder und Hunde sind sich in vielen Belangen sehr ähnlich, dennoch gibt es erschreckend viele Unfälle zwischen ihnen, von denen sich die meisten sogar noch im heimischen Umfeld zwischen einander gut bekannten ehemaligen »Spielkameraden« ereignen. Wie kommt das?

Auch wenn es auf den ersten Blick gar nicht so scheinen mag, Probleme im Bereich Kind und Hund sind häufig. Oftmals sind Vierbeiner aufgrund mangelnder Sozialisierung und Habituation auf das

Leben in einer turbulenten Familiensituation nicht oder unzureichend vorbereitet. Auch hundetypgebunden wie individuell ausgeprägt gibt es Unterschiede in der Begeisterung über oder Duldung von zweibeinigen Energiebündeln. Grundsätzlich muss auch an dieser Stelle betont werden, dass es *die* kinderliebe Hunderasse nicht gibt! Die Art und Weise, wie ein Hund mit Kindern umgeht, wird im Wesentlichen von seinen individuellen Erfahrungen abhängen.

Das noch so tierliebe Kind ist nicht grundsätzlich auch ein tierverstehendes und tiergerecht bzw. -verständlich handelndes Kind! Die Unterschätzung des Aggressionspotenzials eines Hundes, die mangelnde oder fehlerhafte Anleitung der Kinder durch – häufig ebenso unwissende! – Erwachsene, bilden mannigfaltige Gefahrenquellen.

Trotz vieler Ähnlichkeiten, so gibt es auch konträre Unterschiede zwischen Kind und Hund gerade im Ausdrucks- und Sozialverhalten. Verstärktes Kuschelbedürfniss z. B. führt schnell zur Distanzlosigkeit und Grenzüberschreitungen der Kinder dem Hund gegenüber. Kleine Kinder können die Tragweite und die Auswirkungen ihres Handelns nicht erfassen, hier Kindern ein korrektes Tun abzuverlangen ist völlig unmöglich und kann vom Kind nicht geleistet werden!

Die Kind-Hund-Beziehung verläuft durchaus oftmals ausgesprochen gut. Sehen die Eltern aber nur dieses und bedenken das gesamte Drumherum zu wenig, kommt es vor, dass sie dem Kind zu viel Verantwortung aufbürden. Dann werden Gefahren, die aus dem Umfeld des Kindes oder der sonstigen Umwelt stammen, dabei aber weder vorhersehbar, noch direkt durch das Kind und/oder den Hund ausgelöst werden, nicht bedacht oder nicht gesehen. Und manchmal wollen sie auch nicht gesehen werden …

Letztlich wird es immer die Aufgabe der Erwachsenen sein, Kind und Hund entsprechend zu unterweisen und gut im Auge zu behalten. Kann der Hund die quirlige Lebendigkeit des Filius (noch) aushalten? Verhält das Kind sich respektvoll dem Vierbeiner gegenüber? Begünstigen bestimmte Situationen eventuelle Missverständnisse? Können sich Menschenkind und Hundekumpel gleichermaßen auch einmal zurücknehmen, Frustration ertragen, Regeln anerkennen und Grenzen akzeptieren? Der so häufig gehörte Satz: »Die Kinder können mit dem Hund alles machen!« zeugt von mangelnder Kenntnis des Hundeverhaltens und ist gewissermaßen rücksichtslos und potentiell gefährlich, für die kleinen Zweibeiner wie die Vierbeiner.

Rangordnung im Familienverband

Eine weitverbreitete Fehlmeinung ist beispielsweise, dass Hunde auch Kinder, sogar kleinere Kinder, als ranghöhere Familienmitglieder akzeptieren sollten. Letztlich stammt auch diese Fehlmeinung aus der menschlichen bzw. Primaten-Sozialstruktur, wo in der Tat der Nachwuchs von Ranghöheren sich auch gegenüber erwachsenen Rangniedrigeren in der Gruppe sehr viel herausnehmen darf. Bei Caniden ist dies anders. Die Erziehung der Welpen und Junghunde, und damit meist eben der Nachkommen des normalerweise ranghöchsten Paares, ist Gemeinschaftsaufgabe aller. Obwohl die Babysitter und sonstigen Helfer im Rudel in der klassischen Rangordnungsbetrachtung deutlich unter dem Leitpaar stehen, sind sie trotzdem nicht nur berechtigt, sondern regelmäßig eingeteilt, die Welpen und Junghunde zu erziehen. Die Elterntiere schauen hier höchstens nach dem Rechten und lassen die erziehungsberechtigten Rangniederen ansonsten ihre Arbeit erledigen. Nur ist eben ein Schnauzbiss, auch wenn er angedeutet ist, beim Kind wesentlich folgenschwerer als beim Junghund. Daher ist eindeutig festzuhalten, dass Kinder, zumindest vor dem Beginn der Pubertät, für Hunde nur Spielkameraden und keine Respektspersonen sind. Die Erziehung des Hundes muss – ebenso wie der Schutz des Hundes vor den Kindern – durch Eltern erfolgen. Klare Regeln müssen auch für die Kinder aufgestellt werden, z. B., dass der Ruheplatz des Hundes dessen Tabuzone ist, die von niemandem anderen und schon gar nicht von Kindern beschritten werden darf. Bereits hier soll auch die in manchen der folgenden Fallbeispiele anklingende juristische Problematik aufgegriffen werden, nämlich die nicht vorhandene Schuldfähigkeit von Kindern vor dem 14. Lebensjahr, die letztlich auch verhindert, dass Kinder beim alleinigen Ausführen des Hundes für alles, was dieser anrichtet, verantwortlich gemacht werden können. Dies hat auch Auswirkungen auf den Versicherungsschutz. Nachfolgend einige Fallbeispiele, die die mögliche Brisanz einer Kind-Hund-Beziehung verdeutlichen.

Missachtung von Abbruchsignalen

Eine Familie hat zwei Söhne, den zehnjährigen Tim und seinen zwei Jahre älteren Bruder Toby. Tim ist leicht geistig behindert, aber ein sehr fröhlicher und äußerst freundlicher Junge. Die Eltern der beiden sind Jäger und züchten seit vielen Jahren Dackel, die jagdlich geführt werden und hoch passioniert sind. Zurzeit gehören ein fünfjähriger Dackelrüde, zwei junge erwachsene Dackelhündinnen und ein alter Labradorrüde mit zur Familie. Insgesamt gestaltet sich das Miteinander im Alltag komplikationslos und unproblematisch.

Als eine der Dackeldamen läufig wird, soll diese vom eigenen Rüden gedeckt werden. Bereits in der Vergangenheit hat er erfolgreich Nachkommen gezeugt. Er ist merklich angespannt und »unter Strom« mit der läufigen Hündin unter einem Dach, dennoch gibt es keine Auseinandersetzungen unter den Rüden. In dieser Zeit bringt der Familienvater eines Samstags eine frisch geschossene Sau mit nach Hause, die neben der Terrassentür hängt. Der Dackelrüde gerät zunehmend unter Stress. Sonntagmorgen steht Tim vor seinen Eltern auf und möchte mit dem in einer offenen Box liegenden Dackelrüden schmusen. Wie schon oft zuvor, legt er seinen Kopf zu dem Hund in die Box. Obwohl der Rüde deutlich, anhaltend und sich steigernd droht und knurrt, zieht sich Tim nicht zurück. Daraufhin geht der Hund nach vorn, schnappt und beißt Tim ein Loch in die Lippe.

Da es sonst im Zusammenleben und bei diversen, konkret gestellten Testsituationen keine Auffälligkeiten gibt, werden mit dem Kleinen für die Zukunft Regeln besprochen. Zur besseren Verständlichkeit und um die Regeln für den gehandicapten Jungen leichter nachvollziehbar zu gestalten, malt er z. B. Schilder, die ihn daran erinnern, dass er in bestimmten Situationen den Hund nicht anfassen darf. Die Eltern sind natürlich durch den Vorfall ebenfalls sensibilisiert. Es gab nach diesem Vorfall bis heute keine Probleme mehr.

Verhaltensbiologische Anmerkungen

Das Verhalten des Dackelrüden ist offensichtlich ein Ausdruck der allgemein verhaltensökologisch bekannten Zusammenhänge zwischen Ressourcenwert und Verteidigungsbereitschaft. Wie mehrfach an anderen Stellen betont, ist die Verteidigung der Nahrung bei Hunden ohnehin unabhängig von Rangposition und Status in der Gruppe. Auch rangniedere Individuen können ihre Nahrungsressourcen gegen ranghöhere verteidigen, es handelt sich hier um ein egalitäres System, unabhängig von der sonst herrschenden Rangordnung. Dazu kommt der besonders hohe Ressourcenwert eines ganzen Wildschweins, im Gegensatz zu beispielsweise einem einfachen Fertigfutter aus dem Napf. Nimmt man noch die ohnehin erhöhte Erregung des Rüden durch die Anwesenheit einer läufigen Hündin hinzu, die sich wohl auch in einer Erhöhung der für Verteidigung zuständigen Botenstoffe, etwa des Noradrenalins, aber auch des für Futterverteidigung zuständigen Cortisols äußert, so ist der Unfall leicht verständlich. Der Hund hat sehr sozial kompetent gehandelt, in dem er offensichtlich graduell eskalierend gedroht hat. Nur dass das Kind diese Drohungen nicht verstanden hat, hat schließlich zu der Verletzung geführt. Die graduell gesteigerten Abbruchsignale sind in einer funktionierenden Hundegruppe meist eine Garantie dafür, dass es nicht zu körperlichen Auseinandersetzungen kommen muss. Spätestens, wenn Abbruchsignale wiederholt und mit Unterschreitung der Individualdistanz gezeigt werden, reagiert normalerweise jedes Rudelmitglied. Dass das Kind dies nicht getan hat, hat beim Hund die nachfolgende Schnappreaktion durchaus provoziert.

Ein Ende mit Schrecken …

Die Familie besteht aus den Eltern und drei Kindern im Alter von fünf, acht und zwölf Jahren. Die Erfüllung des Wunsches nach einem Hund wurde mittels Internetrecherche betrieben. So stießen sie auf einen Hundehändler, der ihnen redegewandt und äußerst überzeugend einen roten Cockerwelpen regelrecht andrehte. Der Welpe war bei Abgabe sicher nicht älter als sechs Wochen, verdreckt und verwurmt. Seine Habituation dürfte als mangelhaft bezeichnet werden, seine Sozialisierung würde noch gelingen, so hoffte man, er war ja schließlich noch klein. Die achtjährige Tochter der Familie leidet an ADHS, ist sehr heftig in ihren Reaktionen und ihrer Distanzlosigkeit. Der fünfjährige Sohn zeichnet sich durch ausgesprochene Lebhaftigkeit aus, die zwölfjährige Tochter ist sehr lieb und macht einen durch und durch vernünftigen Eindruck.

Die Eltern erhoffen sich von der Anschaffung des Hundes eine positive Wirkung auf die Kinder, außerdem soll der Cocker jagdlich eingesetzt werden. Leider ist für die Grunderziehung nicht sehr viel Zeit vorhanden, der Welpe läuft im Alltag nur nebenher. Allerdings vereinbaren die Eltern eine Einzelstunde für die Kinder bei einem Hundetrainer, da diese den Hund offensichtlich zu sehr bedrängen, insbesondere das mittlere.

Der Hund büxt regelmäßig aus dem Garten aus, macht auch im Haus, was er will, und beginnt jede Beute zu verteidigen. Er knurrt bereits, wenn sich im Haus nur jemand bewegt. Zuerst richtet sich sein aversives Verhalten nur gegen die Kinder, doch bald auch gegen den Vater. Sehr früh macht sich beim Cocker Spaniel auch eine hohe sexuelle Aktivität bemerkbar, die die Besitzer aber für eine vorübergehende frühpubertäre Erscheinung halten.

Es ergeben sich diverse Gespräche mit anderen Hundebesitzern, aber auch mit einem Hundetrainer, wobei das aufkommende Gefahrenpotenzial nur begrenzt von den Eltern gesehen wird. Als der Hund zehn Monate alt ist, schnappt er der achtjährigen Tochter ins Gesicht, als sie mit ihm kuscheln will. Allerdings ist dieses Kind grundsätzlich nicht in der Lage, Grenzen zu erkennen und zu respektieren. So mag Drohverhalten, wenn es gezeigt wurde, von dem Kind nicht erkannt und/oder nicht akzeptiert worden sein, das ist im Nachhinein nicht mehr festzustellen. Das Mädchen hatte noch Glück im Unglück, denn außer einem blauen Fleck im Gesicht hat es keinen weiteren Schaden davongetragen.

Nach langen Gesprächen mit dem Hundetrainer willigen die Besitzer ein, den Hund zur Beobachtung und weiteren Vermittlung an diesen auszuhändigen. In der neuen Umgebung und mit klar gesetzten Grenzen zeigt er sich hier unauffällig und völlig entspannt. Mittlerweile hat er ein neues Zuhause gefunden, in dem im Alltag alles problem- und konfliktfrei verläuft.

Verhaltensbiologische Anmerkungen

Dieser Hund ist bereits aufgrund mehrerer Risikofaktoren in seiner Rasse und Vorgeschichte anfällig für Verhaltensauffälligkeiten. Aufgrund des Zusammenhanges zwischen Fellfärbung bzw. Farbpigmenten und Stressanfälligkeit, sind, wie auch in einschlägigen Untersuchungen an Cocker Spanieln belegt, rote Tiere besonders anfällig für Cortisolstress, also für Verhaltensweisen, die unter anderem mit Angst- und Selbstschutzaggression zu tun haben. Dazu kommt die individuelle Traumatisierung durch die Vorgeschichte, den Parasitenbefall und die Vernachlässigung in den ersten Lebenswochen ebenso, wie die sehr frühe Abgabe und Übernahme in die Familie. Studien zeigen, dass alle diese Faktoren zu einer späteren höheren Anfälligkeit, u. a. auch zu Problemverhalten gegenüber Kindern, führen können. Hinzu kommt die bereits mehrfach geschilderte Problematik des Nichtrespektierens eindeutiger und sozial kompetenter, gesendeter hundlicher Kommunikationssignale durch das Kind. Das Verhalten des Hundes war folgerichtig und im biologischen Zusammenhang verständlich. Es liegt hier eindeutig ein Versagen der Eltern vor, insofern war sicher die Abgabe des Hundes für alle Beteiligten die beste Lösung.

Kind und Hund allein unterwegs

Der zehnjährige Benny und sein Dackel Raudi sind ein gutes Gespann. Verantwortungsbewusst kümmert sich der Junge um den Hund, die Eltern legten großen Wert auf eine gründliche Grunderziehung des Vierbeiners. Benny und Raudi besuchen seit zwei Jahren eine »Kind und Hund«-Gruppe in einer kompetenten Hundeschule und haben sogar den Kinder-Hundeführerschein mit Erfolg absolviert. Gehorsam und lernwillig zeigt sich der Hund, engagiert und verständig zeigt sich der kleine Junge – ein echtes Dream-Team!

Benny geht mit seinem Dackel regelmäßig allein spazieren. Da der Hund aufs Wort gehorcht, sehen die Eltern darin auch kein Problem. Und immerhin haben Kind und Hund auch viel Spaß gemeinsam draußen. Eines Tages treffen Benny und Raudi aber auf einen großen, frei laufenden Hund. Dessen Besitzer ruft und ruft aus der Ferne seinen Vierbeiner, dieser reagiert darauf aber nicht im Geringsten. Aus dem Lauf heraus stürzt der Große sich auf den kleinen Raudi und beißt zu. Benny muss mit ansehen, wie sein Hundekumpel wie ein nasser Lappen hin- und her geschüttelt und totgebissen wird. Als endlich Hilfe naht, ist für Raudi alles zu spät. Benny muss schwer traumatisiert ins Krankenhaus gebracht werden.

Verhaltensbiologische Anmerkungen

Bevor die verhaltensbiologische Stellungnahme zu diesem bedauerlichen Vorfall erfolgen soll, sind einige juristische Vorbemerkungen angebracht. Zum einen die im allgemeinen Teil des Kind-und-Hund-Kapitels bereits erwähnte Problematik des schuldunfähigen Kindes, das eigentlich einen Hund nicht ausführen darf. Zudem ist aber zu hinterfragen, ob der Halter des großen Hundes sich nicht in erheblichem Maße strafbar gemacht hat. Die schwerwiegende Traumatisierung des Jungen nach dem Unfall seines Hundes könnte juristisch durchaus als schwere Körperverletzung ausgelegt werden, und diese ist auch ohne Vorsatz bereits strafbar.

Aus verhaltensbiologischer Sicht wird die Situation ebenfalls problematisch, allerdings auf der Gegenseite. Gefahrenabwehr ist nun einmal Leittiersache, und wer seinen Hund in solchen Situationen nicht beschützen kann, hat eigentlich seine Leittierposition verspielt. Nicht nur Kinder, sondern auch Erwachsene sind hier häufig überfordert. Im vorliegenden Fall war es traurigerweise egal, da der Dackel den Unfall nicht überlebt hat. In weniger schwerwiegenden Fällen jedoch kann die Unfähigkeit des Halters, seinen Hund in solchen Situationen zu beschützen, sehr wohl zu einer schwerwiegenden Belastung der Beziehung führen, und vor allem in der Zukunft den Hund dazu bringen, solche Situationen lieber selbst regeln zu wollen. Da all diese Zusammenhänge schon vielen Erwachsenen nicht klar sind, von Kindern aber erst recht nicht umgesetzt werden können, ist das alleinige Ausführen von Hunden durch Kinder eben auch aus verhaltensbiologischer Sicht nicht empfehlenswert.

Verhaltensbiologische Anmerkungen zum Verhalten des großen Hundes können in ähnliche Richtungen zielen wie beispielsweise in den vorangegangenen Fällen, in denen Kleinhunde von Großhunden ansatzlos attackiert und gegebenenfalls getötet wurden. Es handelt sich hier höchstwahrscheinlich nicht um eine sozialmotivierte Aggressionsattacke. Ob das zwischenartliche Konkurrenzverhalten, das zwischen Hundeartigen verschiedener Größen sehr häufig zum Tod der kleineren Spezies (Wolf tötet Kojote, Kojote tötet Fuchs!) führt, oder ein fehlgeleitetes Jagdverhalten stattgefunden hat, kann ohne Kenntnis des Ausdrucksverhaltens des betreffenden Hundes nicht entschieden werden. Eine schuldhafte Handlung des Halters des großen Hundes liegt aber hier in jedem Fall vor, denn Hunde, die zu solchen Verhaltensweisen neigen, dürfen nicht ohne Absicherung ausgeführt werden.

Gefahrenquelle Straße

Die zwölfjährige Katja geht mit dem gut erzogenen Zwergschnauzer Barty gern und regelmäßig spazieren. Als Katjas Schulkamerad Matthias sie auf der gegenüberliegenden Straßenseite erspäht, ruft er beide begeistert beim Namen. Barty startet sofort los und rennt auf die

Straße, wo im selben Augenblick ein Auto fährt und den Hund frontal erfasst. Barty erleidet einen Genickbruch und ist sofort tot. Die Kleine hat danach Jahre gebraucht, um mit dem nachfolgenden Hund wieder auf die Straße zu gehen.

Verhaltensbiologische Anmerkungen

So bedauerlich dieser Fall ist, er ist sicher kein Problem der Kind-Hund-Beziehung. Auch Erwachsene können in solchen Situationen ihren Hund oftmals nicht zuverlässig halten, und eine viel befahrene Straße stellt hier immer eine Gefahrenquelle dar. Zwar könnte ein Erwachsener möglicherweise einen Zwergschnauzer in dieser Situation noch halten, aber bereits ein mittelschwerer Hund der Größenklasse von etwa 25–30 kg ist auch für Erwachsene in unerwarteten Situationen nicht mehr zuverlässig zu halten. Ein schrecklicher Unfall, der aber möglicherweise nicht vermeidbar war, zumindest wenn man das Größenverhältnis zwischen Zwergschnauzer und Kind auf ein vergleichbares Größen- und Gewichtsverhältnis zwischen größerem Hund und Erwachsenen umrechnet.

Kind und Hund unterwegs

Bereits hingewiesen wurde auf die rechtliche Seite eines solchen Vorfalls: Kinder vor dem vollendeten 14. Lebensjahr dürfen gemäß § 28 STVO nicht allein mit einem Hund im öffentlichen Raum in der Nähe von Straßen spazieren gehen. Konkret heißt es im Gesetzestext:

»(1) Haus- und Stalltiere, die den Verkehr gefährden können, sind von der Straße fernzuhalten. Sie sind dort nur zugelassen, wenn sie von geeigneten Personen begleitet sind, die ausreichend auf sie einwirken können.«

Der hier entscheidende Begriff »Person« ist juristisch klar definiert als ein Mensch nach vollendetem 14. Lebensjahr. Vorher gilt der Mensch als Kind.

Schutzfunktion des Hundehalters

Die fünfzehnjährige Lina geht mit ihrer wohlerzogenen Labradorhündin spazieren. Grundsätzlich freuen sich Lina und ihre Hündin immer, wenn sie vierbeinige Spielkameraden treffen. Einem Renn- und Tobespiel ist man nie abgeneigt! Auf dieser Runde treffen sie aber auf ein Ehepaar mit einem sehr aufdringlichen Rüden. Immer wieder belästigt der Rüde die Hündin, die sich schließlich massiv zur Wehr setzt. Eigentlich ist dabei nichts Schlimmes passiert, der Rüde scheint es sogar verstanden zu haben und stellt das Bedrängen ein. Der zum Rüden gehörende Besitzer aber beginnt das junge Mädchen aufs Übelste zu beschimpfen, droht mit Anzeige und lamentiert, Linas Hund sei gemeingefährlich und gehöre eingeschläfert! Seine Frau verfolgt das flüchtende Mädchen sogar noch schimpfend mit dem Auto. Das war Linas letzter Spaziergang mit dem Hund …

Verhaltensbiologische Anmerkungen

Dieser Fall ist eine weitere Bestätigung für die Aussage, dass Gefahrenabwehr Leittiersache ist. Es ist die Pflicht eines Hundehalters, seinen Hund vor Belästigungen durch andere, übergriffige Artgenossen zu beschützen. Insbesondere gilt dies in Zusammenhang zwischen Rüden und Hündinnen. Wenn der Mensch nicht in der Lage ist, die Hündin vor übergriffigen Rüden zu beschützen, verliert er einen guten Teil seiner Führungskompetenz.

Jedoch hat auch dieser Fall eine juristische Seite. Es ist zu prüfen, ob das Verhalten des Halterehepaars dem Mädchen gegenüber nicht schon in den Grenzbereich der sexuellen Diskriminierung reicht. Die genannten Beispiele zeigen eben auch, dass Hundehalter viel zu wenig auf ihre Rechte achten. Vielfach wird heute den Hundehaltern nur von ihren Pflichten erzählt, die sie tatsächlich in der Gesellschaft auch haben. Sie haben jedoch auch Rechte. Und zwar sowohl gegenüber anderen Hundehaltern, als auch gegenüber Nichthundehaltern. Es sollte viel konsequenter, auch in Hundeschulen, darauf hingewiesen werden, wie man sich in solchen Fällen juristisch schützen kann. Beschimpfungen oder tätliche Angriffe müssen auch Hundehalter, egal welchen Alters, sich nicht gefallen lassen. Hier wäre eine Verhaltensschulung durch Rollenspiele, gepaart mit kompetenter juristischer Aufklärung über die Möglichkeiten, sich gegen solche Übergriffe zu wehren, meines Erachtens wichtiger Bestandteil der Hundehalterausbildung in den Hundeschulen.

Verhaltensbiologisch ist jedoch nochmals anzumerken, dass eine Hündin von ihrem Leitmenschen erwarten kann, gegen übergriffige Artgenossen des anderen Geschlechts zuverlässig und wirkungsvoll beschützt zu werden. Auch in Rudelsituationen ist es Aufgabe der ranghohen Rudelmitglieder, ihre Familienmitglieder gegen Angriffe von außenstehenden Nichtrudelmitgliedern, seien sie sexuell oder aggressiv motiviert, in Schutz zu nehmen. Erneut zeigt sich, dass dies von Kindern und Jugendlichen schwieriger zu bewältigen ist. Eine Fünfzehnjährige mit einer Labradorhündin ist jedoch kein Beispiel mehr für die typische Kind-Hund-Problematik. Fünfzehnjährige können sehr wohl mit einem wohlerzogenen Labrador spazieren gehen. Daher ist dieser Fall, wie bereits erwähnt, mehr juristisch als verhaltensbiologisch zu behandeln.

Konkurrenz zwischen zwei Pubertierenden

Der fünfzehnjährige Max wird regelmäßig von dem einjährigen Golden-Retriever-Rüden Bommel bedroht und attackiert. Besonders in der Nähe der Küche und der Mutter von Max zwickt und schnappt der Hund nach dem Jugendlichen. Die Mutter und deren Lebensgefährte gehen davon aus, dass Max den Hund ärgert und halten das

Verhalten des Hundes für korrekt und angemessen. Der Junge ist eher ruhig und sehr vernünftig und beteuert glaubhaft, dass er nichts tut, was den Hund provozieren würde. Seine Mutter und der Stiefvater glauben ihm aber nicht, weisen ihm die Schuld zu und sind sich sicher, dass es auch nicht zu ernsthafteren Zwischenfällen kommen wird, weil der Hund doch eigentlich ganz lieb ist. Im Gespräch und bei einer Einzelstunde zeigt sich deutlich, dass die Erwachsenen das Verhalten des Hundes in verschiedensten Situationen völlig falsch einschätzen und interpretieren und dem Vierbeiner deutlich mehr Rechte zugestehen als dem Teenager. Verständlicherweise mag Max nicht mit dem Hund weitertrainieren, hört er von Mutter und Stiefvater doch eh nur, dass er alles falsch macht. Auf Anraten des Hundetrainers wird Bommel kastriert, woraufhin sich das Verhalten des Hundes auch ansatzweise verbessert. Der Trainer weist ausdrücklich darauf hin, dass die Kastration allein aber keine befriedigende Lösung ist und ein gezieltes Training die Maßnahme unterstützen muss. Der Lebensgefährte von Max' Mutter ist von Bommels Verhaltensänderung aber wenig begeistert und moniert, dass der Hund jetzt nicht mehr »mutig« wäre!

Verhaltensbiologische Anmerkungen

Das Verhältnis zwischen Bommel und Max ist ein Musterbeispiel für gruppendynamische Entwicklungen oberhalb der Ebene der individuellen Zweierbeziehungen. Einerseits ist die Tatsache, dass sowohl Max als auch Bommel derzeit in der Pubertät sind, ein wichtiger Hinweis für die zugrundeliegenden Mechanismen. Die Stimmungsschwankungen und damit verbundenen Hormonumstellungen in der Pubertät, die auch zu bisweilen sozial unangepasstem Grenzenaustesten, Status- und Rangverbesserungsbestrebungen führen, zugleich aber eine erhöhte Stressanfälligkeit mit sich bringen, sind bei Hunden, wie bei Menschen in diesem Stadium normal. Gerade Pubertierende akzeptieren andere Pubertierende nicht ohne weiteres als Respektspersonen, sondern sind bestrebt, mit diesen ihre Beziehungen individuell und durchaus auch in Form von aggressiv getönten Auseinandersetzungen zu regeln. Es besteht eine reale Konkurrenzsituation.

Nebenbei ist die Kastration von Bommel in dieser Situation sicher überflüssig gewesen und hat auch an der zugrundeliegenden Problematik wahrscheinlich nur wenig verändert. Die größere Problematik liegt in dem Verhalten der Eltern gegenüber den beiden Pubertierenden. Bommel wird von den Eltern eindeutig gegenüber Max in Schutz genommen und bevorzugt. Hierbei entsteht eine Form von abhängiger Dominanz bzw. deren Vorstufe, bei der sich der Hund durch das Verhalten der beiden Leitindividuen bestärkt und gestützt sieht. Seine Angriffe auf Max deutet er daher als von oben abgesichert und akzeptiert.

Situationen wie die geschilderte sind daher aus der Sicht des Hundes biologisch völlig in Ordnung, und eine Änderung kann wirklich nur durch intensive Halterschulung ermöglicht werden. Da dies im vorgegeben Fall offensichtlich nicht oder nur eingeschränkt möglich und auch die Einsichtsfähigkeit sehr begrenzt zu sein scheint, wäre möglicherweise auch hier eher zu einer Abgabe des Hundes zu raten. Gemeinsame Angriffe der Elterntiere zusammen mit einigen der Heranwachsenden stellen nämlich in Wolfs- und anderen Canidenrudeln einen der Regulationsmechanismen dar, mit denen Familiengrößen durch provozierte Abwanderung bestimmter Individuen reguliert werden. Aus Sicht von Bommel müsste also Max derjenige sein, der demnächst die Familie verlässt, da offensichtlich die optimale Familiengröße bereits überschritten ist.

Die Pubertät ist auch bei Hundeartigen derjenige lebensgeschichtliche Zeitabschnitt, in dem die zukünftige Abwanderungsstrategie entschieden wird. Die Entscheidung, in einem Familienverband zu verbleiben oder diesen zu verlassen, ist wesentlich abhängig von den sozialen Signalen und Mechanismen, die von den ranghohen und älteren Gruppenmitgliedern eingesetzt werden. Wird Hunden in dieser Situation gezeigt, dass sie in einem Rudel nicht willkommen sind, bereiten sie sich innerlich ebenso auf die Abwanderung vor, wie umgekehrt Hunde wie Bommel, die erkennen, dass sie von den Leitindividuen gegenüber den Kindern bzw. Jugendlichen bevorzugt werden, sich daraus eine privilegierte Stellung und ein Verbleiben im Rudel, gegebenenfalls auch auf Kosten der heranwachsenden menschlichen Rudelmitglieder, sichern wollen.

Eltern und Hundehalter sind gerade in dieser Phase besonders gefordert, die integrativen Signale nach beiden Seiten, sowohl zum Hund als auch zum menschlichen Jugendlichen, in einer für Hunde verständlichen Art und Weise so zu senden, dass für den heranwachsenden Hund klar ist, er ist weiterhin in diesem Familienverband willkommen, hat jedoch zukünftig die Zweibeiner der jugendlichen Altersklasse nicht mehr nur als Kumpel und Spielkamerad, sondern nunmehr als ernstzunehmende und zu respektierende Familienmitglieder zu betrachten. Daher ist die sozialdynamische Steuerung solcher Prozesse in einer Familie immer mit besonders viel Fingerspitzengefühl und Einzelfallabschätzung nach Persönlichkeit von Kind, Hund und erwachsenen Familienmitgliedern zu treffen. Es kann nur empfohlen werden, sich gegebenenfalls in solchen Situationen rechtzeitig, am besten vorbeugend, mit kompetenten Hundetrainern zu beraten. Nicht immer sind den Betroffenen alle Zusammenhänge deutlich und die zugehörigen Umstände bewusst. Ein Blick von außen, vor allem ein sachkundiger, kann viel helfen.

KAPITEL 8

Zum guten Schluss …

Zumeist steht am Ende eines Buches eine Danksagung, und auch wir möchten nicht versäumen, all denjenigen Mitdenkern zu danken, durch die unser vorliegendes Projekt im wahrsten Sinne des Wortes gemeinschaftlich entstanden ist! Ausdrücklich danken wir aber unseren geschätzten Freundinnen und Kolleginnen Angelika Lanzerath: für ihre konstruktive und kompetente Durchsicht und Ergänzung unserer Manuskriptseiten, Manuela van Schewick: für die aus ihrer jahrzehntelangen Praxis-Erfahrung in der Kind-Hund-Beziehung heraus zur Verfügung gestellten Fallbeispiele, Dipl.-Biologin Vici Warstat: für die ergänzenden Anmerkungen, Tierärztin Sophie Strodtbeck: für die Abrundung des Projekts und die »medizinische Betreuung« der Ausarbeitungen. Und ein großer Dank an das fleißige Filander-Schreibteam: Nazan Böhm, Sandra Bauer, Kathrin Wörner und Steffi Knoll.

Wir hoffen, dem Leser mit den vorangegangenen Zeilen ein besseres Verständnis für biologisch beeinflusste Verhaltensweisen seines Vierbeiners gegeben zu haben, das wäre unser Wunsch. Sicherlich kann Ihnen nicht jede einzelne Verhaltensfrequenz durch ein Buch erklärt werden, aber wenn Sie die ein oder andere Aktion und/ oder Reaktion in einen Zusammenhang setzen und daraus resultierend angepasster und umsichtiger damit umgehen können, dann haben unsere Ausführungen »etwas gebracht«, und wir können ein glücklicheres Resümee ziehen als Robert Gernhardt in seinem Gedicht »Schöpfer und Geschöpfe«:

»Am siebenten Tag aber legte Gott die Hände in den Schoß und sprach: Ich habe vielleicht was durchgemacht, ich hab den Menschen, den Lurch gemacht, sind beide schwer missraten. Ich hab den Storch, den Hecht gemacht, hab sie mehr schlecht als recht gemacht, man sollte sie gleich braten. Ich hab die Nacht, das Licht gemacht, hab beide schlicht um schlicht gemacht, mehr konnte ich nicht geben. Ich hab das All, das Nichts gemacht, ich fürchte, es hat nichts gebracht. Na ja. Man wird's erleben.«

Quellen

»**Das große Heinz Erhardt Buch**«, Fackelträger, Hannover 1970

Fischer, Sandra: »**Die Abbruchsignale der Hunde**«, Diplomarbeit, Würzburg 2007

Ganslößer, Dr. Udo: »**Verhaltensbiologie für Hundehalter**«, Kosmos, Stuttgart, 2007

Gernhardt, Robert: »**Gesammelte Gedichte**«, S. Fischer, Frankfurt, 2006

Lütz, Manfred: »**Irre – wir behandeln die Falschen, unser Problem sind die Normalen**«, Gütersloher Verlagshaus, 2009

Niepel, Dr. Gabriele: »**Die Bielefelder Kastrationsstudie**«, Selbstverlag, 2003

Paff, Inga: »**Der Australian Shepherd**«, Zeitschrift Der Hund, Bauernverlag, Ausgabe 5/2010, Seite 35

»**Tierschutzbericht**« der Bundesregierung, 1999

Zimen, Erik: »**Der Hund**«, C. Bertelsmann Verlag, München, 1988

Zum Weiterlesen

Ganslößer, Udo: »**Verhaltensbiologie für Hundetrainer**«, Kosmos 2019

Ganslößer, Udo & Kate Kitchenham: »**Forschung trifft Hund**«, Kosmos 2012

Ganslößer, Udo & M. Käufer: »**Auszeit auf Augenhöhe**«, Kosmos 2017

Ganslößer, Udo & Kate Kitchenham: »**Beziehung – Erziehung – Bindung**«, Kosmos 2015

Ganslößer, Udo & Kate Kitchenham: »**Hundeforschung aktuell**«, Kosmos 2019

Ganslößer, Udo & Petra Krivy: »**Ein guter Start ins Hundeleben**«, Müller Rüschlikon 2014

Krivy, Petra & Udo Ganslößer: »**Mein Hund – dominant und ungebunden**«, Müller Rüschlikon 2018

Krivy, Petra & Angelika Lanzerath: »**Hunde verstehen**«, Müller Rüschlikon 2010

Krivy, Petra: »**Lernen mal anders**«, Müller Rüschlikon 2018

Strodtbeck, S. & U. Ganslößer: »**Kastration und Verhalten beim Hund**«, Müller-Rüschlikon 2011

Die Eselsbrücken-Synonym-Tabelle für Hormon & Co.

Adrenalin	Das »Ich-bin-dann-mal-weg«-Hormon; das Fluchthormon im Organismus; gemeinsam mit dem Noradrenalin bildet es das aktive Stresssystem.
Cortisol	Hormon des passiven Stresssystems; das Cortisolsystem wird als Kontrollverlustsystem bezeichnet und ist wesentlich für die Ausbildung von Unsicherheit, Angst und Panikanfällen verantwortlich.
Dopamin	Der »Verführer« → der Freudensaft-Botenstoff, der in Verbindung mit Noradrenalin, Serotonin und Endorphinen für das Glücksempfinden zuständig ist; Dopamin wird auch als Selbstbelohnungsbotenstoff bezeichnet sowie als »Lerndroge«.
Endorphine	Die »Alles-ist-wunderbar«-Glücks-Botenstoffe.
Noradrenalin	Das »Kampf-Hormon«; Noradrenalin unterstützt und fördert die Testosteron-ausschüttung; gemeinsam mit dem Adrenalin bildet es das aktive Stresssystem.
Oxytocin	Das »Wir-gehören-zusammen«-Bindungs- bzw. Vertrauens-Hormon; wirkt als Stress-bremse; weibliches Fortpflanzungshormon; gemeinsam mit Vasopressin gilt es als Hormon des sozialen Netzwerkes.

Prolaktin	Das »We-are-Family«-Eltern-Hormon; verantwortlich für diverse Brutpflegeverhaltensweisen.
Testosteron	Das »Ich-bin-der/die-Tollste«-Hormon; wird bei jeder Art von sozialem Erfolg ausgeschüttet (auch von weiblichen Lebewesen!); männliches Sexualhormon.
Vasopressin	»Du-gehörst-zu-mir«, das Eifersuchts- oder Partnerschutzhormon; gemeinsam mit Oxytocin gilt es als Hormon des sozialen Netzwerkes.

Nützliche Adressen

Tierverhaltensmedizinische Beratungsstelle »Einzelfelle«
Sophie Strodtbeck und PD Dr. Udo Ganslоßer
Bremer Str. 21 a
90765 Fürth
www.einzelfelle.de
eMail: info@einzelfelle.de

Hundeschule »Tatzen-Treff«
Petra Krivy
Zur Grube 2
57399 Kirchhundem
www.tatzen-treff.de
eMail: info@tatzen-treff.de

Register

432 Seiten

Der Hund steht im Fokus der Wissenschaft. Weltweit wird über sein Wesen geforscht, denn Hundehalter möchten wissen, wie ihr vierbeiniger Freund denkt und fühlt. Privatdozent Dr. Udo Gansloßer und Kate Kitchenham stehen in Kontakt mit führenden Wissenschaftlern und haben die neuesten Forschungsergebnisse in diesem Buch zusammengefasst. Sie beschäftigen sich mit der Genetik und Zucht, dem Sozial- und Lernverhalten, der Intelligenz und den ganz besonderen Sinnesleistungen, die Hunde zu Helden machen. Eine Fundgrube über Hunde.

Bildnachweis

Mit 49 Farbfotos von Anna Auerbach/Kosmos (20: Tafel 1, Tafel 6, Tafel 7, Tafel 8, Tafel 9, Tafel 11, Tafel 14, Tafel16/17, Tafel 24, Tafel 26, Tafel 28o, Tafel 29u, Tafel 31, Tafel 32); Jutta Bauernschmitt/Kosmos (2: Tafel 21); Daniela Drews/Kosmos (8: Tafel 4, Tafel 5, Tafel 25o, Tafel 27, Tafel 29o); Ursula Löckenhoff (4: Tafel 18, Tafel 19); Annika Ridder/Kosmos (1: Tafel 25u.); Nicole Schick/Kosmos (1: Tafel 20); Heike Schmidt-Röger (2: Tafel 10); Heike Schmidt-Röger/Kosmos (5: Tafel 12/13, Tafel 22/23, Tafel 28u., Tafel 30); Verena Scholze/Kosmos (1: Tafel 15u.); Sabine Stuewer/Kosmos (1: Tafel 15o.); Vivien Venzke/Kosmos (4: Tafel 2, Tafel 3)

Impressum

Umschlaggestaltung von GRAMISCI Editorialdesign, München unter Verwendung eines Farbfotos von iStock-Gregory_DUBUS

Mit 49 Farbfotos

Alle Angaben in diesem Buch erfolgen nach bestem Wissen und Gewissen. Sorgfalt bei der Umsetzung ist indes dennoch geboten. Der Verlag und die Autoren übernehmen keinerlei Haftung für Personen-, Sach- oder Vermögensschäden, die aus der Anwendung der vorgestellten Materialien und Methoden entstehen könnten.

Gedruckt auf chlorfrei gebleichtem Papier

Aktualisierte, erweiterte und neu bebilderte Ausgabe
auf dem neuesten Stand der Forschung.

Pfizerstraße 5–7, 70184 Stuttgart
info@kosmos.de

ISBN 978-3-440-16289-7
Redaktion: Hilke Heinemann, Ute-Kristin Schmalfuß
Gestaltungskonzept: Populärgrafik, Stuttgart
Gestaltung und Satz: DOPPELPUNKT, Stuttgart
Produktion: Nina Renz
Druck und Bindung: Friedrich Pustet GmbH & Co. KG,
Regensburg
Printed in Germany / Imprimé en Allemagne

FSC
www.fsc.org
MIX
Papier | Fördert
gute Waldnutzung
FSC® C014889